いちばんわかりやすい！

1級

管工事施工管理技術検定

合格テキスト

コンデックス情報研究所　編著

成美堂出版

本書の使い方

本書は、１級管工事施工管理技術検定（第一次検定・第二次検定）の受検者を対象としたテキストです。よく出題される内容に重点をおき、効率的に勉強できるようまとめました。付属の**赤シート**を利用すれば重要語句の確認ができ、穴埋め問題としても活用できますので、上手に活用し、効率的な学習を進めましょう。

★一次・二次
過去に第一次検定または第二次検定で出題された項目です。

★ここが Point！
レッスンにおける学習ポイントです。まずはここを押さえましょう。

★レッスンの本文
各テーマの内容を、図表等を盛り込み、わかりやすく解説しています。

★赤シート対応
付属の**赤シート**を利用すれば、重要語句の確認ができ、穴埋め問題としても活用できます。

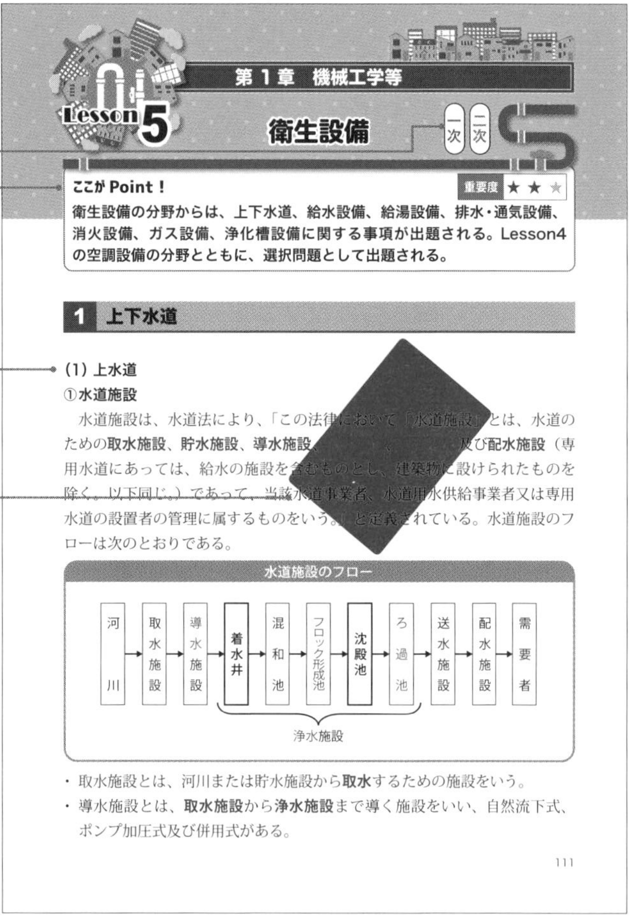

第１章　機械工学等

Lesson 5　衛生設備　一次　二次

ここが Point！　重要度 ★★★

衛生設備の分野からは、上下水道、給水設備、給湯設備、排水・通気設備、消火設備、ガス設備、浄化槽設備に関する事項が出題される。Lesson4の空調設備の分野とともに、選択問題として出題される。

1　上下水道

(1) 上水道

①水道施設

水道施設は、水道法により、「この法律[redacted]とは、水道のための**取水施設**、**貯水施設**、**導水施設**、[redacted]及び**配水施設**（専用水道にあっては、給水の施設を含むものとし、建築物に設けられたものを除く。以下同じ。）であって、当該水道事業者、水道用水供給事業者又は専用水道の設置者の管理に属するものをいう。」と定義されている。水道施設のフローは次のとおりである。

水道施設のフロー

河川 → 取水施設 → 導水施設 → 着水井 → 混和池 → フロック形成池 → 沈殿池 → ろ過池 → 送水施設 → 配水施設 → 需要者

（着水井〜ろ過池：浄水施設）

・取水施設とは、河川または貯水施設から**取水**するための施設をいう。
・導水施設とは、**取水施設**から**浄水施設**まで導く施設をいい、自然流下式、ポンプ加圧式及び併用式がある。

111

第１章　機械工学等

1 原論

演習問題

冬季における外壁の結露に関する記述のうち、**適当でないもの**はどれか。

(1) 外壁に断熱材を用いると、熱貫流抵抗が大きくなり、結露を生じにくい。
(2) 外壁の室内側に繊維質の断熱材を設ける場合は、断熱材の室内側に防湿層を設ける。
(3) 多層壁の構造体の内部における各点の水蒸気分圧を、その点における飽和水蒸気圧より低くすることにより、結露を防止することができる。
(4) 暖房している室内では、一般的に、天井付近に比べて床付近の方が、結露を生じにくい。

正答（4）

暖房している室内では、一般的に、天井付近よりも床付近の方が温度は低くなり、結露を生じ**やすい**。

頻出項目を覚えよう！

1 □ 外壁の室内側に繊維質の断熱材を設ける場合は、**断熱材の室内側**に防湿層を設ける。

2 □ 室内空気の絶対湿度が同じ場合、室内空気の**温度の低い方**が、表面結露が生じやすい。

こんな選択肢は誤りだ！

外壁に断熱材を用いると、**熱貫流率**が大きくなり、結露を生じにくい。
外壁に断熱材を用いると、**熱貫流抵抗**が大きくなり、結露を生じにくい。

15

★演習問題
各単元の最後には、レッスンで学んだことを復習できる、演習問題を掲載しています。知識が身についているか確認しましょう。

第一次検定で令和３年度より導入された「応用能力」問題も掲載しています。

★頻出項目を覚えよう！
重要な内容や用語をまとめました。**赤シート**も利用しましょう。

★こんな選択肢は誤りだ！
実際の選択肢と似た内容となっています。**赤シート**を上手に活用しましょう。

本書は原則として 2024 年 1 月時点の情報に基づいて編集しています。

CONTENTS

試験ガイダンス

1級管工事施工管理技術検定試験は、建設業法第27条に基づき、一般財団法人全国建設研修センターが、国土交通大臣の指定を受けて実施する国家試験です。令和3年度より、新しい技術検定制度の下で試験が行われています。第一次検定の合格者には「技士補」の称号が付与され、一定の条件の下で、監理技術者の職務を補佐する者として早期に責任ある立場で活躍できるようになります。第二次検定の合格者には、これまでと同様に「技士」の称号が付与され、建設工事現場の監理技術者や主任技術者等として職務を行うことができるようになります。

申込受付期間

5月上旬～下旬頃で、簡易書留郵便による個人別の申込みになります。令和3年度より、平成27年度以降の受検実績を有する再受検申込者は、インターネット申込みが可能です。

申込用紙の販売

4月上旬～中旬頃より販売されます。申込用紙は、「第一次・第二次検定」、「第二次検定のみ」の2種類があります。

購入窓口：全国建設研修センターまたは全国の各地域づくり協会・建設弘済会等（「申込用紙・受検の手引」共で1部1,000円）

※インターネット申込みをする場合は、申込用紙の購入は必要ありません。

試験日及び合格発表日

〈第一次検定〉試験日：9 月第 1 日曜日／**合格発表日**：10 月上旬頃
〈第二次検定〉試験日：12 月第 1 日曜日／**合格発表日**：3 月上旬頃

合格基準

第一次検定及び第二次検定の別に応じて、次の基準以上の者を合格としますが、試験の実施状況等を踏まえ、変更する可能性があります。

第一次検定 得点が 60％以上、かつ施工管理法（応用能力）問題 7 問のうち 4 問以上正解／**第二次検定** 得点が 60％以上

試験地

札幌、仙台、東京、新潟、名古屋、大阪、広島、高松、福岡、那覇の 10 地区

受検手数料

第一次検定 10,500 円／**第二次検定** 10,500 円

※試験に関する情報は変わることがありますので、受検する場合には、事前に必ずご自身で試験実施機関などの発表する最新情報をご確認ください。

◆管工事施工管理技術検定試験に関する問合せ先
一般財団法人 全国建設研修センター 試験業務局管工事試験部
〒 187-8540 東京都小平市喜平町 2-1-2
TEL 042（300）6855
https://www.jctc.jp/exam/kankouji-1/

第1章 機械工学等

Lesson 1 原論

一次

ここが Point！

重要度 ★★☆

原論の分野からは、環境工学・地球環境、流体工学、熱力学、音と金属材料の腐食に関する事項が出題される。地球環境に関する事項からは、オゾン層破壊、地球温暖化、酸性雨などが出題される。

1 環境工学・地球環境

(1) 日射

日射とは、太陽から放射されて地球に注がれる**熱エネルギー**である。日射は、地球の大気を透過する間に空気やちり等により**散乱**され、二酸化炭素、水蒸気等によって**吸収**され、残りの日射が地表に達する。日射のエネルギーは、大気や海洋に起こるいろいろな自然現象の根源になっている。

①直達日射と天空日射

地表に達する日射には、大気を透過して直接地表に到達する**直達日射**と、大気中で散乱して地表に到達する**天空日射**がある。

直達日射と天空日射

②日射の熱エネルギー

日射は、波長の長さにより、**可視光線**、**赤外線**、**紫外線**等に分類される。可視光線とは、人間の目に見える波長範囲の電磁波である。赤外線は、可視光線よりも波長が**長く**、紫外線は可視光線よりも波長が**短い**。赤外線も紫外線も人間の目に見えない波長範囲の電磁波である。

日射の熱エネルギーは、紫外線部よりも**赤外線部**及び**可視線部**に多く存在し、**可視線部**よりも**赤外線部**に多く含まれる。

日射の電磁波の波長範囲

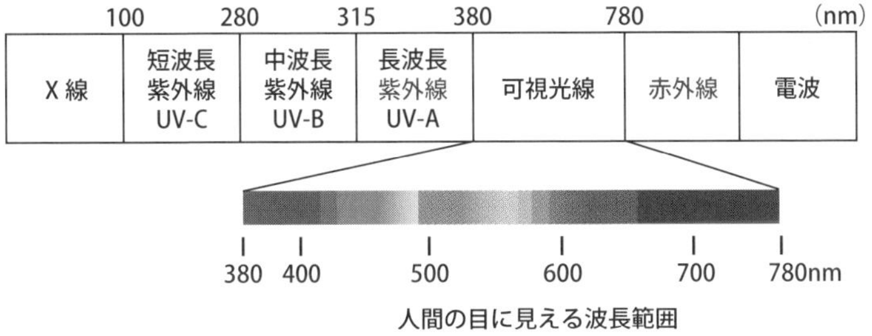

③直達日射量

単位面積・単位時間当たりに受ける直達日射のエネルギーを直達日射量という。ある面の直達日射量は、面に対する日射の入射角が垂直に近いほど大きくなる。したがって、太陽高度の大きい**夏**は、建物の**垂直南面**よりも**水平面**の方が、直達日射量が**多く**なる。一方、太陽高度の小さい**冬**は、建物の**水平面**よりも**垂直南面**の方が、直達日射量が**多く**なる。

北緯 35°における南中高度（真南の太陽高度）

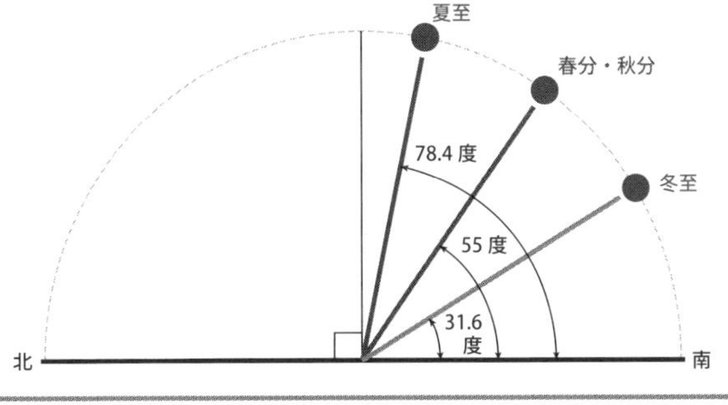

建物外面の受ける直達日射量

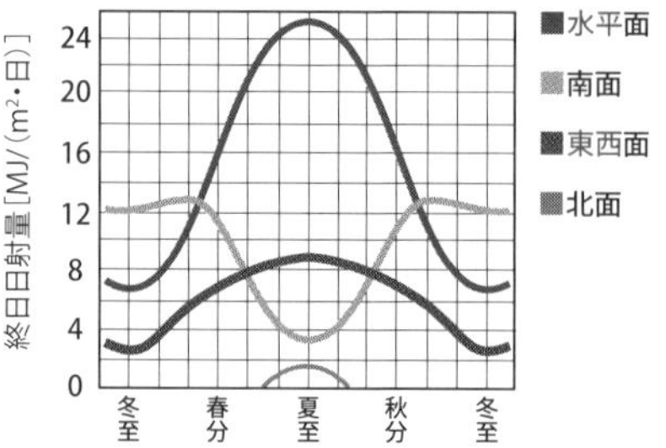

④日射の大気透過率

大気の日射の透過しやすさを、大気透過率（または透過率）という。大気透過率は、大気中に含まれる**二酸化炭素**よりも**水蒸気の量に影響**され、大気中の**水蒸気の多い夏**よりも、大気中の**水蒸気の少ない冬**の方が、**大気透過率**は**大きく**なる。

演習問題

日射に関する記述のうち、**適当でないもの**はどれか。

（1）日射の熱エネルギーは、可視線部よりも紫外線部に多く含まれる。
（2）日射により加熱された地表から放射される遠赤外線は、大気中の二酸化炭素などの温室効果ガスに吸収される。
（3）日射の大気透過率は、大気中に含まれる二酸化炭素よりも水蒸気の量に影響される。
（4）1日の直達日射量は、水平面では冬よりも夏の方が多い。

正答（1）

日射の熱エネルギーは、可視線部よりも**赤外線部**に多く含まれる。

頻出項目を覚えよう！

1 □ 日射のエネルギーは、可視線部よりも**赤外線部**に多く含まれる。

2 □ 1日の直達日射量は、水平面では冬よりも**夏**の方が多い。

3 □ 日射の大気透過率は、大気中に含まれる**二酸化炭素**よりも**水蒸気**の量に影響される。

こんな選択肢は誤りだ！

大気の透過率は、大気中に含まれる~~水蒸気よりも二酸化炭素~~の量に影響される。

大気の透過率は、大気中に含まれる二酸化炭素よりも水蒸気の量に影響される。

日射のエネルギーは、可視線部よりも~~紫外線部~~に多く含まれる。

日射のエネルギーは、可視線部よりも赤外線部に多く含まれる。

(2) 温熱環境の評価に関する用語

温熱環境の評価、すなわち「暑い、寒い」の評価は、人体の温冷感によって行われる。したがって、温熱環境の評価は、**基礎代謝量**、**エネルギー代謝率**、**met**（**メット**）、**clo**（**クロ**）、**PMV**（**予想平均申告**）等、人体の温冷感に由来する指標に影響される。

①基礎代謝量

エネルギー代謝とは、エネルギーの立場からみた人体の生体活動をいう。人体は、摂取した食物の化学エネルギーを、酸化分解により、機械的エネルギーに変換して活動し、熱エネルギーに変換して体温を保持している。人体のエネルギー代謝の大きさは、人体の活動状態により変化し、一定の条件のもと（横《おう》臥《が》安静時）における生命保持のために必要な最低限の代謝量を**基礎代謝量**という。

②エネルギー代謝率

エネルギー代謝率は、次式で定義され、**作業時と安静時との代謝量の差を基礎代謝量で除した**値をいう。

$$\text{エネルギー代謝率} = \frac{\textbf{作業時代謝量} - \textbf{安静時代謝量}}{\textbf{基礎代謝量}}$$

③met（メット）

人体のエネルギー代謝の大きさは、人体の活動状態により変化する。**met**（**メット**）とは、人体の単位体表面積当たりの**エネルギー代謝量**を示す単位である。人体の椅座《いざ》安静時のエネルギー代謝量 $58.2W/m^2$ を 1met としている。met とは、metabolism（代謝）に由来している。

④clo（クロ）

人体の温冷感は着衣量により変化する。**clo**（**クロ**）とは、**衣服の熱絶縁性**（**断熱性**）を示す指標である。気温 21℃、相対湿度 50％、気流 5cm/s 以下の室内での体表面からの放散熱量が 1met のエネルギー代謝と平衡するような着衣状態を 1clo としている。clo とは、cloth（布）に由来している。

⑤PMV（予想平均申告）

PMV（Predicted Mean Vote）は、**予想平均申告**といわれ、人間の**温冷感**を示す指標である。PMV とは、人体と環境に基づいて人体の温熱感を数値化したもので、**気温**、**湿度**、**風速**、**放射熱**、**代謝量**、**衣服の熱抵抗**の 6 つの因子より、算定式で求められる。PMV のスケールは下記のように **7 段階**に設定されている。

PMV のスケール

−3	−2	−1	0	+1	+2	+3
Cold	Cool	Slightly cool	Neutral	Slightly warm	Warm	Hot
寒い	涼しい	やや涼しい	どちらでもない	やや暖かい	暖かい	暑い

演習問題

温熱環境の評価に関する用語の説明として、**適当でないもの**はどれか。

（1）met（メット）とは、人体の代謝量を示す指標である。
（2）clo（クロ）とは、衣服の断熱性を示す指標である。
（3）PMV は、予想平均申告といわれ、人間の温冷感を示す指標である。
（4）エネルギー代謝率とは、作業時の代謝量を安静時の代謝量で除した値をいう。

正答（4）

エネルギー代謝率とは、**作業時と安静時との代謝量の差を基礎代謝量で除した**値である。

頻出項目を覚えよう！

1 □ 基礎代謝量とは、一定の条件のもとにおける**生命保持**のために必要な最低限の代謝量をいう。

2 □ エネルギー代謝率とは、**作業時と安静時との代謝量の差を基礎代謝量で除した**値をいう。

こんな選択肢は誤りだ！

met（メット）とは、人体の単位体表面積当たりの~~断熱性~~を示す単位である。
met（メット）とは、人体の単位体表面積当たりの**代謝量**を示す単位である。

clo（クロ）とは、衣服の~~伝熱性~~を示す指標である。
clo（クロ）とは、衣服の**断熱性**を示す指標である。

PMVは、予想平均申告といわれ、人間の~~代謝量~~を示す指標である。
PMVは、予想平均申告といわれ、人間の**温冷感**を示す指標である。

(3) 結露

ある条件の空気が含むことのできる水蒸気の量には、限界がある。限界に達した状態を**飽和**といい、その時の空気を飽和空気または**飽和湿り空気**といい、その時の水蒸気の分圧を**飽和水蒸気分圧**という。空気の飽和水蒸気分圧は、空気の温度により変化し、**温度**が低下すると**飽和水蒸気分圧**は低下し、**温度**が上昇すると**飽和水蒸気分圧**は上昇する。したがって、ある空気が壁面等で冷やされ、飽和水蒸気分圧がその空気の水蒸気分圧まで低下すると、飽和状態となる。さらに冷却されると、空気に含むことができなくなった水蒸気が、壁面等に凝縮して露を結ぶ。この現象を結露といい、結露し始める温度を**飽和温度**または**露点**という。

結露に関する事項は、次のとおりである。

①空気の水蒸気分圧を、飽和水蒸気分圧より**低く**することにより、結露を防止することができる。

②空気の絶対湿度が同じ場合、空気の温度の低い方が、結露を生じ**やすい**。

③空気の流動が**少なく**なると、壁面の表面温度が低下し、結露を生じ**やすい**。

④暖房している室内は、天井付近に比べて床付近の方が、結露を生じ**やすい**。

⑤外壁に断熱材を用いると、熱貫流抵抗が**大きく**なり、結露を生じ**にくい**。

⑥外壁の室内側に断熱材を設ける場合（内断熱）の内部結露防止には、**防湿層**は**断熱材**の**室内側**に設ける。

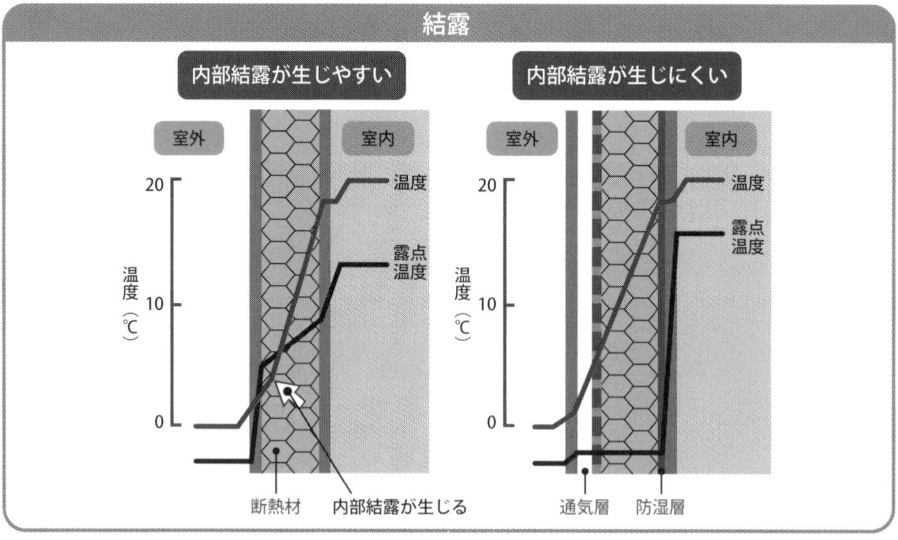

演習問題

冬季における外壁の結露に関する記述のうち、**適当でないもの**はどれか。

（1）外壁に断熱材を用いると、熱貫流抵抗が大きくなり、結露を生じにくい。
（2）外壁の室内側に繊維質の断熱材を設ける場合は、断熱材の室内側に防湿層を設ける。
（3）多層壁の構造体の内部における各点の水蒸気分圧を、その点における飽和水蒸気圧より低くすることにより、結露を防止することができる。
（4）暖房している室内では、一般的に、天井付近に比べて床付近の方が、結露を生じにくい。

正答（4）

暖房している室内では、一般的に、天井付近よりも床付近の方が温度は低くなり、結露を生じ**やすい**。

頻出項目を覚えよう！

1 □ 外壁の室内側に繊維質の断熱材を設ける場合は、**断熱材の室内側**に防湿層を設ける。

2 □ 室内空気の絶対湿度が同じ場合、室内空気の**温度の低い方**が、表面結露が生じやすい。

こんな選択肢は誤りだ！

外壁に断熱材を用いると、~~熱貫流率~~が大きくなり、結露を生じにくい。

外壁に断熱材を用いると、**熱貫流抵抗**が大きくなり、結露を生じにくい。

(4) 室内の空気環境指標

温熱環境以外の室内の空気環境としては、人体から排出される**二酸化炭素**、自動車の排ガス等に由来する**一酸化炭素**、建材等に由来する**ホルムアルデヒド**、喫煙等に由来する**浮遊粉じん**が挙げられる。

①二酸化炭素（CO_2）

室内の二酸化炭素は、在室者の**呼吸**によって増加する。二酸化炭素は**無色**、**無臭**の気体で、比重は空気より**大きい**。空気の汚染に伴い増加する傾向にあるので、室内空気の清浄度の指標とされている。**大気中**の二酸化炭素の濃度は **0.04%**（**400ppm**）程度、**室内環境基準値**は **0.1%**（**1,000ppm**）以下である。二酸化炭素濃度が **20%程度**になると、人体に**致命的**な影響を与える。

②一酸化炭素（CO）

酸素不足による**不完全燃焼**により発生する**無色**、**無臭**の人体に有害な気体である。一酸化炭素の**比重**は、二酸化炭素や空気より**小さい**。一般に、燃焼空気中の酸素濃度が **19%**を下回ると**不完全燃焼**が著しくなり、一酸化炭素の発生量が多くなる。空気中の一酸化炭素濃度が、**0.16%**（**1,600ppm**）になると 20 分程度で**頭痛**、**目まい**が生じ、**2%**になると人体に**致命的**な影響を与える。**室内環境基準値**は **0.0006%**（**6ppm**）以下である。

③揮発性有機化合物（VOCs）

揮発性の高い有機化合物の総称をいい、Volatile Organic Compounds より **VOCs** と称される。室内の空気環境上、問題になるものは、室内の塗料や建材に使用され、かつ、人体に有害なもので、**ホルムアルデヒド**、トルエン、キシレン、ベンゼン、フロン類、ジクロロメタン、**クロルピリホス**等の化学物質が挙げられる。

揮発性有機化合物（VOCs）に関する事項は、下記のとおりである。

- **化学物質過敏症**、**シックハウス症候群**等の原因物質である。
- 建築基準法上、建築材料からの飛散または発散による衛生上の支障を生ずるおそれがある物質として、**石綿**、**ホルムアルデヒド**、**クロルピリホス**（シロアリ駆除剤等に使用）が規制対象となっている。 ※ゴロ合わせは P.19
- ホルムアルデヒドの室内濃度**指針値**は、**0.1mg/m^3**（**0.08ppm**）である。

- ホルムアルデヒド濃度が **125 mg/m³**（**100ppm**）程度になると、**死に至る**ことがある。

④浮遊粉じん

喫煙のほか在室者の活動やその衣類の繊維やほこりなどが原因で発生し、その量は空気の乾燥によって**増加**する傾向がある。また、浮遊粉じんの濃度は、**個数**濃度または**重量**濃度（**質量**濃度）で表される。

建築物における衛生的環境の確保に関する法律上、浮遊粉じんとは、空気中に浮遊する粒径がおおむね **10**μm 以下の物質のことをいう。また、同法では、室内における浮遊粉じんの量を、相対沈降径がおおむね **10**μm 以下の浮遊粉じんを測定する機器等を用いて行い、空気 1m³ につき **0.15**mg（**重量濃度 0.15**mg/m³）以下とすることと規定されている。

⑤臭気

人体の鼻腔にある感覚器で臭覚される気体状の物質をいう。臭気として問題となるのは、人体が不快に感じる悪臭である。室内空気の臭気は、**臭気強度**や**臭気指数**で表され、**空気汚染**を知る指標とされている。

演習問題

室内の空気環境に関する記述のうち、**適当でないもの**はどれか。

(1) 燃焼において、一般に、酸素濃度が 19％を下回ると不完全燃焼が著しくなり、一酸化炭素の発生量が多くなる。
(2) 臭気は、臭気強度や臭気指数で表され、空気汚染を知る指標となる。
(3) ホルムアルデヒドは、シックハウス症候群の原因物質の１つであるが、濃度が 0.1 mg/m³ 程度になると死に至ることもある。
(4) 浮遊粉じんの環境基準値は、重量濃度で示されている。

正答（3）

ホルムアルデヒドの室内濃度**指針値**は **0.1mg/m³**（**0.08ppm**）で、ホルムアルデヒド濃度が **125mg/m³**（**100ppm**）程度で、死に至ることがある。

頻出項目を覚えよう！

1 □ 空気中の一酸化炭素濃度が 2%になると、20 分程度で**人体に致命的**な影響が生じる。

2 □ 浮遊粉じんの濃度表示には、**個数濃度**または**重量濃度**が使われる。浮遊粉じんの環境基準値は、**重量濃度**で示されている。

3 □ 浮遊粉じんは、在室者の活動やその衣類の繊維やほこりなどが原因で発生し、その量は空気の乾燥によって**増加**する傾向がある。

こんな選択肢は誤りだ！

浮遊粉じんは、在室者の活動やその衣類の繊維やほこりなどが原因で発生し、その量は空気の乾燥によって~~減少~~する傾向がある。

浮遊粉じんは、在室者の活動やその衣類の繊維やほこりなどが原因で発生し、その量は空気の乾燥によって**増加**する傾向がある。

(5) 排水の水質

排水の水質を示す指標としては、**生物化学的酸素要求量**（BOD）、**化学的酸素要求量**（COD）、**浮遊物質**（SS）、**ノルマルヘキサン抽出物質含有量等**が挙げられる。

①生物化学的酸素要求量（BOD）

水中に含まれる**有機物質**の量を示す指標として用いられ、1L の汚濁《おだく》水を 20℃・5 日間の条件のもと、**微生物**によって酸化分解される際に消費する酸素量で表される。Biochemical Oxygen Demand より **BOD** ともいう。

②化学的酸素要求量（COD）

水中に含まれる**有機物**及び**無機性亜酸化物**の量を示す指標として用いられ、汚濁水を**酸化剤**で化学的に酸化したときに消費される酸素量で表される。Chemical Oxygen Demand より **COD** ともいう。

③浮遊物質（SS：Suspended Solids）

水に溶けない懸濁《けんだく》性の物質のことで、**全蒸発残留物**から**溶解性残留物**を除いたものをいう。

④ノルマルヘキサン抽出物質含有量

ノルマルヘキサンとは**有機溶媒《ようばい》**の１つで、ノルマルヘキサン抽出物質含有量とは、水中に含まれるノルマルヘキサンに可溶性のある**油分**等を指し、主に**動植物油脂類**と**鉱物油**などの**油状物質**の量である。

⑤窒素・りん

湖沼、閉鎖性海域等における**富栄養化**の主な原因物質である。窒素やりんなどの栄養物質を含む排水が、湖沼や内湾等の閉鎖性水域に流入すると、富栄養状態が進行してプランクトンが異常発生し、水質が汚濁する。

⑥溶存酸素（DO：Dissolved Oxygen）

水中に溶存する酸素量のことである。溶存酸素自体は水質汚濁物質ではないが、酸素は生物の呼吸や溶解物質の酸化などで消費され、水中生物の活動に影響を与えるため、水質の重要な測定項目となっている。

⑦全有機炭素量（TOC：Total Organic Carbon）

水中に存在する**有機物**に含まれる炭素の総量で、水中の総炭素量から無機性炭素量を引いたものである。

ゴロ合わせで覚えよう！　規制対象物質

石を　掘るのは
（石綿）　（ホルムアルデヒド）

苦労する
（クロルピリホス）

建築基準法上の規制対象物質は、**石綿**、**ホルムアルデヒド**、**クロルピリホス**である。

演習問題

水質に関する記述のうち、**適当でないもの**はどれか。

(1) ノルマルヘキサン抽出物質含有量とは、ノルマルヘキサンに可溶性のある油分などのことをいい、主に動植物油脂類と鉱物油などの油状物質量のことである。
(2) COD とは、水中に含まれる有機物及び無機性亜酸化物の量を示す指標として用いられ、微生物によって酸化分解される際に消費する酸素量で表される。
(3) TOC とは、水中に存在する有機物に含まれる炭素の総量で、水中の総炭素量から無機性炭素量を引いて求めたものである。
(4) DO とは、水中に溶けている酸素のことで、水中生物の活動に影響を与えるため水質の重要な測定項目である。

正答 (2)

化学的酸素要求量（COD）とは、水中に含まれる有機物及び無機性亜酸化物の量を示す指標として用いられ、汚濁水を**酸化剤**で化学的に酸化したときに消費される酸素量で表される。

頻出項目を覚えよう！

1 ■ COD は、主に水中に含まれる有機物を、**酸化剤**で化学的に酸化したときに消費される酸素量で表される。

こんな選択肢は誤りだ！

ノルマルヘキサン抽出物質含有量は、水質汚濁の指標として用いられ、水中に含まれる~~固形物~~等がノルマルヘキサンで抽出される量で表される。

ノルマルヘキサン抽出物質含有量は、水質汚濁の指標として用いられ、水中に含まれる**油分**等がノルマルヘキサンで抽出される量で表される。

(6) 地球環境問題

地球環境に関する問題としては、オゾン層破壊、地球温暖化、酸性雨などがあげられる。

①オゾン層破壊

オゾンとは化学式 O_3 で示される酸素の同素体の気体である。オゾンは、大気中の成層圏でオゾン層を形成し、生命にとって有害な**紫外線**が地表に降り注ぐ量を和らげている。冷媒《れいばい》等に使用されている**フロン**に含まれている**塩素**により、オゾン層が破壊されると、太陽光に含まれる有害な**紫外線**がそのまま地表に到達して、生物に悪影響を及ぼす。

オゾン層破壊

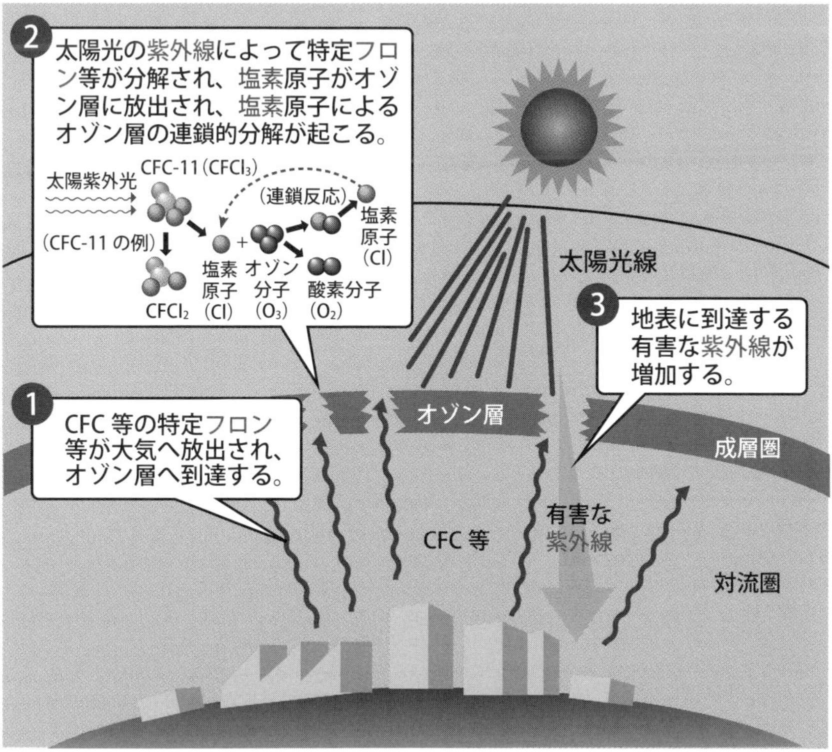

②地球温暖化

日射により加熱された地表から放射される**遠赤外線**は、大気中の**二酸化炭素**などの**温室効果ガス**に吸収される。石油や石炭等の化石燃料の燃焼等により、大気中の二酸化炭素等の温室効果ガスの濃度が上昇すると、地球の気温が上昇する。地球が温暖化すると、干ばつや洪水などの異常気象を引き起こすおそれがある。

温室効果ガスには、二酸化炭素、メタン等があり、大気中に存在するガス総量としての地球温暖化への影響度（寄与度）が最も大きいのは、**二酸化炭素**である。

温室効果ガス総排出量に占めるガス別排出量の内訳

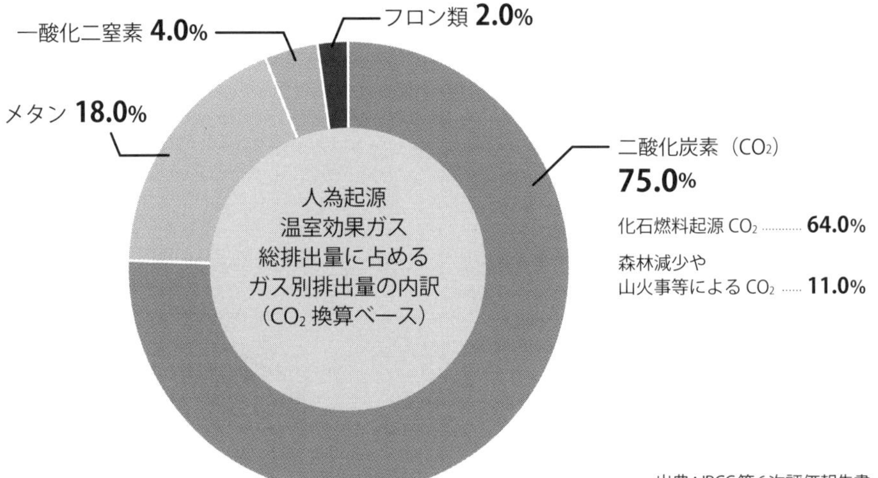

出典：IPCC第6次評価報告書
「人為起源GHG排出量取引の推移」より2019年の割合

建築分野における地球温暖化に着目した評価では、ライフサイクルを通じての二酸化炭素の発生量を定量化したものである$LCCO_2$（ライフサイクル二酸化炭素排出量）がある。建築物の**$LCCO_2$（ライフサイクル二酸化炭素排出量）**は、建築物の設計・建設段階、運用段階、改修段階、廃棄段階のうち、**運用段階**が最も多く、**全体の過半**を占めている。

③酸性雨

石油や石炭等の化石燃料の燃焼により大気に排出された**硫黄酸化物**（SO_x）や**窒素酸化物**（NO_x）が溶け込んで **pH 5.6 以下**の**酸性**となった雨などのことで、湖沼や森林の生態系に悪影響を与える。

酸性雨の生成メカニズム

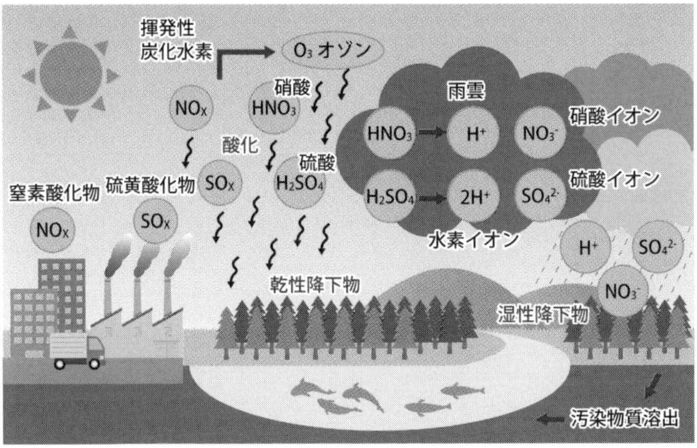

④冷媒

冷凍サイクルにおいて熱を移動させるために用いられる熱媒体のことをいう。冷媒には、気化・液化しやすく、化学的に安定し、毒性がなく、不燃性という特長をもつフロンが多用されていた。しかし、**フロン**が成層圏で分解されると**塩素**が生じ、**オゾン層**が破壊されることが問題視されるようになった。また、単位質量当たりの温室効果である地球温暖化係数（GWP）が、二酸化炭素より**大きい**ことも問題となっている。

冷媒に関する事項は下記のとおりである。

- 指定フロン（HCFC）は、補充用を除き **2020** 年より、生産・輸出入が禁止されている。
- 代替フロン（HFC-134a）は、オゾン層破壊係数は **0**（**ゼロ**）で、地球温暖化係数が二酸化炭素より**大きい**冷媒である。地球温暖化係数が**高い**ため普及していない。
- アンモニア（NH_3）は、オゾン層破壊係数は **0**（**ゼロ**）で、地球温暖化係数は **1 以下**の自然冷媒である。

冷媒

CFC

Chlorofluorocarbon

クロロ・フルオロ・カーボン

塩素　フッ素　炭素

CFC-12

HCFC

Hydrochlorofluorocarbon

ハイドロ・クロロ・フルオロ・カーボン

水素　塩素　フッ素　炭素

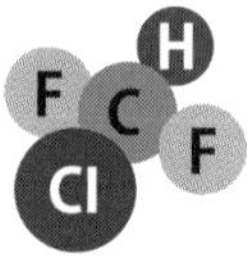

HCFC-22

HFC

Hydrofluorocarbon

ハイドロ・フルオロ・カーボン

水素　フッ素　炭素

HFC-134a

演習問題

地球環境に関する記述のうち、**適当でないもの**はどれか。

(1) 建築物の二酸化炭素排出量を一般的なライフサイクルでみると、設計・建設段階、運用段階、改修段階、廃棄段階のうち、運用段階が全体の過半を占めている。

(2) オゾン層が破壊されると、太陽光に含まれる有害な赤外線がそのまま地表に到達し、生物に悪影響を及ぼす。

(3) 地球の温暖化に影響を与える程度を示す地球温暖化係数（GWP）は、二酸化炭素よりフロン類の方が大きい。

(4) 酸性雨は、大気中の硫黄酸化物や窒素酸化物が溶け込んで pH5.6 以下の酸性となった雨などのことで、湖沼や森林の生態系に悪影響を与える。

正答（2）

オゾン層が破壊されると、太陽光に含まれる有害な**紫外線**がそのまま地表に到達して、生物に悪影響を及ぼす。

頻出項目を覚えよう！

1 □ オゾン層が破壊されると、太陽光に含まれる有害な**紫外線**がそのまま地表に到達して、生物に悪影響を及ぼす。

2 □ 地球の温暖化に影響を与える程度を示す**地球温暖化係数**（**ＧＷＰ**）は、二酸化炭素よりフロン類の方が大きい。

3 □ 建築物の二酸化炭素排出量を一般的なライフサイクルでみると、設計・建設段階、運用段階、改修段階、廃棄段階のうち、**運用段階**が**全体の過半**を占めている。

こんな選択肢は誤りだ！

酸性雨は、大気中の硫黄酸化物や窒素酸化物が溶け込んで pH5.6 ~~以上~~の酸性となった雨などのことで、湖沼や森林の生態系に悪影響を与える。

酸性雨は、大気中の硫黄酸化物や窒素酸化物が溶け込んで pH5.6 **以下**の酸性となった雨などのことで、湖沼や森林の生態系に悪影響を与える。

代替フロン（HFC-134a）は、オゾン層破壊係数は０（ゼロ）で、地球温暖化係数が二酸化炭素より~~小さい~~冷媒である。

代替フロン（HFC-134a）は、オゾン層破壊係数は０（ゼロ）で、地球温暖化係数が二酸化炭素より**大きい**冷媒である。

アンモニア（NH_3）は、オゾン層破壊係数が~~大きく~~、地球温暖化係数は１以下の自然冷媒である。

アンモニア（NH_3）は、オゾン層破壊係数が**０（ゼロ）**、地球温暖化係数は１以下の自然冷媒である。

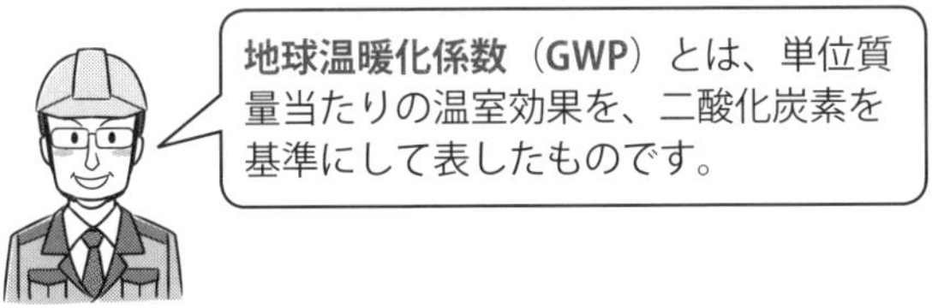

2 流体工学

(1) 流体の性質

①水の密度

密度[kg/m^3]とは、単位体積当たりの質量であり、水の密度は常温で 1,000kg/m^3、空気の密度は常温で 1.2kg/m^3 であり、密度の大きさは温度の影響を受ける。水の場合は、液体(水)よりも、固体(氷)のほうが密度が小さく、1 気圧の条件下のとき、**4**℃付近で密度が最も大きくなるという特徴を有している。

②流体の粘性係数

物質は、温度、圧力の条件により、固体・液体・気体の３つの状態に変化する。液体と気体のように、少しの力を加えると容易に変形する物質を一般に流体という。粘性とは、流体が流れるときに生じる摩擦力により現れる性質で、いわゆる粘りの度合いである。粘性係数とは、摩擦による粘性力より導き出される係数で、粘性係数が大きいと粘りの度合いが大きい。

流体の粘性係数は、液体と気体では温度の影響が異なり、水や油など**液体の粘性係数**は、水温の上昇とともに**小さく**なり、空気などの**気体の粘性係数**は、一定の圧力のもとでは、温度の上昇とともに**大きく**なる。

③圧縮性流体・非圧縮性流体

流体工学において、圧縮とは、圧力を加えると体積が縮小する性質をいう。**水などの液体**は、圧力を加えてもほとんど体積が変化しない、すなわち圧縮されないので、一般に、**非圧縮性流体**として扱われる。一方、**空気などの気体**は、圧力を加えると体積が縮小する、すなわち圧縮されるので、一般に、**圧縮性流体**として扱われる。

圧縮性流体・非圧縮性流体

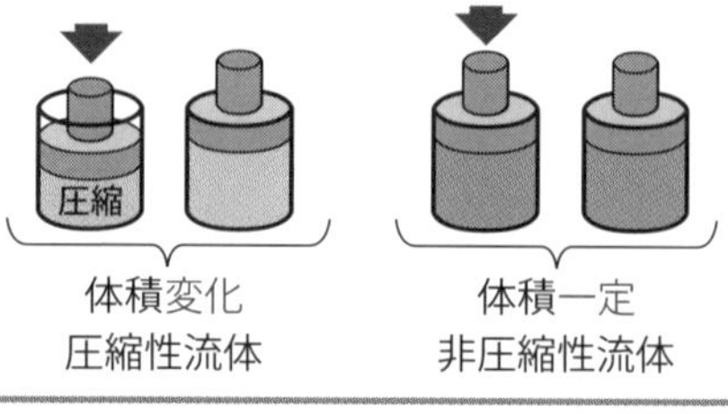

④毛管現象

毛管現象（**毛細管現象**ともいう）は、液体中に細い管（毛管または毛細管という）を入れると、液体の**表面張力**により、液の種類によって、管内の液面が外部の自由表面より上または下に移動する現象をいう。表面張力とは、液体が持つ表面をできるだけ小さくしようとする働きによって生じる、液体表面の張力をいう。

毛管現象

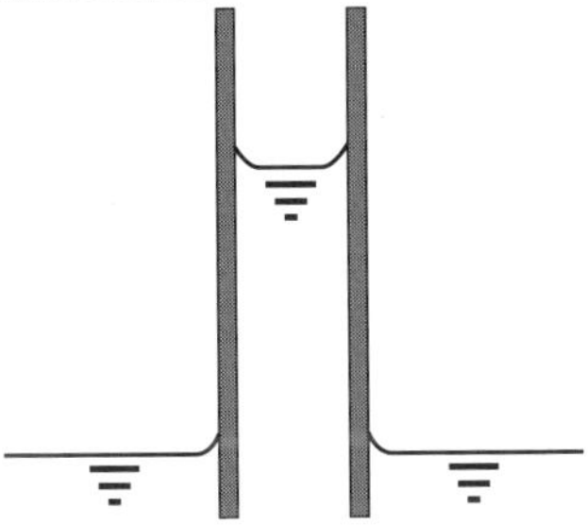

⑤パスカルの原理

密閉した容器内で静止している流体の一部に圧力を加えると、その**圧力は同じ強さ**で流体のすべての部分にも**伝達**されるという原理をいう。

パスカルの原理

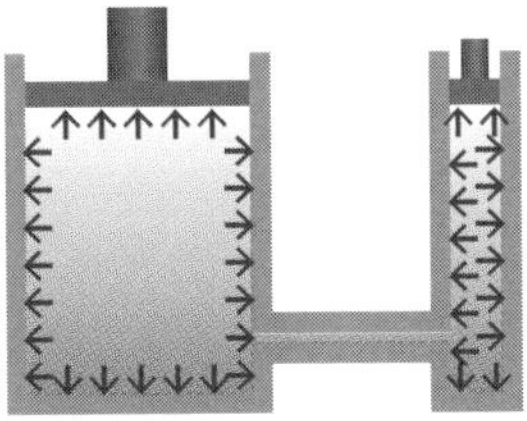

パスカルの原理のパスカルは、フランスの科学者で、**圧力を表す単位** [Pa] の由来にもなっています。

⑥水撃作用

ウォーターハンマーともいい、管路内の流れを急に止めた場合などに生じる圧力上昇による衝撃作用である。水撃作用による圧力上昇（水撃圧）は、**流体の密度が大きい**ほど、**流体の流速が速い**ほど、高くなる。

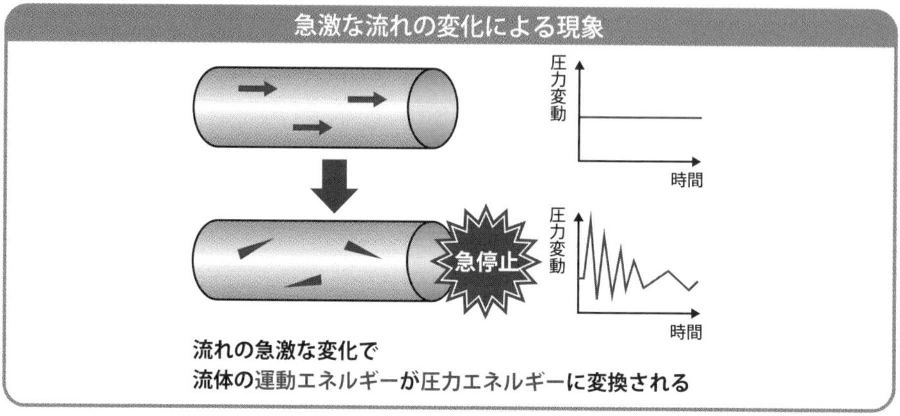

急激な流れの変化による現象

⑦カルマン渦

一様な流れの中に置いた**円柱などの下流側に発生する渦**のことをいう。カルマン渦が生じると、音や振動などが生じる。

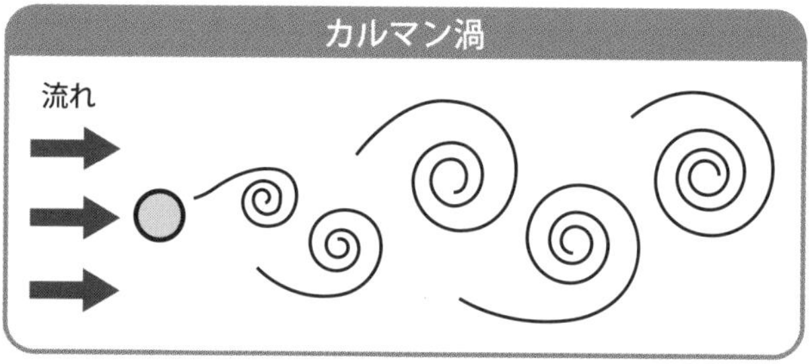

カルマン渦

⑧ニュートン流体

次ページ図において、物体を右向きに動かすと、粘性によって右向きの力が働き、物体には左向きの反作用力が働く。この力をせん断力といい、単位面積当たりのせん断力をせん断応力または摩擦応力という。一般に、**せん断応力（摩擦応力）**の影響は、**液体が接する**物体の表面近くで顕著に現れ、物体の表面近くで**大きく**なり、物体の表面から離れるに従い**小さく**なる。

ニュートン流体（その1）

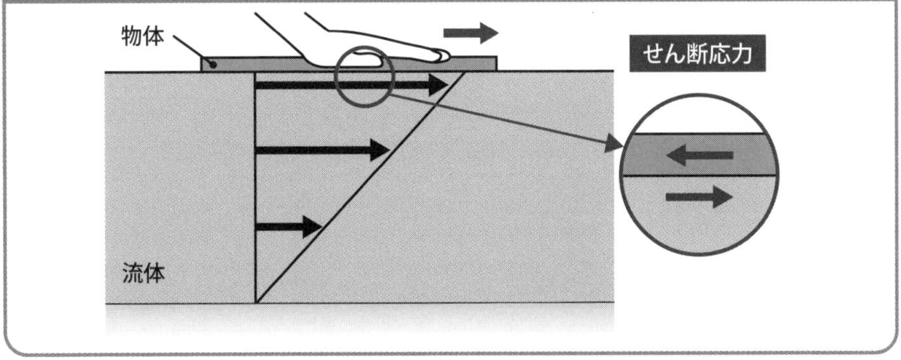

一般に、流体では、物体に作用するせん断応力（摩擦応力）は、流体の速度勾配《こうばい》に**比例**する。速度勾配とは、下図のように、流体の速度と物体からの距離による勾配をいう。この関係性を示した法則をニュートンの粘性法則といい、ニュートンの粘性法則に従う流体のことを**ニュートン流体**という。**空気**や**水**などは**ニュートン流体**として扱われる。

ニュートン流体（その2）

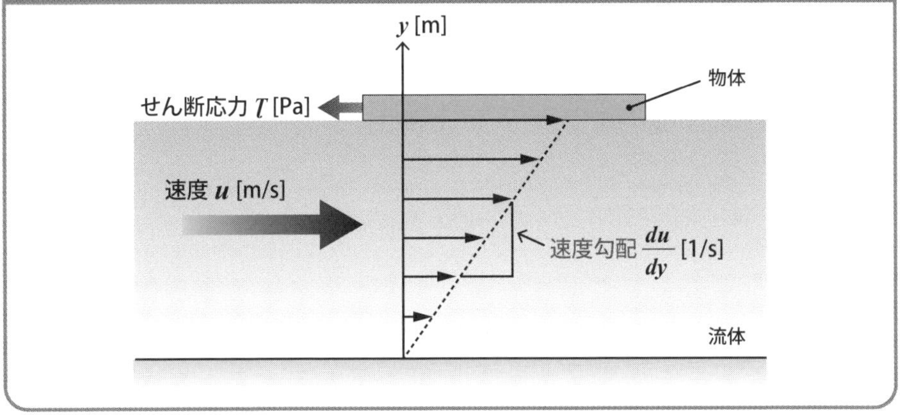

⑨レイノルズ数

次式のとおり、運動をし続けようとする力である**慣性力**と、摩擦により生じる**粘性力**の比で表される**無次元数**であり、**層流**と**乱流**の判定の目安として用いられる。無次元数とは、現象を特徴づけるために導き出された数値で、単位を用いずに表したものである。管内の流れにおいて、レイノルズ数の値が**臨界レイノルズ数**を超えると流れは**乱流**になり、レイノルズ数が**臨界レイノルズ数**より小さいと流れは**層流**となる。層流とは、流体が規則正しく運動している流れをいう。乱流とは、流体が不規則に運動している乱れた流れをいう。一般に、管内の流れが乱流になると、振動や損失が生じるので、乱流が生じず層流となるように設備・機器・配管などは設計される。

$$\text{レイノルズ数}\ (\boldsymbol{R_e}) = \frac{\textbf{慣性力}}{\textbf{粘性力}}$$

層流と乱流

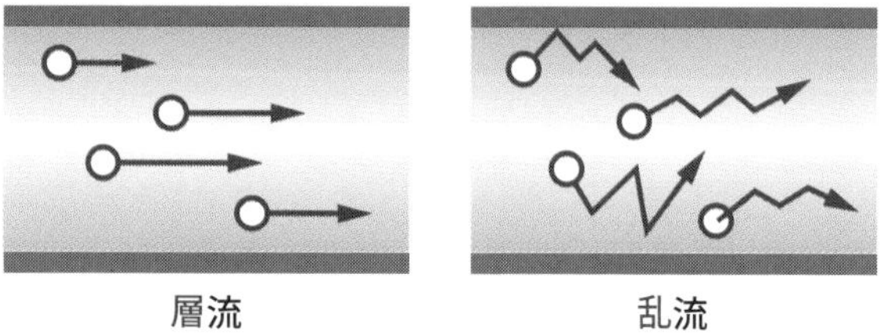

演習問題

流体に関する記述のうち、**適当でないもの**はどれか。

(1) レイノルズ数は、慣性力と粘性力の比で表される無次元数であり、層流と乱流の判定の目安になる。
(2) 粘性係数が一定のニュートン流体では、粘性によるせん断応力は速度勾配に反比例する。
(3) 粘性流体の運動に影響を及ぼす動粘性係数は、粘性係数を流体の密度で除した値である。
(4) 密閉容器内に静止している流体の一部に加えた圧力は、流体のすべての部分にそのまま伝達される。

正答 (2)

ニュートン流体では、粘性によるせん断応力は速度勾配に**比例**する。なお、動粘性係数は、粘性係数を流体の密度で除した値である。

頻出項目を覚えよう！

1 ■ 水の密度は、1気圧のとき、4℃付近で**最大**となる。

2 ■ 水の粘性係数は、水温の上昇とともに**小さく**なる。

こんな選択肢は誤りだ！

粘性による摩擦応力が速度勾配に~~反比例~~する流体をニュートン流体という。

粘性による摩擦応力が速度勾配に**比例**する流体をニュートン流体という。

レイノルズ数は、流体に作用する~~重力~~と~~圧力~~の比である。

レイノルズ数は、流体に作用する**慣性力**と**粘性力**の比である。

(2) ダルシー・ワイスバッハの式とベルヌーイの定理

①ダルシー・ワイスバッハの式

流体が円管の直管部を流れるとき、**粘性**のために流体摩擦が働き、運動を妨げる抵抗となって圧力損失を生じる。

この圧力損失は、ダルシー・ワイスバッハの式により、次の関係がある。

ダルシー・ワイスバッハの式

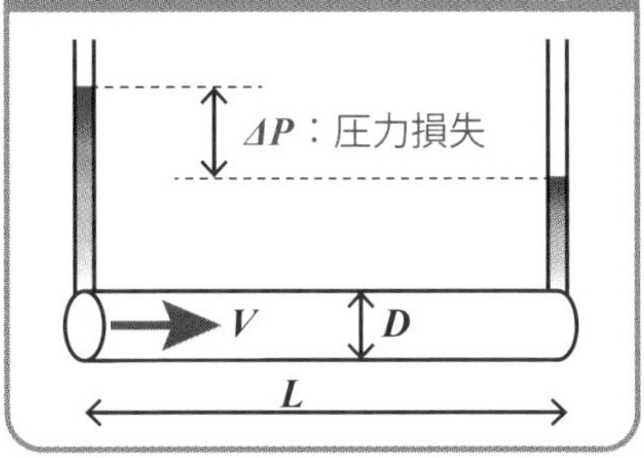

$$\Delta P = \lambda \frac{L}{D} \times \frac{\rho V^2}{2}$$

ΔP：圧力損失［Pa］、λ：管摩擦係数、
L：管長［m］、D：管径［m］、
ρ：流体の密度［kg/m^3］、V：流速［m/s］

①圧力損失は、**管摩擦係数**（λ）に比例する。
②圧力損失は、**管長**（L）に比例する。
③圧力損失は、**管径**（D）に反比例する。
④圧力損失は、**流体の密度**（ρ）に比例する。
⑤圧力損失は、**流速**（V）**の2乗**に比例する。
⑥圧力損失は、**動圧**（$\frac{\rho V^2}{2}$）に比例する。

また、動圧とは、流体の運動エネルギーによる圧力で、次式で表される。

$$P_m = \frac{\rho V^2}{2} \text{ [Pa]}$$

P_m：動圧［Pa］、ρ：流体の密度［kg/m^3］、V：流速［m/s］

②ベルヌーイの定理

粘性のない（すなわち摩擦による圧力損失のない）非圧縮性流体の定常流（一定の状態を保った流れ）において、流体の速度エネルギー（運動エネルギーともいう）、圧力エネルギー、位置エネルギーの総和が一定であるというエネルギー保存則を表す定理である。

速度エネルギー ＋ 圧力エネルギー ＋ 位置エネルギー ＝ 一定

なお、水の持つエネルギーを水柱の高さ［m］に置き換えたものを**水頭《すいとう》**という。

流体の速度エネルギーによる圧力を**動圧**、圧力エネルギーによる圧力を**静圧**、位置エネルギーによる圧力を**位置圧**といい、動圧と静圧と位置圧の総和を**全圧**という。上式を、これらを用いて示すと、次式のとおりとなる。

全圧 ＝ 動圧 ＋ 静圧 ＋ 位置圧 ＝ 一定［Pa］

演習問題

直管路の圧力損失に関する文中、［　　］内に当てはまる用語の組合せとして、**適当なもの**はどれか。

流体が直管路を流れるとき、［ A ］のために流体摩擦が働き、運動を妨げる抵抗となって圧力損失を生じる。この圧力損失はダルシー・ワイスバッハの式により、［ B ］に反比例することが知られている。

	A	B
(1)	粘性	流速
(2)	粘性	管径
(3)	慣性	流速
(4)	慣性	管径

正答（2）

粘性により流体摩擦が働き、圧力損失は**管径**に反比例する。

頻出項目を覚えよう！

1 ■	流体が直管路を流れるとき、**粘性**のために流体摩擦が働き、運動を妨げる抵抗となって圧力損失を生じる。
2 ■	流体が管路の直管部を流れる場合において、流速が２倍で管径が等しいとき、摩擦による圧力損失は**４倍**になる。

こんな選択肢は誤りだ！

流体が管路の直管部を流れている場合の圧力損失は、ダルシー・ワイスバッハの式から~~流速に反比例~~し、管径に~~比例~~することが知られている。

流体が管路の直管部を流れている場合の圧力損失は、ダルシー・ワイスバッハの式から**流速の２乗に比例**し、管径に**反比例**することが知られている。

流体が管路の直管部を流れる場合において、流速が２倍で管径が等しいとき、摩擦による圧力損失は~~２倍~~になる。

流体が管路の直管部を流れる場合において、流速が２倍で管径が等しいとき、摩擦による圧力損失は**４倍**になる。

ゴロ合わせで覚えよう！　ベルヌーイの定理

イチゴの水筒で注ぐ熱い緑茶はいかが？
（位置）　（水頭）　（速度）（圧）（力）（和）

いつもと同じ味ですが
（常に）　（同じ）

流水が持つ単位重量当たりのエネルギーを表す、**位置水頭**、**速度水頭**、**圧力水頭**の和は常に一定である。これを**ベルヌーイ**の定理という。

(3) ベルヌーイの定理の応用

①縮小管の全圧、動圧、静圧

右の図のように水平に置かれた管路の管径を縮小した場合の上流域、下流域の全圧、動圧、静圧、圧力損失（*ΔP*）の関係は次のとおりである。

縮小管の全圧、動圧、静圧

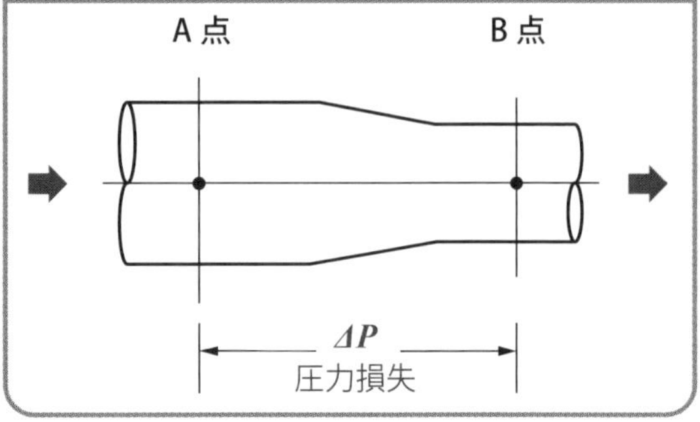

A点の全圧＝**B点の全圧＋圧力損失**（*ΔP*）

基準点をA点－B点の水平線とすると、A点の位置圧＝B点の位置圧＝0であるので、次式が成り立つ。

A点の全圧＝**A点の動圧＋A点の静圧**

B点の全圧＝**B点の動圧＋B点の静圧**

∴ A点の動圧＋A点の静圧＝**B点の動圧＋B点の静圧＋圧力損失**（*ΔP*）

②ピトー管

流れに平行に置かれた二重管の**先端部**の孔で測定した**全圧**と、**側壁**に設けられた孔で測定した**静圧**との差により、**動圧**を求め、**流速**を算出するための計測器具である。

ピトー管

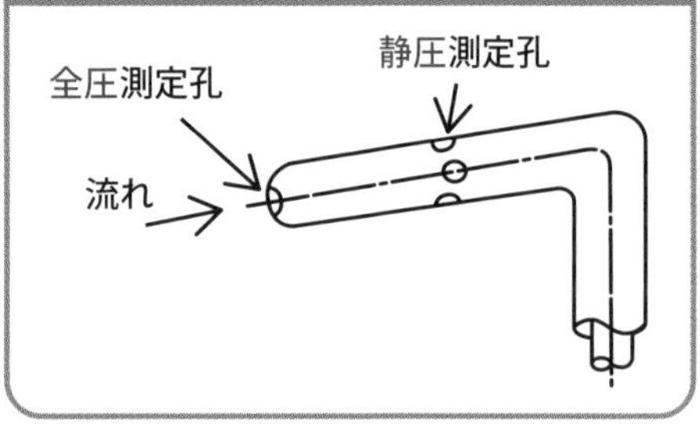

フランス人のピトーにより発明されたピトー管は、**飛行機の飛行速度を計測**するのにも使用されています。

③トリチェリの定理

開放容器内の液体が孔から流出するときの、流出孔における流速と流出孔から液面までの高さに関する定理である。次図に示す断面積の大きい開放水槽の液面と流出孔との間の流線において、エネルギー保存則であるベルヌーイの定理が成り立つ。したがって、次の関係式が成り立つ。

液面の全圧＝流出孔の全圧

液面の動圧＋液面の静圧＋液面の位置圧＝流出孔の動圧＋流出孔の静圧＋流出孔の位置圧

ここで流出孔を基準位置とすると、液面の動圧、液面の静圧、流出孔の静圧、流出孔の位置圧は０であるので、

０＋０＋液面の位置圧＝流出孔の動圧＋０＋０

液面の位置圧＝流出孔の動圧

ここで、g：重力加速度［m/s^2］、ρ：流体の密度［kg/m^3］、H：流出孔から液面までの高さ［m］、v：流出速度［m/s］とすると、次式のとおりである。

$$\rho g H = \frac{\rho v^2}{2} \quad \text{[Pa]}$$

$$\therefore v = \sqrt{2gH} \quad \text{[m/s]}$$

トリチェリの定理

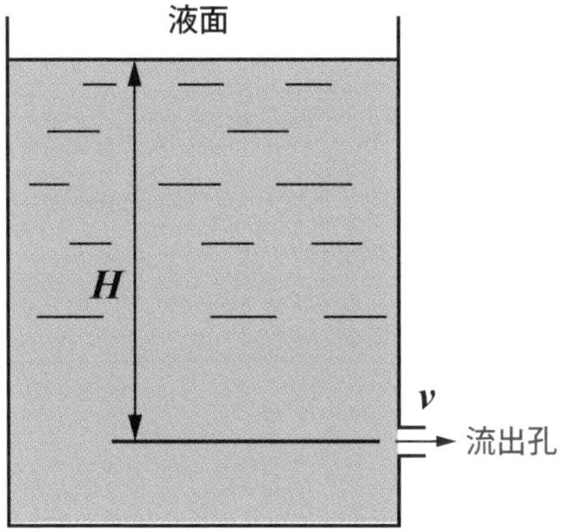

演習問題

図に示す管路内を空気が流れる場合において、B 点の静圧の値として、**適当なもの**はどれか。

ただし、A 点の全圧は 80Pa、B 点の風速は 10m/s、A 点と B 点との間の圧力損失 ΔP は 10Pa、空気の密度は 1.2kg/m^3 とする。

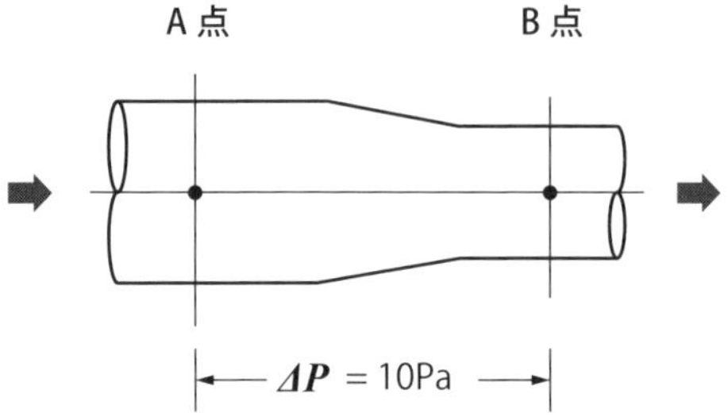

（1）5 Pa
（2）10 Pa
（3）15 Pa
（4）20 Pa

正答（2）

B 点の**全圧**＝ A 点の**全圧** － 圧力損失＝ 80 － 10 ＝ 70［Pa］

B 点の**動圧** $= \dfrac{\rho V^2}{2} = \dfrac{1.2 \times 10^2}{2} = 60$［Pa］

B 点の**静圧**＝ B 点の**全圧** － B 点の**動圧**＝ 70 － 60 ＝ 10［Pa］

頻出項目を覚えよう！

1 ■ 円管の直管部における摩擦損失は、流体の動圧に**比例**する。

2 ■ ピトー管は、流れに平行に置かれた二重管の先端部の孔で測定した**全圧**と、側壁に設けられた孔で測定した**静圧**との差により、**流速**を算出するための計測器具である。

こんな選択肢は誤りだ！

円管の直管部における摩擦損失は、流体の動圧に~~反比例~~する。

円管の直管部における摩擦損失は、流体の動圧に**比例**する。

3 熱力学

(1) 熱と伝熱

①熱力学の法則

- **熱力学の第一法則**：熱力学の第一法則とは、**エネルギー保存の法則**を熱的現象に適用したもので、系（周囲の環境とは切り離して考えた部分空間）に外部からなされた仕事と与えられた熱量との和は、内部エネルギーの増加に等しいという法則である。
- **熱力学の第二法則**：熱力学の第二法則とは、熱が**高**温の物体から**低**温の物体へ移動する過程は、他に何の変化も残さないならば**不可逆**（元に戻れない）であるという法則、あるいは、孤立系の**エントロピー**は、不可逆変化において常に増大するという法則である。エントロピーとは、系の乱雑さ・無秩序さ・不規則さの度合いを表す量である。
- **熱力学の第三法則**：熱力学の第三法則とは、系の温度が**絶対零度**に近づくと、系のエントロピーは０に近づくという法則である。

②顕《けん》熱と潜《せん》熱

顕熱と潜熱

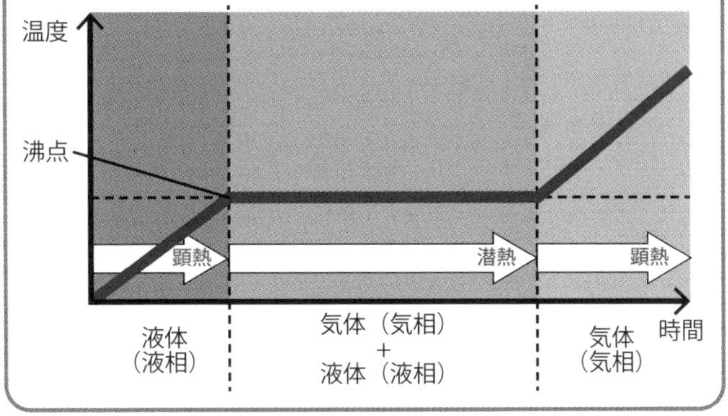

圧力一定の条件で、液体を加熱すると気体に状態変化する。このときの温度変化と状態変化は右図のようになり、液体から気体になる過程で、温度が変化せずに状態が変化する過程が存在する。このときの状態変化のみに費やされる熱を**潜熱**という。一方、状態は変化せず、液体・気体の温度を変化させる過程が存在する。このときの温度変化のみに費やされる熱を**顕熱**という。

③熱放射

物体が**電磁波**の形で熱エネルギーを放出・吸収する現象である。熱放射による熱の移動は、電磁波によるので媒体を必要とせず、真空中でも伝熱される。また、熱放射による熱量は、物体の**絶対**温度（絶対零度を起点にした温度）の**4**乗に**比例**する。この関係を示した法則を**ステファン・ボルツマンの法則**という。

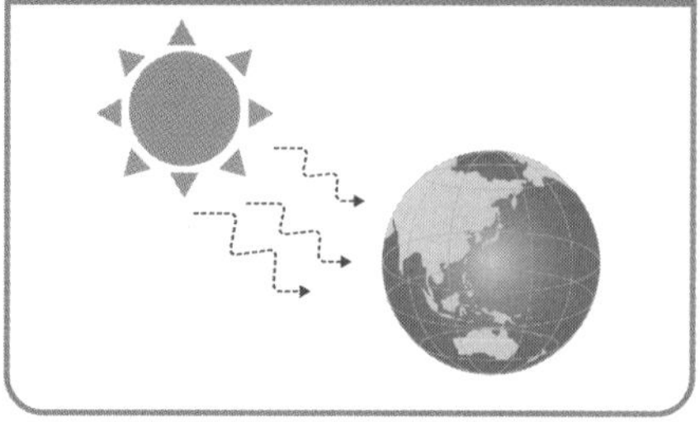
熱放射の例

④熱通過

次図のような温度差のある流体を固体壁で隔てたとき、高温側流体から固体壁を貫いて低温側流体に熱が伝わる。

この現象を熱**通過**（熱貫流）という。また、固体壁とこれに接する流体の伝熱を熱**伝達**といい、固体壁内の伝熱を熱**伝導**という。

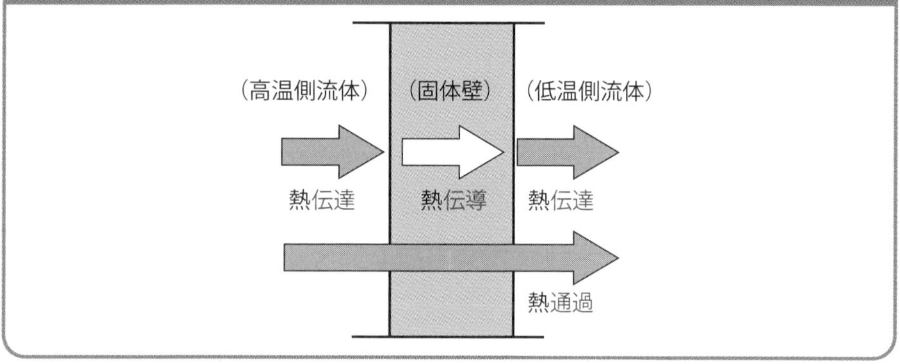

熱通過

単一固体内部における熱**伝導**による熱移動量は、その固体内の温度勾配に**比例**する。温度勾配とは、固体壁両側の温度差を固体壁の厚さで除したものである。また、固体壁両側の流体間の熱**通過**による熱移動量は、熱伝導以外に熱伝達による要素もあるので、**固体壁の厚さ**に単純には反比例しない。

温度勾配

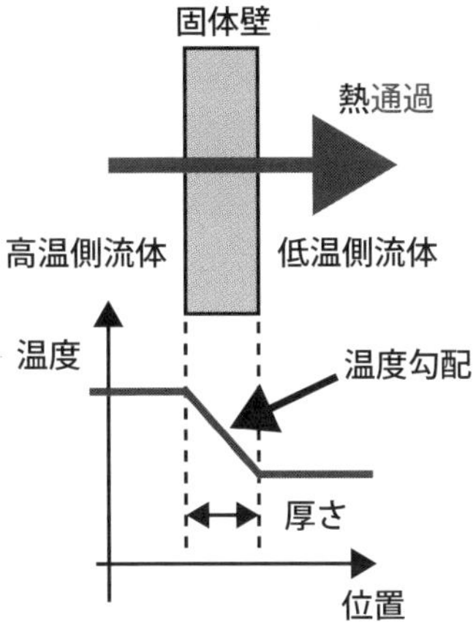

⑤比熱

単位質量の物質の温度を単位温度だけ上昇させるのに必要な熱量をいう。気体の場合、体積一定の条件下での比熱（**定容比熱**という）と、圧力一定の条件下での比熱（**定圧比熱**という）の値が異なり、**定圧比熱**のほうが**定容比熱**よりも大きくなる。定圧比熱を定容比熱で除したものを、**比熱比**といい、気体では常に**１より大きく**なる。一方、液体の定圧比熱と定容比熱は、**ほとんど同じ値**である。

⑥自然対流

流体温度の異なる部分の**密度**の差により、上昇流と下降流が起こることで生じる流体内の循環流をいう。

自然対流

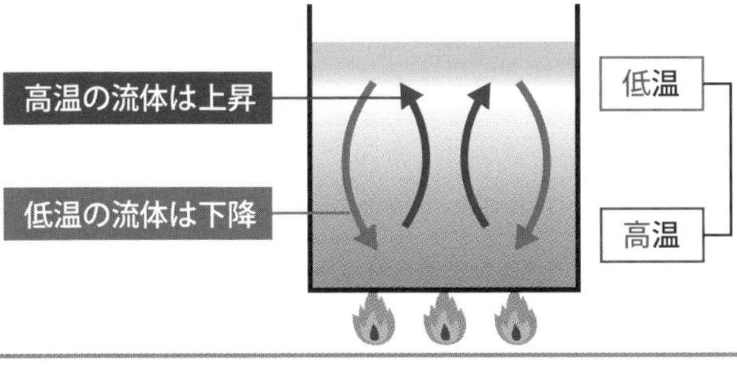

⑦ゼーベック効果とペルチェ効果

ゼーベック効果とは、2種の異なる金属を接合して、接合部に**温度差を与えると起電力**を生じる効果をいい、**熱電対**温度計などに応用されている。ペルチェ効果とは、2種類の異なる金属線を接合した回路に**電圧**をかけると、一方の接点で**放熱**により温度が**下がり**、他方の接点で**吸熱**により温度が**上がる**効果をいい、**電子冷凍**などに応用されている。

ゼーベック効果とペルチェ効果

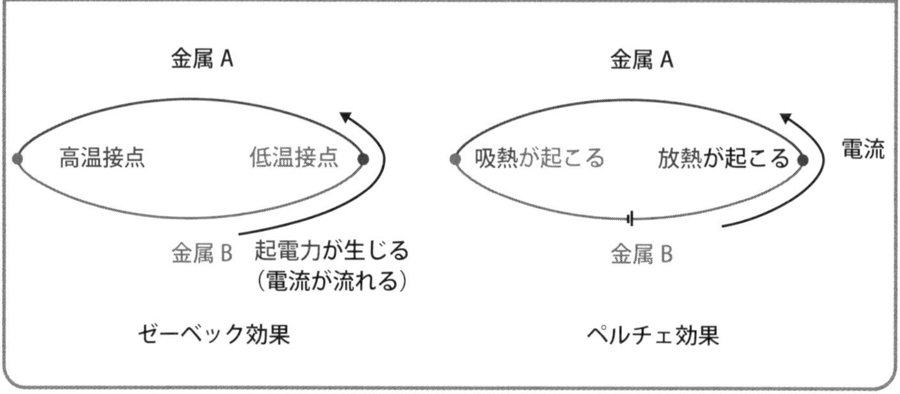

ペルチェ効果を利用した冷却器を、**ペルチェクーラー**といい、コンピューターのCPUの冷却などに用いられています。

⑧気体の断熱圧縮・断熱膨張

断熱とは、外部と熱のやり取りがないことをいう。気体を、外部との熱のやり取りがない状態で圧縮（**断熱圧縮**）すると、外部からの仕事が気体の熱エネルギーに変換され、気体の**温度は上昇**する。気体を、外部との熱のやり取りがない状態で膨張（**断熱膨張**）すると、気体の熱エネルギーが外部への仕事に変換され、気体の温度は**低下**する。

⑨金属の温度変化

金属は、温度が上昇すると長さや体積が膨張する。これを熱膨張という。単位温度当たりに熱膨張する割合を熱膨張係数といい、熱膨張係数には、長さの膨張を表した線膨張係数と体積の膨張を表した体膨張係数がある。熱膨張の性質が方向に依存しない等方性を有する物質においては、**体膨張係数**は線膨張係数のほぼ**3**倍となる。

また、金属の電気抵抗は**温度**に**比例**し、**温度**が上昇することで電気抵抗が**大きく**なる。したがって、金属の電気抵抗の変化を計測することにより、温度を計測することができる。この性質を応用したものが、白金抵抗温度計である。

⑩カルノーサイクル

理想気体による理想的な熱機関で、縦軸に圧力、横軸に体積をとった下図において、①→②の過程で気体を温度一定のまま**等温膨張**させて外部の高温熱源から**熱量**を**受け取り**、②→③の過程で**断熱膨張**させて**温度**を**下げ**、③→④の過程で**等温圧縮**して外部の低温熱源へ**熱量**を**放出**し、④→①の過程で**断熱圧縮**して**温度**を**上げ**、①の状態に戻すサイクルである。

カルノーサイクル

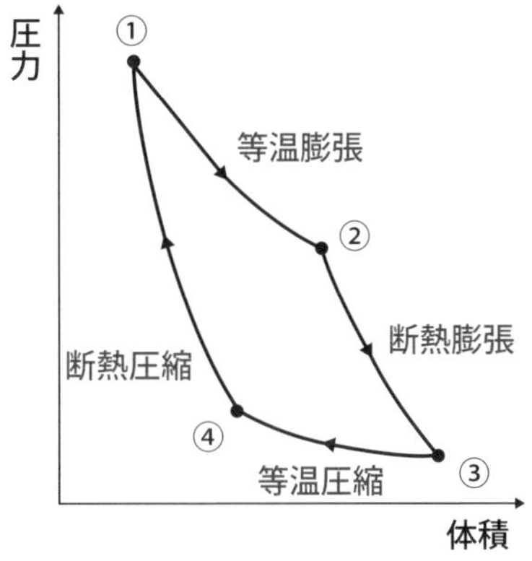

⑪蒸気圧縮式冷凍サイクル

装置内の液体が気体に状態変化（蒸発）する際に周囲から蒸発潜熱を吸熱する現象を利用して対象物を冷却し、蒸発した気体を圧縮、放熱して再び液体に状態変化（凝縮）させる一連のサイクルである。蒸気圧縮式冷凍サイクルは、次の４つの過程で構成される。

①蒸発器における**蒸発**過程
②圧縮機における**圧縮**過程
③凝縮器における**凝縮**過程
④膨張弁における**膨張**過程

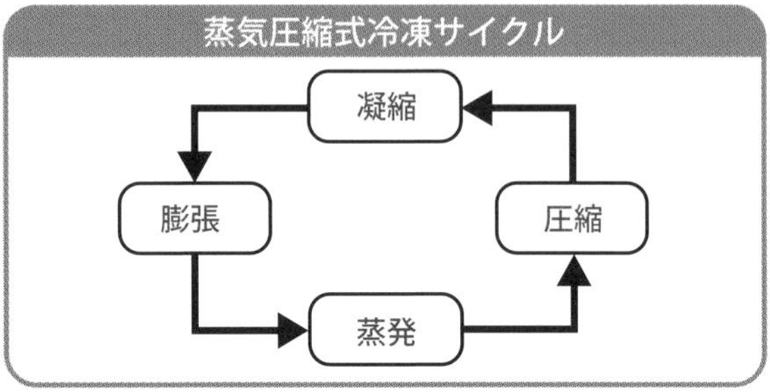

縦軸に絶対圧力（真空に対する圧力)、横軸に比エンタルピー（単位質量当たりの物質の保有する熱量）をとった線図を、モリエ線図（Ph 線図）といい、蒸気圧縮式冷凍サイクルをモリエ線図上に示すと次の図のようになる。

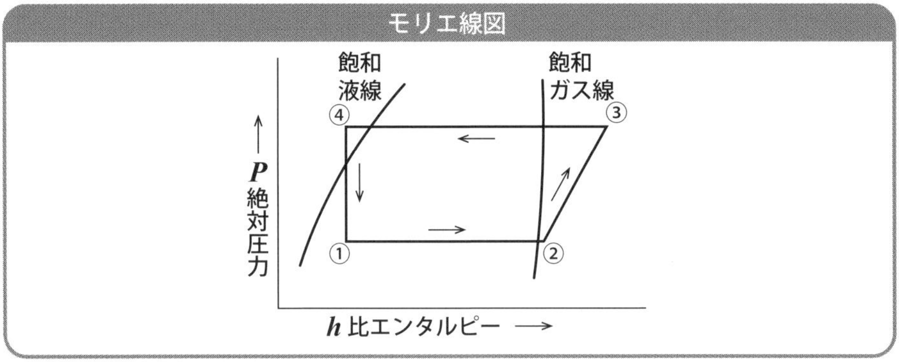

- 過程①→②は、**蒸発器**における変化である。**蒸発器**の蒸発温度が**低く**なると冷凍効果は**小さく**なる。
- 過程②→③は、**圧縮機**における変化であり、近似的に**等エントロピー変化**である。
- 過程③→④は、**凝縮器**における変化である。**凝縮器**の凝縮温度が**低く**なると冷凍効果は**大きく**なる。
- 過程④→①は、**膨張弁**における変化であり、近似的に**等エンタルピー変化**である。

演習問題

熱に関する記述のうち、**適当でないもの**はどれか。

(1) 気体を断熱膨張させても、その温度は変化しない。
(2) 液体の定圧比熱と定容比熱は、ほとんど同じ値である。
(3) 融解熱や気化熱のように、状態変化のみに費やされる熱を潜熱という。
(4) 等方性を有する物質の体膨張係数は、線膨張係数の3倍にほぼ等しい。

正答（1）

気体を断熱膨張させると、その温度は**下降する**。

頻出項目を覚えよう！

1 □ 温度変化のみに費やされる熱を**顕熱**という。

2 □ 固体壁とこれに接する流体の伝熱を、**熱伝達**という。

3 □ 液体の定圧比熱と定容比熱は、**ほとんど同じ値**である。

4 □ 気体を断熱膨張させた場合、温度は**低下**する。

こんな選択肢は誤りだ！

融解熱や気化熱のように、~~温度~~変化のみに費やされる熱を潜熱という。

融解熱や気化熱のように、状態変化のみに費やされる熱を潜熱という。

2種類の金属を接合した回路に電圧をかけると、一方の接点の温度が下がり、他方が上がるが、これを~~ゼーベック~~効果という。

2種類の金属を接合した回路に電圧をかけると、一方の接点の温度が下がり、他方が上がるが、これをペルチェ効果という。

(2) 湿り空気

①用語

- **乾球温度**：乾燥した状態の感球部（乾球）で計測した温度
- **湿球温度**：湿潤した状態の感球部（湿球）で計測した温度。周囲の湿度の影響を受ける。
- **乾き空気**：水蒸気を含まない空気
- **湿り空気**：水蒸気を含んだ空気
- **絶対湿度**：湿り空気中における、乾き空気の質量に対する水蒸気の質量［kg/kg(DA)］

乾球温度と湿球温度

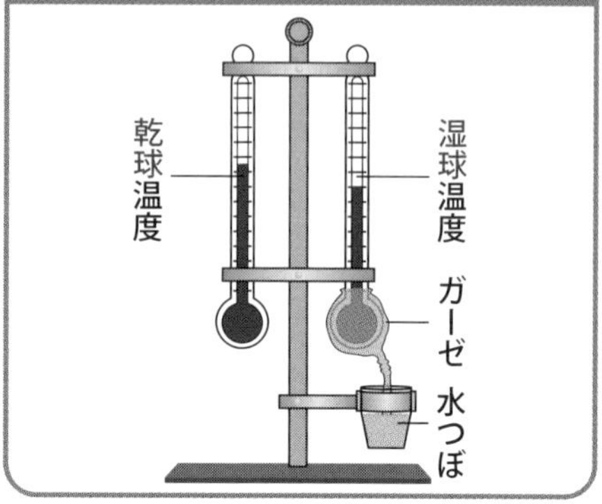

- **相対湿度**：湿り空気の飽和水蒸気分圧に対する水蒸気分圧［%］。分圧とは、混合気体中に占める圧力をいう。
- **飽和湿り空気**：その温度における飽和蒸気圧と等しい水蒸気分圧を持つ湿り空気。**飽和湿り空気**では、**乾球温度**と**湿球温度**は等しい。
- **露《ろ》点《てん》温度**：その空気中の水蒸気分圧に等しい水蒸気分圧を持つ飽和湿り空気の温度
- **熱水分比**：比エンタルピーの変化量と絶対湿度の変化量との比

絶対湿度と相対湿度

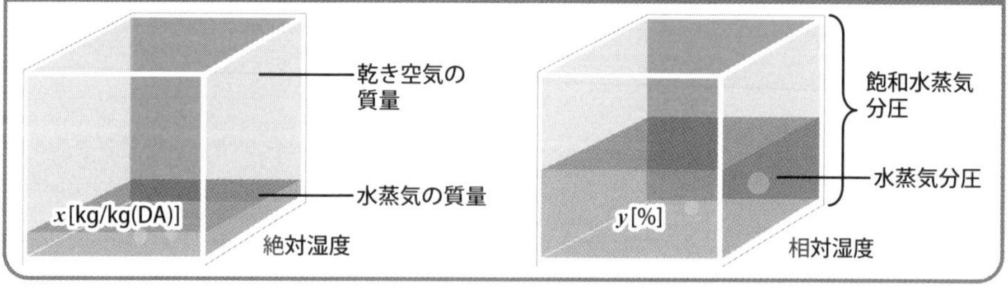

露点は、結露する**温度**を表しますが、**露点温度**ともいいます。引火点、着火点などの**点**も、**温度**であることを表しています。

②湿り空気線図

下図のように縦軸に**絶対湿度**、横軸に**乾球温度**、斜め軸に**比エンタルピー**をとった線図で、湿り空気の状態を把握できるようにしたものである。

湿り空気線図

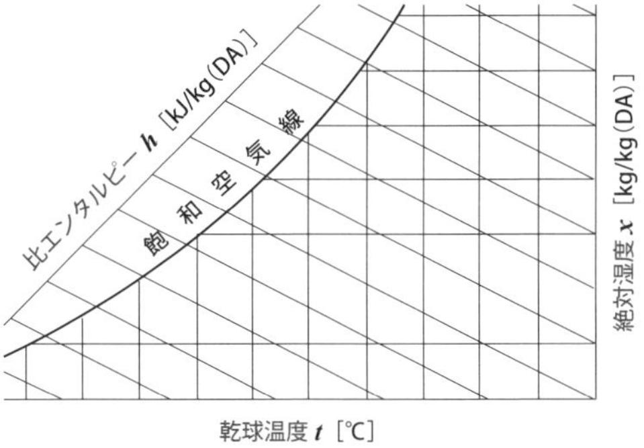

③温度変化・湿度変化の湿り空気線図上の動き

湿り空気を温度変化・湿度変化させたときの空気線図上の動きは、次のとおりである。

a. 絶対湿度が一定の温度変化

湿り空気線図上で横軸と平行（水平方向）な移動で示される。加湿のない電気加熱器で加熱した場合、すなわち、**絶対湿度**を一定に保ったまま乾球温度を**上げる**と、相対湿度は**下降**する。

b. 乾球温度が一定の湿度変化

湿り空気線図上で縦軸と平行（鉛直方向）な移動で示される。**乾球温度**が一定の場合、絶対湿度が**上昇**すると、相対湿度は**上昇**する。

c. 比エンタルピーが一定の温度変化・湿度変化

空気線図上で右下がり左上がりの直線と平行な移動で示される。**比エンタルピー**を一定に保ちながら相対湿度を**上げる**と、乾球温度は**下がる**。

d. 飽和湿り空気の温度変化

飽和湿り空気の温度を下げる、すなわち、**露点温度**以下の温度に**冷却**すると、絶対湿度は**低下**し、相対湿度 100% のままで**変わらない**。

温度変化・湿度変化の湿り空気線図上の動き

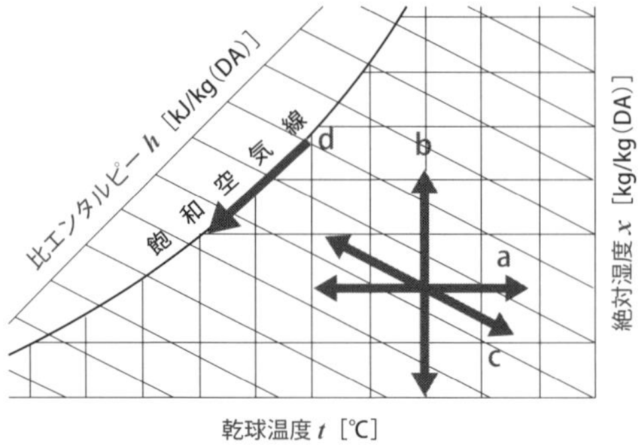

④加湿・減湿の湿り空気線図上の動き

湿り空気を加湿・減湿させたときの空気線図上の動きは、次のとおりである。

加湿・減湿の湿り空気線図上の動き

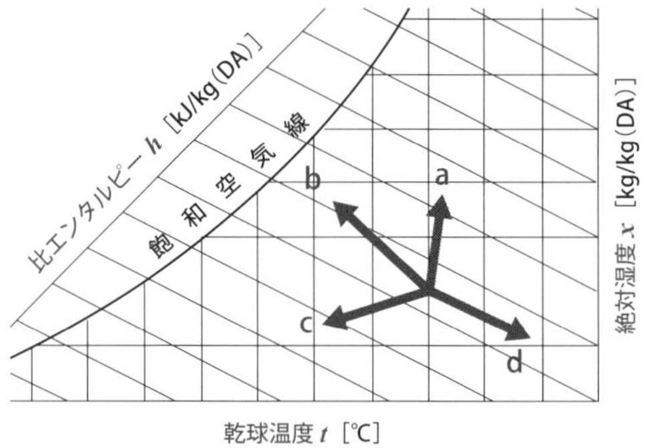

a.蒸気スプレーによる加湿：**絶対湿度**と**乾球温度**がともに**上昇**する。

b.水スプレーによる加湿：**絶対湿度**は**上昇**し、**乾球温度**は**下降**する。

c.減湿を伴う冷却：**絶対湿度**と**乾球温度**がともに**下降**する。

d.吸収剤による減湿：**絶対湿度**は**下降**し、吸着熱によって**乾球温度**が**上昇**する。

演習問題

湿り空気に関する記述のうち、**適当でないもの**はどれか。

（1）電気加熱器で加熱した場合、相対湿度は変化しない。
（2）飽和湿り空気では、乾球温度と湿球温度は等しい。
（3）比エンタルピーを一定に保ちながら相対湿度を上げた場合、乾球温度は下降する。
（4）シリカゲルを用いた固体吸着減湿を行った場合、吸着熱が発生するため乾球温度は上昇する。

正答（1）

電気加熱器で加熱した場合、相対湿度は**下降**する。

頻出項目を覚えよう！

1 □	加湿・除湿のない温度変化は、空気線図（h-x 線図）上で横軸と**平行**な移動で示される。
2 □	飽和湿り空気の温度を上げても、絶対湿度は**変わらない**。
3 □	飽和湿り空気の温度を下げても、相対湿度は**変わらない**。

こんな選択肢は誤りだ！

熱水分比とは、比エンタルピーの変化量と~~乾球温度~~の変化量との比をいう。

熱水分比とは、比エンタルピーの変化量と**絶対湿度**の変化量との比をいう。

絶対湿度を一定に保ったまま乾球温度を上げると、相対湿度は~~上がる~~。

絶対湿度を一定に保ったまま乾球温度を上げると、相対湿度は**下がる**。

乾球温度が一定の場合、絶対湿度が上昇すると相対湿度は~~下降~~する。

乾球温度が一定の場合、絶対湿度が上昇すると相対湿度は**上昇**する。

(3) 燃焼

燃焼に関する事項は次のとおりである。

①燃料の発熱量

石油などの液体燃料や石炭などの固体燃料中には、燃料成分のほかに水分が含まれている。燃料中の水分は燃焼に寄与しないばかりか、液体の水から気体の水蒸気に蒸発するときに、周囲から熱を奪って発熱量を低下させる。このため、燃料の発熱量は、燃料中の水分の蒸発潜熱を含んだ発熱量と燃料中の水分の蒸発潜熱を除いた発熱量の２つの発熱量で示される。

- **高発熱量**：燃料が完全燃焼したときに放出する熱量で、燃焼によって生じた**水蒸気の潜熱分を含んでいる**もの。**総発熱量**ともいう。
- **低発熱量**：燃料が完全燃焼したときに放出する熱量から、燃焼によって生じた**水蒸気の潜熱分を除いた**もの。

②ウォッベ指数

燃料ガスの単位体積当たりの**総発熱量**をガスの**比重の平方根**で除したものを、ウォッベ指数という。

③理論空気量

燃料を**完全燃焼**させるために理論的に必要な最少の空気量をいう。一般に、燃焼用空気と混合しにくい固体燃料より、燃焼用空気と混合しやすい**気体燃料**の方が、**理論空気量**に近い空気量で完全燃焼する。

④理論燃焼ガス量（理論廃ガス量）

燃料を**理論空気量**で**完全燃焼**させたときに生じる燃焼ガス量をいう。

⑤空気過剰率

理論空気量に対する実際に燃料を**完全燃焼**させるのに必要な**空気量**の比をいう。空気過剰率が大きすぎると、廃ガスによる**熱損失**が**増大**するので、完全燃焼する範囲において、**空気過剰率**は**小さい**ほど望ましい。

一般に、**液体燃料**よりも**気体燃料**の方が、**空気過剰率**が小さい。

⑥窒素酸化物

窒素の酸化物の総称で、燃料の燃焼などによって生じる大気汚染物質である。燃焼ガス中の窒素酸化物の量は、燃焼温度が高温になるほど増加し、**低温燃焼時**より**高温燃焼時**の方が**多い**。

演習問題

燃焼に関する記述のうち、**適当でないもの**はどれか。

(1) 高発熱量とは、燃料が完全燃焼したときに放出する熱量で、燃焼によって生じた水蒸気の潜熱分を含んでいる。
(2) ガスの単位体積当たりの総発熱量をガスの比重の平方根で除したものを、ウォッベ指数という。
(3) 気体燃料より固体燃料の方が、一般的に、理論空気量に近い空気量で完全燃焼する。
(4) 単位量の燃料が理論空気量で完全燃焼したときに生成するガス量を、理論燃焼ガス量という。

正答（3）

固体燃料より**気体燃料**の方が、一般的に、理論空気量に近い空気量で完全燃焼する。

頻出項目を覚えよう！

1 □ 空気過剰率が大きすぎると、廃ガスによる**熱損失**が**増大**する。

2 □ 完全燃焼する範囲において、空気過剰率は**小さい**ほど望ましい。

こんな選択肢は誤りだ！

高発熱量とは、燃焼によって生じる水蒸気の潜熱分を~~含まない~~熱量である。

高発熱量とは、燃焼によって生じる水蒸気の潜熱分を<u>含んだ</u>熱量である。

4 音と金属材料の腐食

(1) 音

①可聴周波数

音は波動であり、音波ともいう。波動が 1 秒間に振動する回数を周波数といい、単位は［Hz］で表される。人の耳で聞くことのできる音の周波数は、一般に、**20 ～ 20,000 Hz** である。

②音の速さ・伝達

音の速さは、一定の圧力の大気中では、空気の**温度が高いほど速く**なる。また、音は、気流により屈折するので、**風下側**へよく伝わり**風上側**には伝わりにくい。

③音の大きさ・音圧

音の大きさは、その音と同じ大きさに聞こえる **1,000Hz** の純音の音圧レベルの数値で表す。音圧［Pa］とは、音による大気の**圧力変動**をいい、音圧レベル［dB］とは、音圧を**対数**によって表現したものをいう。

④音圧レベルの合成

同じ音圧レベルの 2 つの音を合成すると、元の音圧レベルよりも約 **3dB** 大きくなる。したがって、音圧レベル 50dB の音を 2 つ合成すると、約 53dB になる。

⑤音の吸収

ロックウールやグラスウールは、一般に、**低音域（低周波数域）**よりも**高音域（中・高周波数域）**の音をよく**吸収**する。

⑥NC 曲線

次ページのグラフのように周波数別の騒音の許容値を示す曲線をいう。NC 曲線は右下がりの曲線となり、音圧レベル許容値は、**周波数**が高いほど**小さく**、低いほど**大きく**なる。

NC曲線

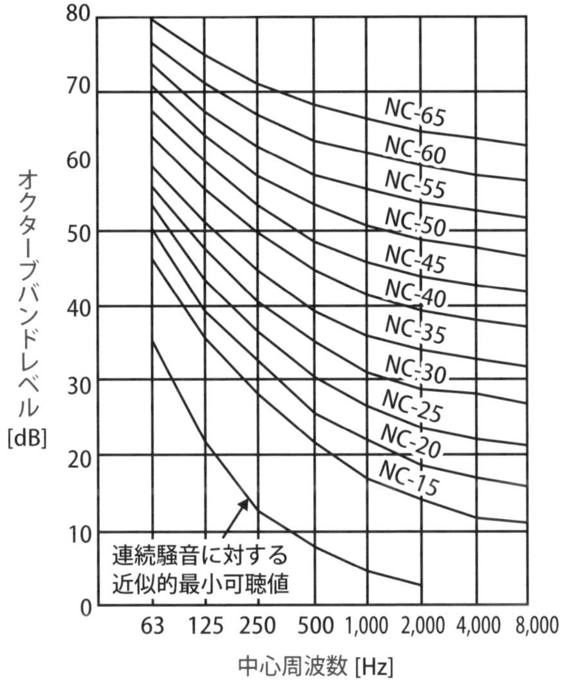

⑦透過損失

音が壁などを透過する際に生じる損失をいう。透過損失が大きい壁ほど、壁を透過した音の減衰が大きくなるので、遮音性能が高くなる。また、一般に、壁の**透過損失**は、鉄やコンクリートなどの**単位面積当たりの質量**が大きい重量壁ほど**大きく**なる。

⑧マスキング効果

聞きたい音のほかに異なる音があるとき、一方の音（マスクする音）により、聞きたい音（マスクされる音）が聞きにくくなる効果をいう。マスキング効果は、**マスクする音**の周波数が**マスクされる音**の周波数に近いほど**大きく**なる。

演習問題

音に関する記述のうち、**適当でないもの**はどれか。

(1) ロックウールやグラスウールは、一般に、低周波数域よりも中・高周波数域の音をよく吸収する。
(2) 音圧レベル 50dB の音を 2 つ合成すると、53dB になる。
(3) 音の大きさは、その音と同じ大きさに聞こえる 1,000Hz の純音の音圧レベルの数値で表す。
(4) NC 曲線の音圧レベル許容値は、周波数が高いほど大きい。

正答 (4)

NC 曲線の音圧レベル許容値は、周波数が**低い**ほど大きい。

頻出項目を覚えよう！

1 ■ 音速は、一定の圧力のもとでは、空気の**温度が高いほど速く**なる。

2 ■ ロックウールやグラスウールは、一般に、**低周波数域**よりも**中・高周波数域**の音をよく吸収する。

こんな選択肢は誤りだ！

音速は、一定の圧力のもとでは、空気の温度が~~低い~~ほど速くなる。
音速は、一定の圧力のもとでは、空気の温度が高いほど速くなる。

NC 曲線の音圧レベル許容値は、周波数が~~低い~~ほど小さい。
NC 曲線の音圧レベル許容値は、周波数が高いほど小さい。

(2) 金属材料の腐食

①異種金属接触腐食

水中で異なる金属を接触させたとき、イオンになりやすい**イオン化傾向の**

大きい方の金属が陽極となって、腐食する。これを異種金属接触腐食という。

②pH と鋼の腐食

水中における鋼（炭素鋼）の腐食は、pH（水素イオン濃度）**4** 以下になると急激に**増大**する。

③流速と鋼の腐食

流速が**速く**なると鋼（炭素鋼）の腐食速度は**増加**するが、ある流速域では、表面の不動態化が促進され腐食速度が減少する。

④温度と鋼の腐食

鋼の腐食は温度の上昇とともに増加する。密閉系配管における鋼の腐食は、水の温度の上昇とともに増大する。一方、**開放系配管**における鋼の腐食は、水の温度の**上昇**とともに 80℃くらいまでは**増大**するが、80℃を超えると配管内の溶存酸素が低下して減少する。

温度と鋼管の腐食

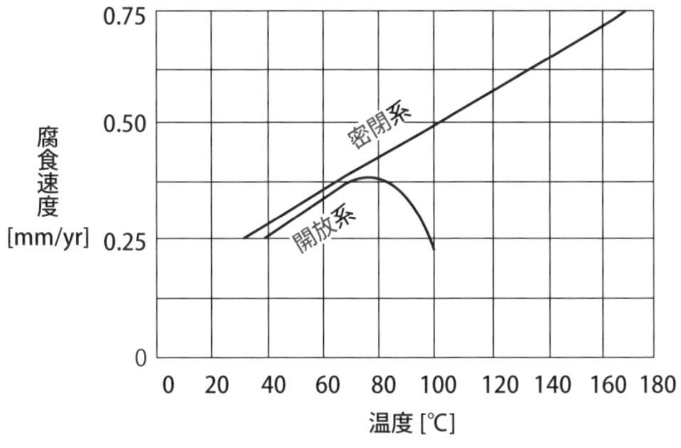

電子が流入する側の金属を**アノード**、電子が流出する側の金属を**カソード**といい、**アノード**が腐食します。

演習問題

金属材料の腐食に関する記述のうち、**適当でないもの**はどれか。

(1) 配管のフランジ接合部など、金属と金属、あるいは、金属と非金属の合わさったすきま部が優先的に腐食される現象をすきま腐食という。
(2) 水中における銅管の腐食は、pH6.5 程度の微酸性の水では、中性の水と比較して高い腐食速度を示す。
(3) 開放系配管における炭素鋼の腐食速度は、水温の上昇とともに 80℃位までは増加する。
(4) 水中でイオン化傾向が異なる金属を接触させた場合、イオン化傾向が小さい金属の方が腐食しやすい。

正答（4）

水中でイオン化傾向が異なる金属を接触させた場合、イオン化傾向が**大きい**金属の方が腐食しやすい。なお、すきま部が優先的に腐食される現象をすきま腐食という。

頻出項目を覚えよう！

1 ■ 水中における炭素鋼の腐食は、pH4 以下になると**急激に増大**する。

2 ■ 流速が速くなると炭素鋼の腐食速度は増加するが、ある流速域では、表面の不動態化が促進され**腐食速度が減少**する。

こんな選択肢は誤りだ！

一般に、水中で腐食しやすい金属は、イオン化傾向が~~小さい~~。

一般に、水中で腐食しやすい金属は、イオン化傾向が**大きい**。

水中における炭素鋼の腐食は、pH4 以下になると~~発生しない~~。

水中における炭素鋼の腐食は、pH4 以下になると**急激に増大する**。

第１章　機械工学等

Lesson 2　電気工学

一次

ここが Point！　重要度 ★☆☆

電気工学の分野からは、低圧屋内配線、電動機に関する事項などが出題される。低圧屋内配線に関する事項からは、合成樹脂製可とう電線管などが、電動機に関する事項からは、インバータなどが出題される。

1　低圧屋内配線

低圧とは、電気設備技術基準により、**交流 600V 以下、直流 750V 以下**の電圧と定められている。送風機やポンプなどの設備機器の動力には、低圧の電動機が多用されている。これら低圧の電気機器へ電気を供給するために屋内にする配線を低圧屋内配線という。

(1) 低圧屋内配線の配線方法と施設場所

低圧屋内配線は、施設場所により配線方法が定められている。主な低圧屋内配線の配線方法と施設場所は下表のとおりである。

低圧屋内配線工事の制限

施設場所 ＼ 使用電圧 ＼ 工事方法	展開した場所、点検できる隠ぺい場所		点検できない隠ぺい場所	
	300V 以下	300V 超過	300V 以下	300V 超過
がいし引き工事	○	○	×	×
金属線ぴ工事	△	×	×	×
合成樹脂管工事	○	○	○	○
金属管工事	○	○	○	○
金属可とう電線管工事	○	○	○	○
金属ダクト工事	△	△	×	×
バスダクト工事	▽⃝	△	×	×
フロアダクト工事	×	×	△	×

表は次ページへ続く

セルラダクト工事	△⃝	×	△	×
ライティングダクト工事	△	×	×	×
平形保護層工事	△⃝	×	×	×
ケーブル工事	○	○	○	○

△⃝：点検できる隠ぺい場所で乾燥した場所に限り施設できる。
▽⃝：展開した場所であれば湿気の多い場所または水気のある場所にも施設できる。
○：施設できる。
△：乾燥した場所に限り施設できる。
×：施設できない。

- 点検できる隠ぺい場所：点検口がある天井裏、戸棚、押入れなど簡易に点検、修理できる場所。
- 点検できない隠ぺい場所：天井ふところ、壁内、コンクリート床内など破壊しなければ点検、修理できない場所。

(2) 低圧屋内配線の施工上の留意事項

低圧屋内配線を施工する上での主な留意事項は次のとおりである。

①金属管、金属可とう電線管、合成樹脂管、合成樹脂製可とう電線管などの管内の電線は、IV電線（600Vビニル絶縁電線）などの**絶縁電線**（屋外用ビニル絶縁電線（OW）を除く）とすること。

②**金属管**、金属**可とう電線管**、**合成樹脂管**、合成樹脂製**可とう電線管**、**フロアダクト**、**セルラダクト**などの管内に電線の接続点を設けてはならない。電線の接続は、プルボックスやジャンクションボックス内などで行う。

※ゴロ合わせはP.58

③金属管工事では、**同一の回路**の電線は、**同一の管内**に収めて**電磁的平衡**を確保する。例えば、単相2線式の場合は2線を、三相3線式の場合は3線を、同じ金属管に通す。

金属管工事の施工

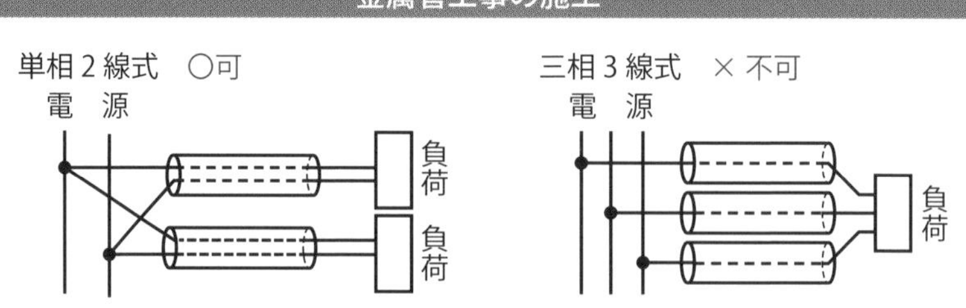

同一の回路の電線を1線ずつ金属管に収めると、電磁誘導作用により金属管が過熱するおそれがあるので、してはならない。

(3) 合成樹脂製可とう電線管

電動機などの振動が発生する電気機器への配管に用いられる、たわむ性質のある合成樹脂製の電線管をいう。合成樹脂製可とう電線管には、**自己消火性**のない**CD管**と**自己消火性**のある**PF管**がある。CD管は自己消火性がないので、**コンクリート**に埋設するか**耐火性のある管**などに収めて配管する必要があり、**天井内に直接転がす**などして**配管してはならない**。一方、PF管は自己消火性があるので、天井内に直接転がして配管することもコンクリートに埋設して配管することも可能である。**CD管**は**オレンジ色**に塗色してあるため、PF管と判別できるようになっている。合成樹脂製可とう電線管相互の接続には、**カップリング**などを用い、合成樹脂製可とう電線管同士を直接接続してはならない。

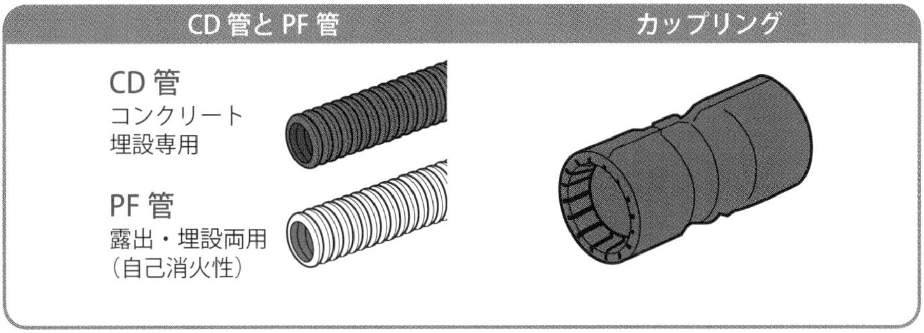

(4) 接地

金属管や電気機器の金属製外箱などを大地と導体で接続することをいう。接地する目的は感電防止、機器の保護などである。電気設備の技術基準の解釈第17条に、次のように接地工事の種類が規定されている。

接地工事の種類	接地箇所
A種	高圧・特別高圧の機器など
B種	高圧または特別高圧と低圧を結合する変圧器の中性点など
C種	**300Vを超える低圧の機器など**
D種	**300V以下の低圧の機器など**

(5) 漏電《ろうでん》遮断器

屋外に設置するコンセント回路や浄化槽の分岐回路など、水気のある場所に施設する回路には、感電防止のため**漏電遮断器**を設ける。漏電遮断器とは、電路からの漏電が発生したときに、**漏電**を検出し、自動的に**電路**を**遮断**する開閉器である。

漏電遮断器の構造と動作原理

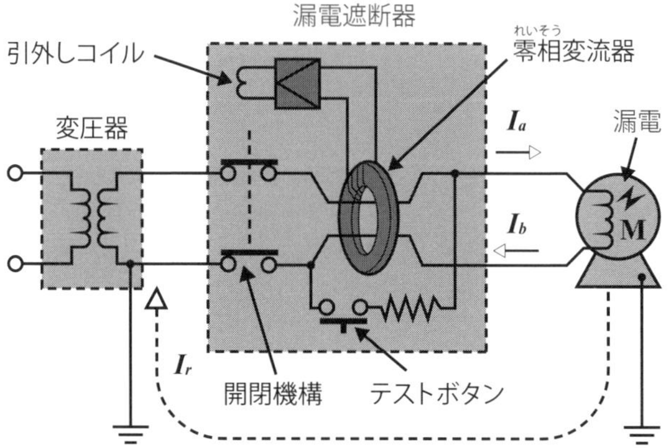

ゴロ合わせで覚えよう！ 電線に接続点を（原則）設けられない工法

加藤は、 **豪勢な** **金ぴか**
（可とう） （合成樹脂） （金属）

風呂を **セールする。**
（フロア） （セルラ）

可とう電線管内、合成樹脂管内、金属管内、フロアダクト、セルラダクトは、（原則）電線に接続点を設けてはならない。

演習問題

電気工事に関する記述のうち、**適当でないもの**はどれか。

（1）合成樹脂製可とう電線管の PF 管を、直接コンクリートに埋め込んで施設した。
（2）金属管工事で、三相 3 線式回路の電線を同一の金属管に収めた。
（3）合成樹脂製可とう電線管の CD 管相互の接続に、カップリングを用いた。
（4）人が触れるおそれがある使用電圧が 400V の金属管に、D 種接地工事を施した。

正答（4）

使用電圧 400V は 300V を超える低圧に該当するので、人が触れるおそれがある使用電圧が 400V の金属管には、**C** 種接地工事を施す必要がある。

頻出項目を覚えよう！

1 ■ 金属管内に収める電線を、**IV 電線**（600V ビニル絶縁電線）などとする。

2 ■ 屋外に設置するコンセント回路には、**漏電遮断器**を設ける。

こんな選択肢は誤りだ！

CD 管は、直接コンクリートに埋め込んで施設して~~はならない~~。
CD 管は、直接コンクリートに埋め込んで施設して**よい**。

PF 管は、直接コンクリートに埋め込んで施設して~~はならない~~。
PF 管は、直接コンクリートに埋め込んで施設して**よい**。

2 電動機

一般に、建築設備に使用される電動機は**三相誘導電動機**であり、電源は**三相 3 線式 200V** が使用される。

(1) 同期速度

誘導電動機の同期速度とは、電動機内部で回転する磁界（回転磁界）の回転速度をいい、次式で求められる。

$$N_s = \frac{120f}{p}\,[\mathrm{min}^{-1}]$$

N_s：同期速度［min^{-1}（毎分回転）］、f：電源の周波数［Hz］、p：電動機の磁極の数（極数）

したがって、誘導電動機の**同期速度**は、電動機の極数に**反比例**し、電源の周波数に**比例**する。

(2) 回転方向

電動機の回転部分（回転子）は、回転磁界に誘導されて回転する。したがって、三相誘導電動機の三相の **3** 本の電線のうち、いずれかの **2** 本の電線を**入れ替える**と、回転磁界の回転方向が逆向きになり、電動機の回転子の**回転方向**も**逆向き**になる。

電動機の回転方向

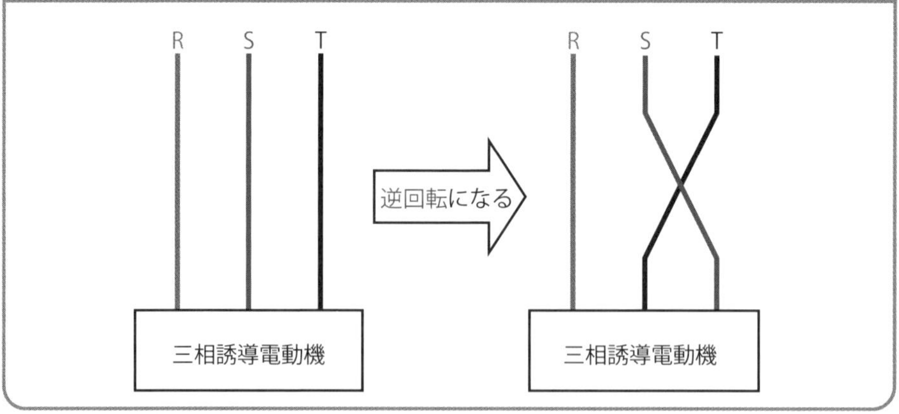

(3) 始動方式

三相誘導電動機の始動時に定格電圧を印加《いんか》して始動する**全電圧直入始動方式**では、一般に、**定格電流**の **5 ～ 7** 倍程度の**始動電流**が流れる。定格出力が大きくなると、始動電流の増大を無視できないので、一般に、200V 回路では、定格出力 5.5 ～ 11kW 以上の三相誘導電動機には、スターデルタ始動方式などを用いて、始動電流の低減を図っている。

スターデルタ始動方式とは、始動時は三相誘導電動機の結線をスター結線（Y 結線、星形結線）として、巻き線にかかる電圧を定格電圧の $1/\sqrt{3}$ 倍に低減し、運転時にはデルタ結線（Δ結線、三角結線）として、**全電圧直入始動方式**に比べて、始動電流を **1/3** に**低減**する三相誘導電動機の始動方式の 1 つである。

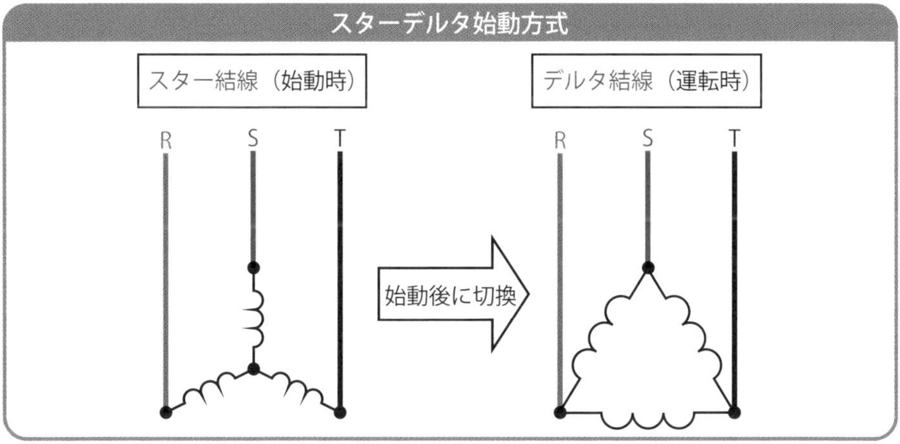

(4) 誘導電動機のインバータ制御

誘導電動機の同期速度は周波数に比例する。誘導電動機のインバータ制御とは、誘導電動機の電源の**周波数**を制御することで、誘導電動機の同期速度を制御し、誘導電動機の**回転速度**を制御するものである。電源の周波数を変化させると誘導電動機のトルクも変化するので、一般に、適正なトルクを得るために、電源の周波数とともに電源の**電圧**も制御する可変電圧可変周波数制御（**VVVF** 制御）方式が用いられている。誘導電動機のインバータ制御の特徴は次のとおりである。

①原理的に定速回転する**汎用三相かご形誘導電動機**を用いて、変速制御することが可能である。

②全電圧直入始動方式よりも**始動電流**が**小さい**ため、**電源設備容量**は**小さく**なる。

③電圧波形にひずみを含むため、インバータを用いない運転よりも**電動機**の温度が**高く**なる。

④電圧波形がひずむため、高調波（電源の整数倍の周波数をもつ正弦波）が発生し、フィルター等による**高調波除去対策**が必要である。

高調波

基本波：商用電源の正弦波

高調波：基本波の整数倍の周波数を持つ正弦波

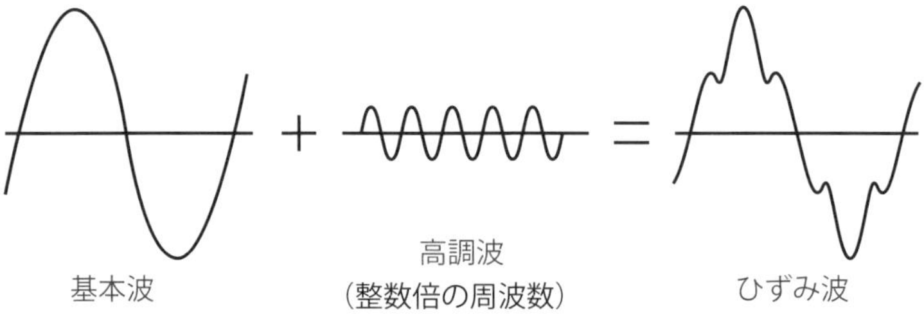

(5) 保護回路

低圧電動機回路の保護のためには、**過《か》負《ふ》荷《か》欠相《けっそう》**運転防止継電器（**2E**）と**電磁接触器**（**52**）を組み合わせて、または**過負荷欠相逆相**運転防止継電器（**3E**）と**電磁接触器**（**52**）を組み合わせて使用する。

電動機の保護回路

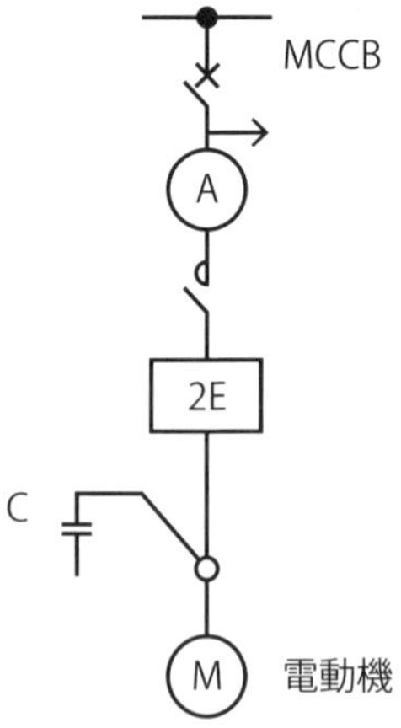

MCCB：配線用遮断器、Ⓐ：電流計、
C：進相コンデンサ

(6) コンデンサによる力率《りきりつ》改善

交流電気回路の力率を改善するために、コンデンサを設置する。力率とは、電圧と電流の積である皮相《ひそう》電力に対する有効電力の比をいう。コンデンサとは、電荷を蓄える機能を有する電気機器である。力率を改善する目的で設置されるコンデンサを進相《しんそう》コンデンサといい、進相コンデンサによる力率改善には、次のような効果がある。

①電力損失の軽減

②電圧降下の改善

③電力供給設備余力の増加

インバータとは**逆変換装置**のことをいいます。交流を直流にすることを**順変換**、直流を交流にすることを**逆変換**といいます。交流をコンバータでいったん直流にした後、インバータで異なる周波数の交流に変換して電動機の回転数を制御しているのです。

演習問題

三相誘導電動機に関する記述のうち、**適当でないもの**はどれか。

(1) 200V 回路では、一般的に、定格出力 11kW 以上で始動装置を使用する。

(2) 三相の電線のうちいずれかの２線を入れ替えると、回転方向が逆向きになる。

(3) スターデルタ始動方式では、全電圧直入始動方式と比較して、始動トルクは 1/3 となる。

(4) 同期速度は、電動機の極数に比例し、電源の周波数に反比例する。

正答 (4)

同期速度は、電動機の極数に**反比例**し、電源の周波数に**比例**する。

頻出項目を覚えよう！

1 □ 同期速度は、電動機の極数に**反比例**し、電源の周波数に**比例**する。

2 □ 三相かご形誘導電動機は、**インバータ**により制御することができる。

3 □ インバータによる運転は、電圧波形に**ひずみ**を含むため、インバータを用いない運転よりも電動機の**温度が高く**なる。

4 □ 低圧電動機回路の保護のため、**過負荷欠相運転防止継電器**と**電磁接触器**を組み合わせて、または**過負荷欠相逆相運転防止継電器**と**電磁接触器**を組み合わせて使用する。

こんな選択肢は誤りだ！

一般に、スターデルタ始動方式は、5.5kW~~未満~~の電動機に多く用いられる。

一般に、スターデルタ始動方式は、5.5kW **以上**の電動機に多く用いられる。

インバータにより周波数を変化させて、~~電圧~~を制御する。

インバータにより周波数を変化させて、**速度**を制御する。

インバータによる運転は、高調波が発生~~しない~~ため、フィルター等による高調波除去対策が~~不要~~である。

インバータによる運転は、高調波が発生**する**ため、フィルター等による高調波除去対策が**必要**である。

進相コンデンサによる力率改善には、電力損失の軽減、電圧降下の改善、電力供給設備余力の~~減少~~の効果がある。

進相コンデンサによる力率改善には、電力損失の軽減、電圧降下の改善、電力供給設備余力の**増加**の効果がある。

インバータで運転すると、電圧波形に**ひずみ**を含むため、電動機の温度が高くなる他に**振動**や**騒音**も増加することがあります。

Lesson 3 建築学

一次

ここが Point！

重要度 ★☆☆

建築学の分野からは、鉄筋コンクリートと梁《はり》の貫通孔と配筋に関する事項が出題される。また、鉄筋コンクリートの事項は、コンクリートの性状や鉄筋コンクリート工事に関する内容が出題される。

1 鉄筋コンクリート

(1) コンクリートの性状

①コンクリートの組成

コンクリートは、**セメント**、**骨材**《こつざい》（**砂利**《じゃり》**・砂**）に**水**を加えて練り混ぜたものを、水和硬化（水を加えて硬化すること）させたものである。硬化する前のコンクリートをフレッシュコンクリート（生コン）という。

コンクリート

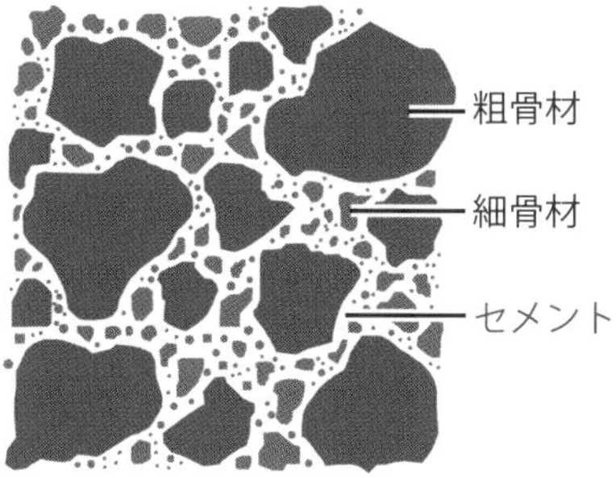

②普通ポルトランドセメント

イングランドのポートランド島産の石材に似ていることに由来した用語で、普通に使用されているセメントをいう。

③高炉セメント

高炉（溶鉱炉）で銑鉄《せんてつ》を製造する際に得られる副産物のスラグ（鉱滓《こうさい》）とポルトランドセメントによる混合セメントをいう。スラグの混合比率により、A 種、B 種、C 種に分類され、B 種が多用されている。**高炉セメント** B 種は、普通ポルトランドセメントに比べ**強度**の発現が**遅い**などの特徴を有している。

④単位水量

フレッシュコンクリート **$1m^3$** に含まれる**水量 [kg]** をいう。**単位水量**を**大きく**すると、フレッシュコンクリートの**流動性**が**増加**する。

⑤単位セメント量

フレッシュコンクリート **$1m^3$** に含まれる**セメント量 [kg]** をいう。**単位セメント量**が**少ない**ほど、骨材の比率（骨材率）が多くなり、水和硬化に伴う発熱（**水和熱**）や**乾燥収縮**によるひび割れの発生が**少なく**なる。一方、**単位セメント量**が**過少**になると、フレッシュコンクリート打設時の**ワーカビリティー**（**作業性**）が**悪く**なる。

⑥水セメント比

セメントペースト（セメントに加水しペースト状にしたもの）中の**セメントに対する水の質量百分率**をいう。水セメント比が**大きい**と、フレッシュコンクリートの流動性が大きくなって**ワーカビリティー**が**よく**なるが、コンクリートの**強度**が**低下**し、**中性化**（次項参照）が**早く**なる。したがって、水セメント比は、施工に支障をきたさない範囲で**小さい**ことが望ましい。

⑦スランプ値

フレッシュコンクリートの流動性を示す値で、スランプ値が**大きい**ほど、**流動性**が**大きく**なり、**ワーカビリティー**が**よく**なる。スランプ値は、次ページの図のようにスランプコーンによるスランプ試験により求める。**水セメント比**が**大きい**と、**スランプ値**は**大きく**なる。

スランプ試験

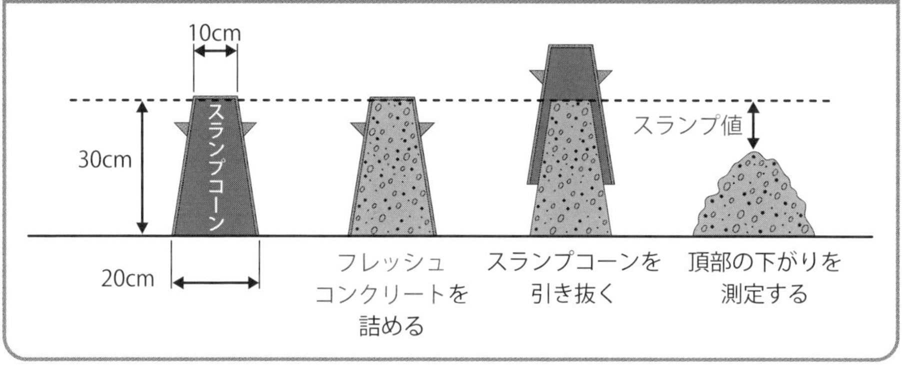

(2) 鉄筋コンクリート

①強度

鉄筋コンクリートは、**鉄筋**が**引張《ひっぱり》強度**を、**コンクリート**が**圧縮強度**を負担している。

②線膨張係数

鉄筋とコンクリートの**線膨張係数**は常温でほぼ**等しい**。

③中性化

コンクリートはアルカリ性で、コンクリート内部の鉄筋が腐食するのを防止している。空気中の**二酸化炭素**の影響で、コンクリート表面からアルカリ性を失い中性になることを、コンクリートの**中性化**という。コンクリート表面からの中性化が、コンクリート内部の鉄筋にまで及ぶと**鉄筋**が**腐食**する。

④柱と梁の配筋

柱の軸方向の鉄筋を**主筋**、周方向の鉄筋を**帯筋《おびきん》**という。**主筋**は柱の**曲げ応力**に、**帯筋**は柱の**せん断応力**に対抗している。梁の軸方向の鉄筋を**主筋**、周方向の鉄筋を**あばら筋**という。**主筋**は梁の**曲げ応力**に、**あばら筋**は梁の**せん断応力**に対抗している。

柱と梁の配筋

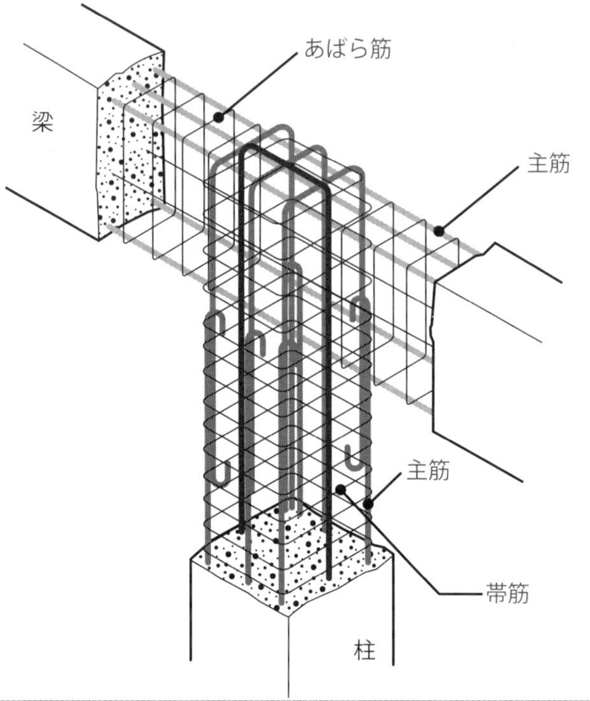

⑤鉄筋のかぶり厚さ

柱、梁の鉄筋のかぶり厚さは、**帯筋**、**あばら筋**の外側からコンクリートの表面までの**最短距離**をいう。鉄筋のかぶり厚さは、**土**に接する部分や高熱を受ける部分を、その他の部分に比べて**大きく**する。また、基礎の**捨てコンクリート**部分は鉄筋の**かぶり厚さ**に算入できない。

鉄筋のかぶり厚さ

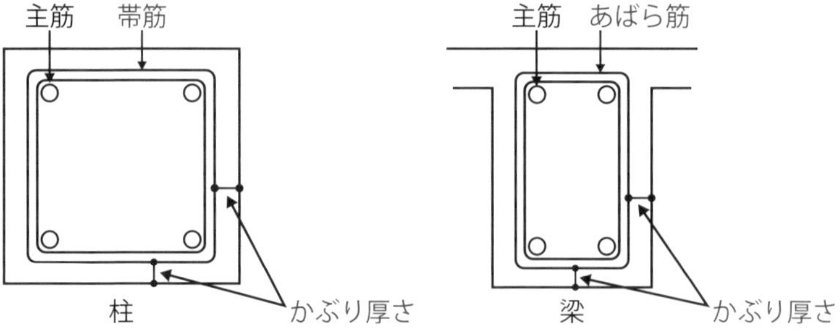

(3) 鉄筋コンクリート工事

①鉄筋工事

鉄筋の折曲げは**冷間加工**で行い、鉄筋の**継手**《つぎて》位置は**応力の小さい部分**に設ける。鉄筋の設計基準強度に適合した鉄筋の**定着長さ**（鉄筋とコンクリートが定着する部分の長さ）を確保する。鉄筋のかぶり厚さを保つため、鉄筋と型枠《かたわく》（フレッシュコンクリート成形のための型）の間に**スペーサー**を設ける。

②フレッシュコンクリートの打込み

打込みは、コンクリートの骨材が分離しないように、できる限り**低い**位置から複数箇所、少量ずつ行い、**1**箇所に**多量**に打ち込んでバイブレータ（振動機）などにより**横流し**をしてはならない。先に打ち込まれたコンクリートが固まる前に、次のコンクリートを打ち込んで一体化する。打込み時に、スランプ値が所定の値より低下した場合は、原因を追究して対策を講じる必要がある。水を加えてフレッシュコンクリートのスランプを大きくすると、鉄筋への付着強度などが低下するので、**加水**してはならない。

③ジャンカ

豆板《まめいた》ともいい、フレッシュコンクリートの充てんが不十分なことにより、硬化後のコンクリートに生じた**空洞**をいう。ジャンカは、**鉄筋の腐食**の原因になりやすい。

④コールドジョイント

フレッシュコンクリート打込み時に、先に打ち込まれたフレッシュコンクリートが固まる前に、次のフレッシュコンクリートを打ち込むことができず、**一体化**されていない**打継ぎ面**をいう。コールドジョイントは、**漏水**《ろうすい》の原因になりやすい。

スランプ値は、単にスランプともいいます。**スランプ値**は、コーン引き抜き後のフレッシュコンクリートの頂部の高さではなく、頂部の**下がりの値**です。

演習問題

コンクリートに関する記述のうち、**適当でないもの**はどれか。

(1) 水セメント比とは、セメントペースト中のセメントに対する水の質量百分率をいう。
(2) 単位水量とは、フレッシュコンクリート 1m^3 に含まれる水量をいう。
(3) 水セメント比は、施工に支障をきたさない範囲で大きいことが望ましい。
(4) 単位水量を大きくすると、コンクリートの流動性が増す。

正答 (3)

水セメント比は、施工に支障をきたさない範囲で**小さい**ことが望ましい。

頻出項目を覚えよう！

1 □ 水セメント比が小さいほど、コンクリートの強度が**大きく**なる。

2 □ 水セメント比が大きいほど、コンクリートの中性化が**早く**なる。

3 □ 柱の帯筋、梁のあばら筋は、**せん断応力**に対する補強の役割がある。

4 □ **スペーサー**は、鉄筋のかぶり厚さを保つためのものである。

こんな選択肢は誤りだ！

高炉セメントＢ種は、普通ポルトランドセメントに比べ強度の発現が~~早い~~。

高炉セメントＢ種は、普通ポルトランドセメントに比べ強度の発現が**遅い**。

単位セメント量が~~過多~~になると、ワーカビリティーが悪くなる。

単位セメント量が**過少**になると、ワーカビリティーが悪くなる。

鉄筋の定着長さは、鉄筋の引張強度に~~かかわらず一定である~~。

鉄筋の定着長さは、鉄筋の引張強度に**より異なる**。

2 梁の貫通孔と配筋

(1) 梁貫通孔《はりかんつうこう》

梁貫通孔は、梁の**せん断強度**の低下を生じさせるので、次のように設ける必要がある。

①梁貫通孔は、上下方向では梁せいの中心付近の位置とし、その径の大きさは梁せいの **1/3 以下**とする。

②梁貫通孔の外面は、一般的に、柱面から梁せいの **1.5 倍**以上離す。

③梁貫通孔の径が、**150mm** 以上の場合は、補強筋を必要とする（梁貫通孔の径が梁せいの **1/10 以下**で、かつ、**150mm 未満**の場合は、補強筋を必要としない）。

④２つの大きさの異なる梁貫通孔の中心間隔は、梁貫通孔の径の平均値の **3 倍以上**とする。

⑤梁を貫通する配管用スリーブは、コンクリート打設時の**ずれ防止**のため、最寄りの鉄筋に接しないように**間隔**を設けて緊結する。

梁貫通孔

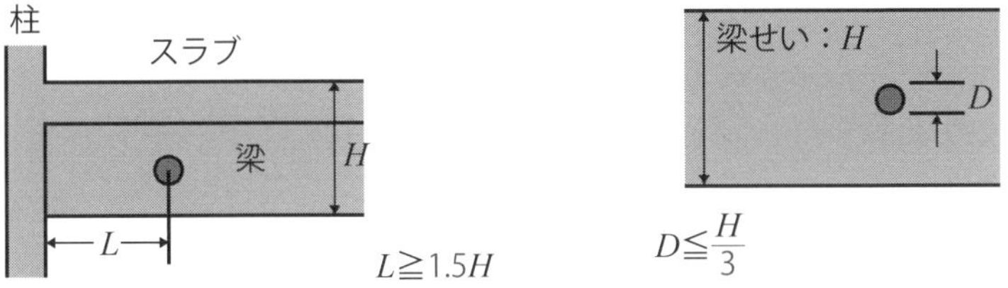

梁貫通孔を設ける場合は、できるだけ径の小さい孔を、**鉛直**方向、**水平**方向ともに梁の中心付近に設けるようにします。

(2) 梁の配筋

梁の曲げモーメント図と配筋は次のとおりである。

梁の曲げモーメント図と配筋の例

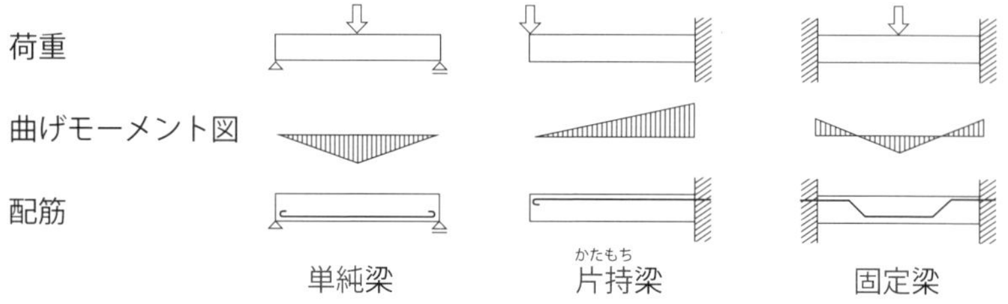

演習問題

図に示す単純梁の 2 点に集中荷重 P が作用する場合の曲げモーメント図として、**適当なもの**はどれか。

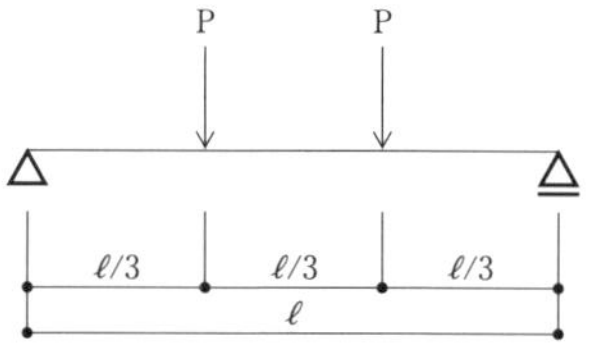

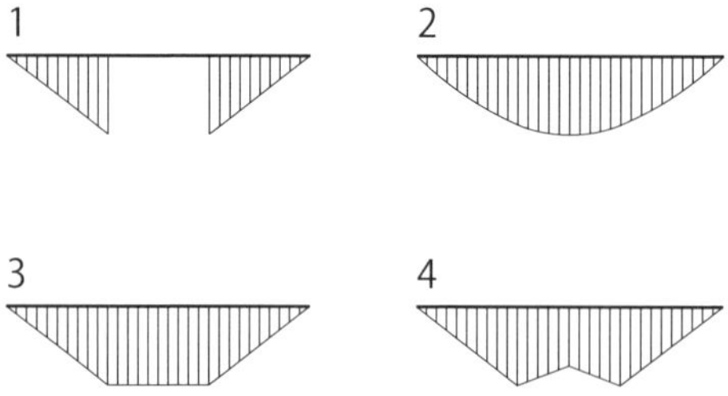

正答（3）

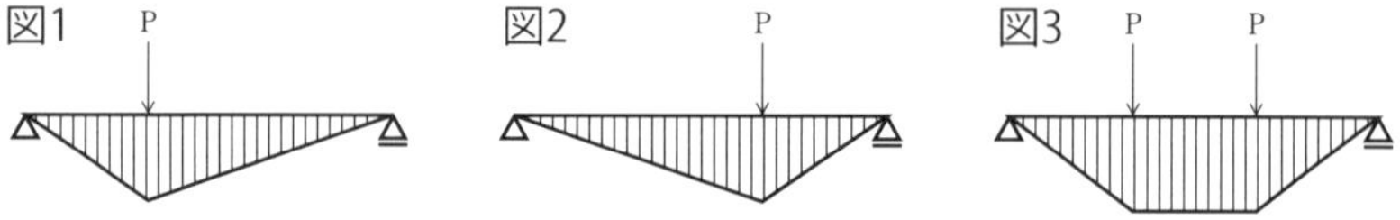

単純梁の2点に集中荷重Pが作用する場合の曲げモーメント図は、左側の集中荷重Pのみが作用する場合の曲げモーメント図（前ページの図1）と、右側の集中荷重Pのみが作用する場合の曲げモーメント図（前ページの図2）を**合成**したものになるので、前ページの図3になり、**(3)** が正答となる。

頻出項目を覚えよう！

1 □ 梁貫通孔の径が梁せいの **1/10** 以下で、かつ、**150mm** 未満の場合は、補強筋を必要としない。

2 □ 梁貫通孔は、梁せいの中心付近とし、その径の大きさは梁せいの **1/3** 以下とする。

3 □ 梁貫通孔の外面は、一般的に、柱面から梁せいの **1.5** 倍以上離す。

こんな選択肢は誤りだ！

梁貫通孔は、梁の~~曲げ~~強度の低下を生じさせる。

梁貫通孔は、梁の**せん断**強度の低下を生じさせる。

梁貫通孔の径が梁せいの ~~1/15~~ 以下で、かつ、~~100~~mm 未満の場合は、補強筋を必要としない。

梁貫通孔の径が梁せいの **1/10** 以下で、かつ、**150**mm 未満の場合は、補強筋を必要としない。

梁貫通孔は、梁せいの中心付近とし、その径の大きさは梁せいの ~~1/2~~ 以下とする。

梁貫通孔は、梁せいの中心付近とし、その径の大きさは梁せいの **1/3** 以下とする。

梁貫通孔の外面は、一般的に、柱面から梁せいの ~~1.2~~ 倍以上離す。

梁貫通孔の外面は、一般的に、柱面から梁せいの **1.5** 倍以上離す。

Lesson 4 空調設備

一次　二次

ここが Point！　重要度 ★★☆

空調設備の分野からは、空気調和、冷暖房、換気、排煙設備に関する事項が出題される。Lesson5 の衛生設備の分野とともに、選択問題として出題される。

1　空気調和

(1) 建築計画

空調負荷を軽減するために、建物は次のように計画することが望ましい。

①建物の平面形状は、**正方形**となるよう、短辺に対する長辺の比率（**縦横比**）を**１に近づけ小さく**する。

②建物平面が長方形の場合、日射負荷の小さい**南北**面を**長辺**とし、日射負荷の大きい**東西**面を**短辺**とする。

③外壁面積に対して、熱伝導率、日射負荷の大きい**窓面積の比率を小さく**する。

④日射負荷の大きい**東西**面の窓面積を極力**減らす**建築計画とする。

⑤窓ガラスは、日射の**遮へい係数**が小さく、遮へい効果の**大きい**ものを計画する。

⑥二重ガラス窓のブラインドは、二重ガラスの**間**に設置する。

⑦**非空調室**を、建物の**ペリメーター**（**外周部**）に配置し、熱的緩衝《かんしょう》空間を配置する。

⑧建物の出入口に**風除室**《ふうじょしつ》を設け、外気の侵入を防止する。

⑨建物の屋上、外壁を**緑化**する。

ブラインド入り二重ガラス窓の例

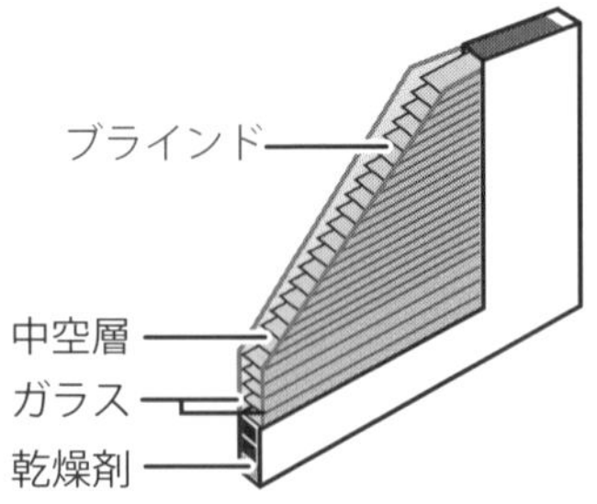

風除室とは、外気の侵入を緩和するために、建物の入口前に設ける小部屋をいいます。

演習問題

建築計画に関する記述のうち、省エネルギーの観点から、**適当でないもの**はどれか。

（1）建物の平面形状は、短辺に対する長辺の比率をなるべく大きくする。
（2）東西面の窓面積を極力減らす建築計画とする。
（3）窓ガラスは、遮へい係数の小さいものを計画する。
（4）建物の出入口に風除室を設ける。

正答（1）

建物の平面形状は、短辺に対する長辺の比率をなるべく**小さく**する。

頻出項目を覚えよう！

1 □ 建物の平面形状において、**縦横比を 1** に近づける。

2 □ ペリメーターに**熱的緩衝空間**を配置する。

こんな選択肢は誤りだ！

外壁面積に対する窓面積の比率を~~大きく~~する。

外壁面積に対する窓面積の比率を小さくする。

建物平面が長方形の場合、長辺が~~東西面~~となるように配置する。

建物平面が長方形の場合、長辺が南北面となるように配置する。

(2) 空気調和計画

空調負荷を軽減するために、建物は次のように計画することが望ましい。

①日射や外気温度による室内への熱の影響を小さくするため、**エアフローウィンドウ方式**を採用する。

②**外気冷房**を行う。特に、**日射量の多い方位**に外気冷房を導入すると効果が高い。

③搬送動力を削減するため、冷温水の往き返り**温度差**を**大きく**し、**流量**を**少なく**する。

④**全熱交換器**により、排気の熱を回収して、外気の予熱・予冷を図る。ただし、**便所からの排気**は利用しない。

⑤空調条件ごとに、次のように**ゾーニング**（**系統区分**）を行う。

ゾーニングの例

空気調和系統の区分	ゾーニングの種別
事務室と会議室	**使用時間別**ゾーニング
事務室と電算機室・サーバー室	**温湿度条件別**ゾーニング
ペリメーター（外周部）とインテリア（内周部）	**負荷傾向別**ゾーニング
事務室と食堂	**負荷傾向別**ゾーニング
東側、西側、南側、北側	**方位別**ゾーニング

エアフローウィンドウ方式の例

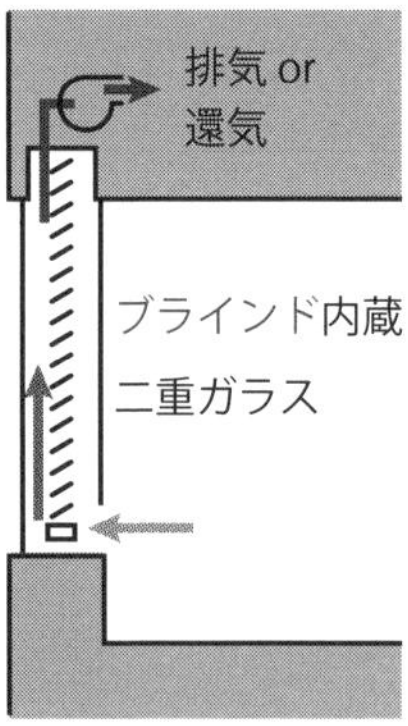

全熱交換器の例

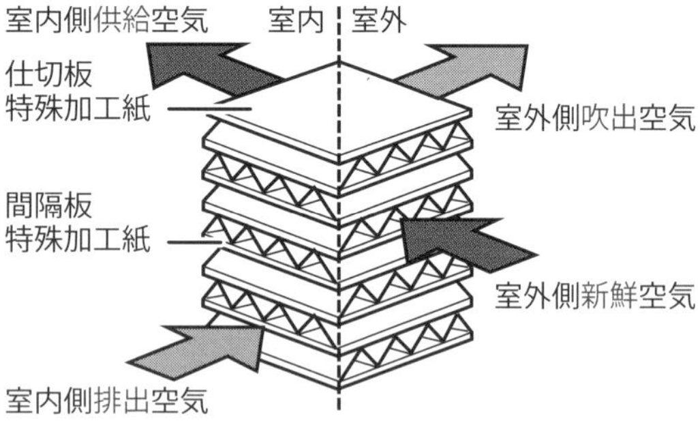

演習問題

空気調和計画において、系統を区分すべき室とゾーニングの主たる要因の組合せとして、**最も適当でないもの**はどれか。

（区分すべき室）		（主たる要因）
（1）事務室と食堂	―――	空気清浄度
（2）事務室とサーバー室	―――	温湿度条件
（3）事務室と会議室	―――	使用時間
（4）東側事務室と西側事務室	―――	日　射

正答（1）

事務室と食堂は、**負荷傾向別**ゾーニングである。なお、東側事務室と西側事務室は日射の影響による方位別ゾーニングである。

頻出項目を覚えよう！

1 □ 方位別ゾーニングをした建物で外気冷房を行う場合は、**北ゾーン**より日射量の多い**南ゾーン**の方が、効果が高い。

2 □ 搬送動力を削減するため、冷温水の往き返り**温度差を大きく**し、**流量を少なく**する。

こんな選択肢は誤りだ！

ペリメーターゾーン系統とインテリアゾーン系統の区分は、~~方位別~~ゾーニングである。

ペリメーターゾーン系統とインテリアゾーン系統の区分は、**負荷傾向別**ゾーニングである。

(3) 空調方式

①定風量単一ダクト方式

空気調和機からの単一のダクトで各室を空調する方式である。空調制御は、**送風量**を一定にして、冷温水量を制御して**送風温度**を変化させて行う。一般に、定風量単一ダクト方式の特徴は次のとおりである。

- 同一系統内の部分的な**空調**の**運転・停止**ができない。
- 各室間で時刻別負荷変動パターンが異なると、各室間で**温湿度**の**アンバランス**を生じやすい。
- **部分負荷（低負荷）**時においても、最大負荷時と同じ**換気量**を確保できる。
- **部分負荷（低負荷）**時は最大負荷時に比べて、空調機**コイル出口**の空気温度が**高く**なり、**室温**と**吹出し温度**の差が**小さく**なる。

定風量単一ダクト方式

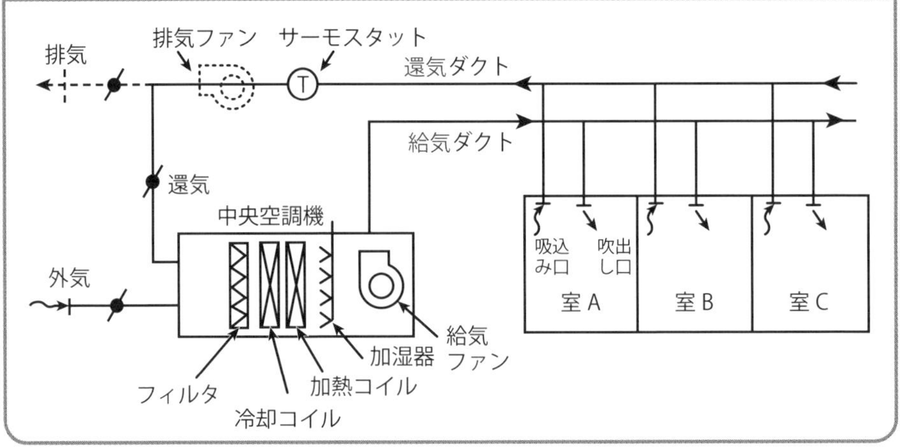

②変風量単一ダクト方式

空気調和機からの単一のダクトで各室を空調する方式である。空調制御は、**送風温度**を一定にして、**送風量**を変化させて行う。変風量（VAV）ユニットのダンパーの開度信号により、空気調和機の送風量を制御する。一般に、変風量単一ダクト方式の特徴は次のとおりである。

- 定風量単一ダクト方式に比べ、**搬送動力**を**低減**できる。
- 定風量単一ダクト方式に比べ、室の**間《ま》仕《じ》切《き》り変更**や**負荷変動**への対応が**容易**である。

- 定風量単一ダクト方式に比べ、負荷変動に対して応答が**速い**。
- 個別またはゾーンごとに**空気の清浄度**の調整はできない。
- **部分負荷（低負荷）**時にも、**必要外気量**が確保されるようにする必要がある。

③ダクト併用ファンコイルユニット方式

外気や日射の影響を受けやすい**ペリメーター（外周部）**に**ファンコイルユニット**を配置し、**インテリア（内周部）**を**ダクト方式**で空調する空調方式である。ファンコイルユニットとは、ファン（送風機）と冷温水コイル、エアフィルターを内蔵した小型の空気調和機をいう。ダクト併用ファンコイルユニット方式の特徴は次のとおりである。

- 空調室への熱の搬送方式は、空気方式と水方式（冷温水）の併用であり、全空気方式（全ダクト方式）に比べ、一般に、**搬送動力**が**小さい**。
- 全空気方式（全ダクト方式）に比べ、**外気冷房**の効果を得にくい。

④床吹出し方式

床の吹出口から室内へ空調空気を給気する空調方式で、二重床内に空調機から空気を送風する加圧式、ファン付き床吹出し式などがある。床吹出し方式の特徴は次のとおりである。

- 吹出し口の**移動**や**増設**に対応しやすく、OA 機器の**配置替え**などへの**対応が容易**である。
- 居住域の近くに吹き出すので、**室温**と**吹出し温度**の差をあまり**大きく**することができない。
- **冷房**運転時、天井は高温、床は低温になりやすく、居住域の**垂直方向**の**温度差**が生じやすい。

床吹出し方式では、**冷房時**に**比重の重い冷気**を床から吹き出すので、床付近に冷気が滞留して、天井との**温度差**が生じやすいのです。

演習問題

空気調和方式に関する記述のうち、**適当でないもの**はどれか。

(1) 大温度差送風（低温送風）方式は、送風量の減少によりダクトサイズを小さくできる。
(2) 床吹出し方式は、冷房運転時の吹出し温度差を天井吹出し方式より大きくできる。
(3) 定風量単一ダクト方式は、同一系統内の部分的な空調の運転・停止ができない。
(4) 変風量単一ダクト方式は、ある程度の間仕切り変更に対応しやすい。

正答 (2)

床吹出し方式は、居住域の近くに吹き出すので、室温と吹出し温度の差をあまり**大きくすることができない**。なお、大温度差送風（低温送風）方式は、送風量の減少によりダクトサイズを小さくできる。

頻出項目を覚えよう！

1 ■ 全熱交換器ユニット・パッケージユニット方式は、機器がユニット化されたものが多く、全空気方式に比べて施工は容易であるが、一般に、**空気清浄能力が劣る**。

2 ■ エアバリア方式及びエアフローウィンドウ方式は、日射や外気温度による**室内への熱の影響を小さく**することができる。

こんな選択肢は誤りだ！

ダクト併用ファンコイルユニット方式は、全空気方式に比べ、一般に、搬送動力が~~大きい~~。

ダクト併用ファンコイルユニット方式は、全空気方式に比べ、一般に、搬送動力が**小さい**。

(4) 空調プロセスと空気線図

①冷房時のプロセス

冷房時の空調システムにおける空調プロセスと空気線図上の状態変化は次のとおりである。

空調システムにおける空調プロセス

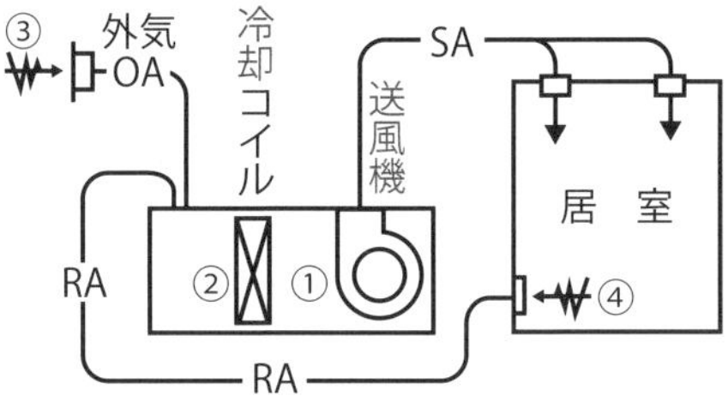

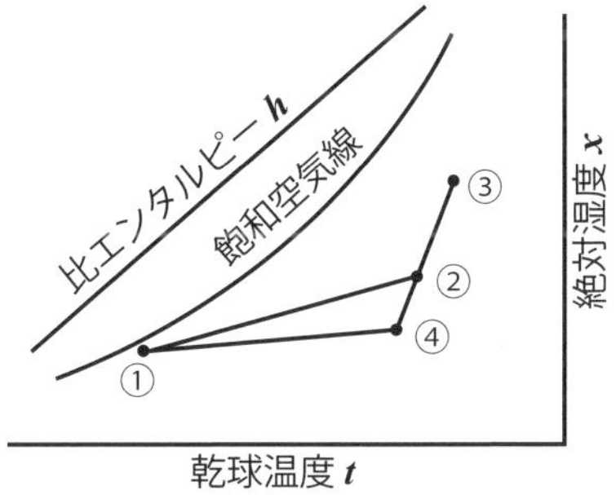

空気線図上の状態変化

- 点①は、**コイル出口**の状態点であり、ダクトや吹出し口での結露防止のため、実用的には**相対湿度**が **90%**の線上にとる場合が多い。
- 点②は、**コイル入口**の状態点であり、外気量が**多く**なるほど点②は点③に**近づく**。
- 室内冷房負荷の顕熱比が**大きく**なるほど、直線①－④の勾配は**小さく**なる。
- 室内負荷は、点①と点④の**比エンタルピー差**と**送風量の積**から求めることができる。なお、顕熱比とは全熱に対する顕熱の比をいう。全熱とは顕熱と潜熱の和をいう。

②暖房時のプロセス

暖房時の空調システムにおける空調プロセスと空気線図上の状態変化は次のとおりである。

空調システムにおける空調プロセス

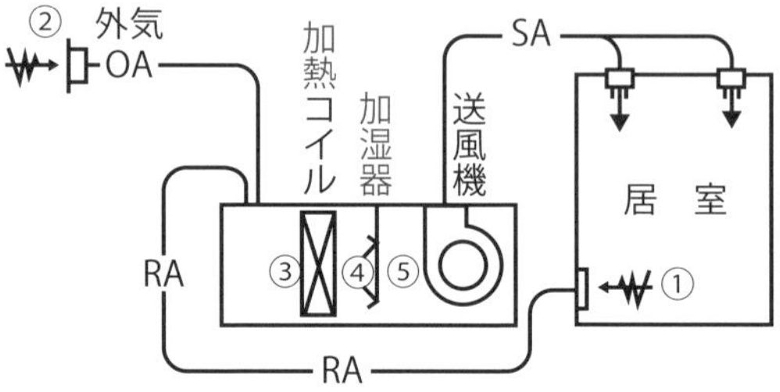

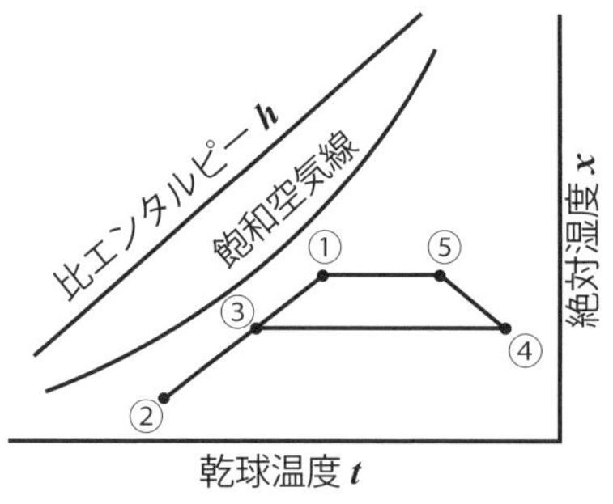

空気線図上の状態変化

- 点③は、**コイル入口**の状態点であり、外気量が**多く**なるほど点③は点②に**近づく**。
- 室内負荷は、点⑤から点①の**比エンタルピー差**と**送風量の積**から求めることができる。
- 有効加湿量は、点④から点⑤の**絶対湿度差**と**送風量の積**から求めることができる。

③冷房負荷・暖房負荷の計算

冷房時、暖房時の各負荷の計算は、次式により求められる。

$$\text{コイル冷却負荷}\,[\text{kW}] = \frac{\text{空気の密度}\,[\text{kg/m}^3] \times \text{送風量}\,[\text{m}^3\text{/h}] \times \text{P.81の図 点②と①の比エンタルピー差}\,[\text{kJ/kg}]}{3{,}600}$$

$$\text{室内冷房負荷}\,[\text{kW}] = \frac{\text{空気の密度}\,[\text{kg/m}^3] \times \text{送風量}\,[\text{m}^3\text{/h}] \times \text{P.81の図 点④と①の比エンタルピー差}\,[\text{kJ/kg}]}{3{,}600}$$

$$\text{コイル加熱負荷}\,[\text{kW}] = \frac{\text{空気の密度}\,[\text{kg/m}^3] \times \text{送風量}\,[\text{m}^3\text{/h}] \times \text{P.82の図 点④と③の比エンタルピー差}\,[\text{kJ/kg}]}{3{,}600}$$

$$\text{室内暖房負荷}\,[\text{kW}] = \frac{\text{空気の密度}\,[\text{kg/m}^3] \times \text{送風量}\,[\text{m}^3\text{/h}] \times \text{P.82の図 点⑤と①の比エンタルピー差}\,[\text{kJ/kg}]}{3{,}600}$$

$$\text{有効加湿量}\,[\text{kg/h}] = \text{空気の密度}\,[\text{kg/m}^3] \times \text{送風量}\,[\text{m}^3\text{/h}] \times \text{P.82の図 点⑤と④の絶対湿度差}\,[\text{kg/kg（DA)}]$$

式中の分母の **3,600** は、送風量の［m^3/h］を［m^3/s］に換算するためのもので、1時間が **3,600** 秒であることに由来しています。

演習問題

図に示す冷房時の湿り空気線図の状態で処理する空気調和機のコイルの冷却負荷の数値として、**適当なもの**はどれか。

ただし、送風量は 9,000m³/h、空気の密度は 1.2kg/m³ とする。

（1）18kW
（2）42kW
（3）60kW
（4）75kW

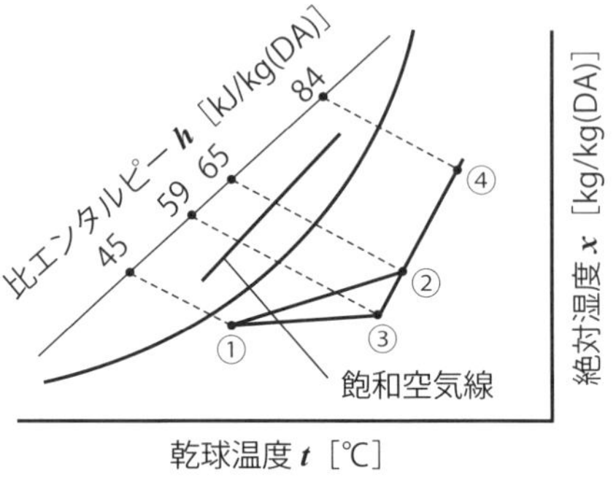

正答（3）

$$\text{コイル冷却負荷}\,[\text{kW}] = \frac{\underset{[\text{kg/m}^3]}{\textbf{空気の密度}} \times \underset{[\text{m}^3/\text{h}]}{\textbf{送風量}} \times \underset{[\text{kJ/kg}]}{\textbf{点②と①の比エンタルピー差}}}{\mathbf{3{,}600}}$$

$$= \frac{1.2 \times 9{,}000 \times (65 - 45)}{3{,}600} = 60$$

頻出項目を覚えよう！

1 □ 室内負荷は、コイル出口の状態点と室内の状態点の**比エンタルピー差**と**送風量の積**から求めることができる。

こんな選択肢は誤りだ！

室内冷房負荷の顕熱比が~~小さく~~なるほど、コイル出口の状態点と室内の状態点の直線の勾配は小さくなる。

室内冷房負荷の顕熱比が**大きく**なるほど、コイル出口の状態点と室内の状態点の直線の勾配は小さくなる。

(5) 空調熱負荷

空調システムが、冷房、暖房時において、冷却・加熱・減湿・加湿により処理すべき熱量を**空調熱負荷**（**熱負荷**）という。空調熱負荷には、**人体負荷**、**外気負荷**、**日射負荷**などがある。空調熱負荷に関する主な事項は、次のとおりである。

①人体負荷

人体による空調熱負荷を人体負荷という。人体負荷は、**室温**が**上昇**するほど、室温と体温の温度差が小さくなって**顕熱分**が**小さく**なり、発汗などにより**潜熱分**が**大きく**なる。一方、**室温**が**下降**するほど、室温と体温の温度差が大きくなって、人体負荷の**顕熱分**が**大きく**なり、**潜熱分**は**小さく**なる。

②日射、外壁・窓ガラス面の熱負荷

日射による空調熱負荷を日射負荷という。日射負荷については、負荷計算上、次の事項に留意する必要がある。

- **北側**のガラス窓においても、天空放射の影響を受けるので、**日射の影響を考慮**する必要がある。
- **日射の影響を受ける外壁**からの熱負荷は、室内と室外の温度差である内外温度差ではなく、時間遅れを考慮した**実効温度差**を用いて負荷計算する必要がある。
- **ガラス面からの熱負荷**は、室内外の温度差によるガラス面**通過熱負荷**と、透過する太陽放射によるガラス面**日射熱負荷**に区分して計算する。
- **二重サッシ**の場合、ブラインドは窓ガラスの室内側に設けるより、窓ガラスの中間に設ける方が、熱の遮へい効果が高い。

③冷房負荷、暖房負荷

冷房時における空調熱負荷を冷房負荷、暖房時における空調熱負荷を暖房負荷といい、それぞれの負荷計算上、次の事項に留意する必要がある。

- **土《ど》間《ま》床《ゆか》**、**地中壁**からの熱負荷は、**冷房**負荷計算では**無視**し、**暖房**負荷計算では**考慮**する必要がある。
- 玄関まわりなどの**すき間風**による熱負荷は、**冷房**負荷計算でも、**暖房**負荷計算でも**考慮**する必要がある。

④TAC 温度

ASHRAE（アメリカ暖房冷凍空調学会）の Technical Advisory Committee（技術諮問委員会）の提案によるもので、数年以上の夏季４か月（6～９月）、冬季４か月（12～３月）の毎時外気温度の超過確率曲線を求め、超過確率をある一定の割合に抑えたときの温度である。一般的には超過確率 2.5% の値を用いることが多い。

設計用外気温度には、一般に、TAC 温度が使用される。設計用外気温度として TAC 温度を用いる場合、**超過確率**を**小さく**取るほど、**冷房**時の設計外気温度は最高気温に近づき**高く**なる。一方、**超過確率**を**小さく**取るほど、**暖房**時の設計外気温度は最低気温に近づき**低く**なる。

演習問題

熱負荷に関する記述のうち、**適当でないもの**はどれか。

（1）冷房時における人体からの発生熱量は、温度が上がるほど顕熱が小さくなり、潜熱が大きくなる。
（2）暖房時におけるすきま風負荷は、玄関まわりや地下エントランス部については考慮すべきである。
（3）冷房負荷の計算においては、南側の外壁の負荷は、一般的に、内外温度差を用いて計算する。
（4）冷房負荷の計算においては、一般的に、土間床、地中壁からの熱負荷は無視できる。

正答（3）

冷房負荷の計算においては、南側の外壁の負荷は、一般的に、**実効温度差**を用いて計算する。

頻出項目を覚えよう！

1 ■ 冷房負荷計算において、一般に、**土間床・地中壁**からの**熱負荷**は無視する。

こんな選択肢は誤りだ！

人体負荷は、室内温度が~~下がる~~につれて潜熱分が大きくなる。

人体負荷は、室内温度が**上がる**につれて潜熱分が大きくなる。

(6) 自動制御

①室内の温度制御

代表室内の**温度検出器**により温度を検出し、**変風量（VAV）ユニット**などを制御することにより行う。温度検出器は、吹出口からの冷温風や、太陽からの放射熱などの影響がない場所に設置する必要がある。

②室内の湿度制御

代表室内の**湿度検出器**により湿度を検出し、空調機内の**加湿器**などを制御することにより行う。加湿器の制御方法には、目標値より湿度が低下したら運転、上昇したら停止する二位置制御などが用いられる。

③外気制御

室内の CO_2 濃度が設定値になるように**還気ダクト**内の CO_2 濃度センサーにより外気ダンパーの開度を制御することにより行う。また、外気取入ダンパーの制御は、空気調和機の起動後、一定時間**閉**とし、その後**開**とする**遅延制御**なども併用される。

④冷却水制御

冷却塔出口配管の温度検出器により**冷却水温度**を検出し、**冷却塔の送風機**を制御することなどにより行われる。冷却塔の送風機の制御には、二位置制御などが用いられる。

⑤空気調和機の制御

室内温度（定風量方式）または空気調和機からの**出口空気温度（変風量方式）**を検出して、冷温水コイルの制御弁により**冷温水量**を制御し、**給気ダクトの静圧**を検出して、**送風機**の回転数などを制御することが行われている。その他、**電気集塵《しゅうじん》機**や**加湿器**と**送風機**の間に**インターロック**制御を設け、送風機が運転していないと運転できないような**連動運転**制御が行われる。

また、ダクト内部の空気温度を検出するために用いられるダクト挿入型温度検出器は、エルボ、ダンパーの直下流などを避け、偏流が生じない場所に設置し、**給気ダクト**の**静圧検出器**は、ダクトの圧力損失を考慮して、**できるだけ端末**に設置する。

⑥空気調和機機内の加湿装置

蒸気方式では、電力を利用し装置内で加湿蒸気を発生させる（例：**パン型加湿器**）。**気化**方式では、加湿前の空気が低温・高湿であるほど加湿量が**少なく**なり、加湿後の空気の温度が**降下する**。**水噴霧**方式では、加湿水の中に含まれる硬度成分等が機内に放出される。

演習問題

空気調和設備の自動制御及び機器に関する記述のうち、**適当でないもの**はどれか。

（1）外気導入量の最適化制御は、室内の CO_2 濃度が設定値になるように CO_2 濃度センサーにより外気ダンパーの開度を制御することにより行う。

（2）ダクト挿入型温度検出器は、エルボ、ダンパーの直下流などを避け、偏流が生じない場所に設置する。

（3）室内型温度検出器は、吹出口からの冷温風、太陽からの放射熱などの影響がない場所に設置する。

（4）冷却塔のファンは、外気温度により二位置制御する。

正答（4）

冷却塔のファンは、**冷却水温度**により二位置制御する。

頻出項目を覚えよう！

1 ■ 外気・排気用電動ダンパーは、還気ダクト内の**二酸化炭素濃度**で制御を行う。

こんな選択肢は誤りだ！

空気調和機のファンは、~~還気~~ダクト内の静圧による制御とした。

空気調和機のファンは、給気ダクト内の静圧による制御とした。

2 冷暖房

(1) ヒートポンプ

冷媒が、冷媒ガス（気体）から冷媒液（液体）に状態変化するときに放熱する凝縮熱を利用して、**低温部**から**高温部**へ**熱**を汲み上げる仕組みをいう。ヒートポンプは、大気や河川などから熱を集め、投入エネルギーより大きなエネルギーを熱として利用することが可能で、エアコン、給湯器などに利用されている。ヒートポンプに関する事項は次のとおりである。

①ヒートポンプのCOP（成績係数）は、**加熱能力**を**投入したエネルギー**で除したものである。

②空気熱源ヒートポンプを**寒冷地**において使用する場合は、**補助加熱装置**を用いるなどの注意が必要である。

③**ガスエンジンヒートポンプ**は、一般に、エンジンの排気ガスや冷却水からの排熱を回収するための**熱交換器**を備えている。

④ヒートポンプの**採熱源**の適応条件としては、容易に得られること、平均温度が**高く**、温度変化の**小さい**ことがあげられる。

⑤ヒートポンプでは、**室温**の設定温度を**上げる**と、冷媒の**凝縮圧力**が**高く**なる。

⑥空気熱源ヒートポンプの**冷房サイクル**と**暖房サイクル**の切替えは、一般に、配管回路に設置された**四方弁**により行う。

⑦空気熱源ヒートポンプでは、暖房時に蒸発器の熱交換器に霜が付着することがある。霜を除去する**除霜《じょそう》運転**（デフロスト）は、一般に、四方弁を暖房サイクルから**冷房サイクル**に切り替えて行う。

四方弁による暖房サイクルと冷房サイクルの切替え

暖房サイクル

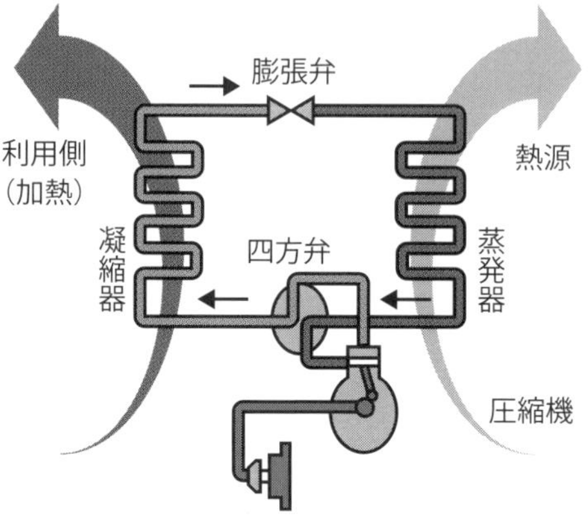

冷房サイクル

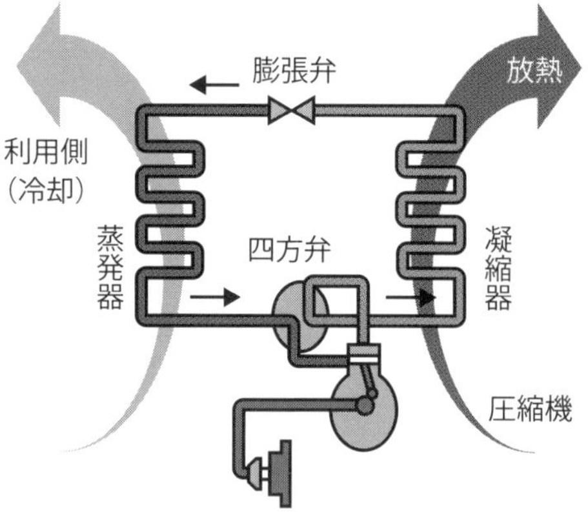

ヒートポンプは、暖房や給湯などの**加熱源**に用いられます。したがって、**採熱源**の適用条件の１つに平均温度が高いことがあげられます。

演習問題

ヒートポンプに関する記述のうち、**適当でないもの**はどれか。

(1) 寒冷地での空気熱源ヒートポンプの使用においては、電気ヒーターなどの補助加熱装置が必要な場合がある。
(2) ガスエンジンヒートポンプは、一般に、エンジンの排気ガスや冷却水からの排熱を回収するために熱交換器を備えている。
(3) 空気熱源ヒートポンプの冷房サイクルと暖房サイクルの切替えは、一般に、配管回路に設置された四方弁により行う。
(4) ヒートポンプの採熱源の適応条件は、平均温度が低く温度変化が大きいことが望ましい。

正答（4）

ヒートポンプの採熱源の適応条件は、平均温度が**高く**温度変化が**小さい**ことが望ましい。

頻出項目を覚えよう！

1 □ ヒートポンプの COP（成績係数）は、**加熱能力**を**投入したエネルギー**で除したものである。

2 □ 空気熱源ヒートポンプを**寒冷地**において使用する場合は、**補助加熱装置**を用いるなどの注意が必要である。

こんな選択肢は誤りだ！

ガスエンジンヒートポンプは、一般に、エンジンの排気ガスや冷却水からの排熱を回収するための熱交換器を~~備えていない~~。

ガスエンジンヒートポンプは、一般に、エンジンの排気ガスや冷却水からの排熱を回収するための熱交換器を**備えている**。

(2) 氷蓄熱《こおりちくねつ》方式

蓄熱方式とは、熱エネルギーを蓄え、必要なときに放熱して利用する熱源方式である。蓄熱方式のうち、**夜間**の熱需要の少ないときに冷凍機で**製氷**しておき、**昼間**の熱需要の多いときに**解氷**して冷房などに利用する方式を氷蓄熱方式という。蓄熱方式を利用することにより、最大熱負荷の低減（**ピークカット**）や最大熱負荷の時間帯をずらす（**ピークシフト**）ことが可能である。氷蓄熱方式に関する事項は次のとおりである。

氷蓄熱方式の例

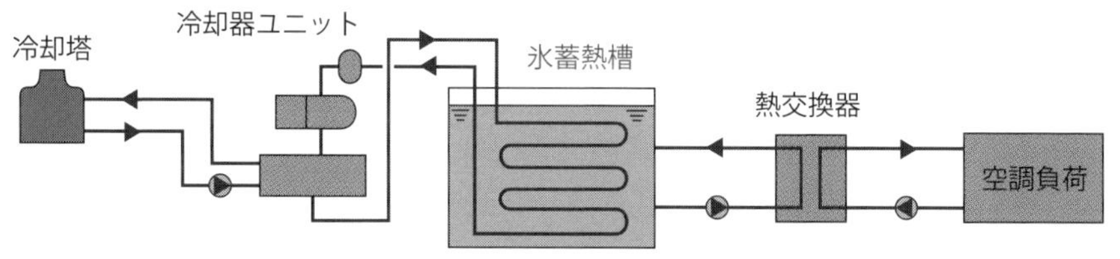

①ピークカットによる**熱源機器容量**の**低減**が図れる。

②水蓄熱方式に比べて、氷の融解潜熱を利用するため、**蓄熱槽容量**、**設置スペース**を**小さく**できる。

③水蓄熱方式に比べて、冷水温度が低いので、**搬送動力**、**搬送エネルギー**を**小さく**できる。

④水蓄熱方式に比べて、冷媒の蒸発温度が低くなるため、**冷凍機成績係数**（**COP**）が**低く**なる。

⑤水蓄熱方式に比べて、冷水温度が低いので、ファンコイルユニットの吹出口などの**結露**に留意する必要がある。

⑥流動性のある**シャーベット状**の氷を製氷する**ダイナミック**（動的製氷）方式と、**冷却管**の外表面に製氷する**スタティック**（静的製氷）方式がある。**スタティック方式**は、冷却管の外表面に氷が付着して伝熱性が低下するので、**ダイナミック方式**に比べて、**冷凍機成績係数**（**COP**）が**低く**なる。

演習問題

水蓄熱に関する記述のうち、**適当でないもの**はどれか。

（1）冷凍機の冷媒蒸発温度が低いため、冷凍機成績係数（COP）が低くなる。
（2）氷蓄熱方式は、氷の融解潜熱を利用するため、水蓄熱方式に比べて蓄熱槽容量を小さくできる。
（3）氷蓄熱方式は、冷水温度を低くできるため、水蓄熱方式に比べて搬送動力を小さくできる。
（4）ダイナミック方式は、スタティック方式に比べて冷凍機成績係数（COP）が低くなる。

正答（4）

スタティック方式は、ダイナミック方式に比べて冷凍機成績係数（COP）が低くなる。

頻出項目を覚えよう！

1 ■ 氷の融解潜熱を利用するため、水蓄熱に比べて蓄熱槽の**設置スペースを小さく**できる。

2 ■ 冷水温度が低いので、ファンコイルユニットの吹出口などで**結露**のおそれがある。

こんな選択肢は誤りだ！

水蓄熱方式に比べて冷媒の蒸発温度が低いため、冷凍機成績係数（COP）が~~高く~~なる。

水蓄熱方式に比べて冷媒の蒸発温度が低いため、冷凍機成績係数（COP）が<u>低く</u>なる。

(3) 地域冷暖房

蒸気・温水あるいは冷水などの熱媒を、熱源プラントから配管を通じて地域内の**複数の建物**に供給することをいう。地域冷暖房に関する事項は次のとおりである。

①建物ごとに熱源機器を設置する必要がないため、建物の**床面積**の利用率が**よく**なる。

②**熱源**の**集約化**により、**高効率機器**の採用、排熱などのエネルギーの**有効利用**、**ばい煙の管理**、**人件費の節減**、**災害・騒音対策**などの上で有利である。

③地域冷暖房の採算面においては、一般的に、地域の**熱需要密度**は**大きい**方が有利である。

④地域冷暖房は、使用時間帯の同じ需要者が多く熱負荷の負荷傾向が重なると、熱源設備容量が過大となるので、使用時間帯が同じ需要者が少なく熱負荷の**負荷傾向**が**重ならない**方が有利である。

演習問題

地域冷暖房に関する記述のうち、**適当でないもの**はどれか。

(1) 建物ごとに熱源機器を設置する必要がないため、建物の床面積の利用率がよくなる。

(2) 熱源の集約化により、熱効率の高い機器の採用やエネルギーの有効利用が図れる。

(3) 地域冷暖房の採算面においては、一般的に、地域の熱需要密度は小さい方が有利である。

(4) 熱源の集約化により、各建物に燃焼機器を設置する場合より、ばい煙の管理が容易である。

正答 (3)

地域冷暖房の採算面においては、一般的に、地域の熱需要密度は**大きい**方が有利である。

頻出項目を覚えよう！

1 ■ 地域冷暖房に熱源を集約化するため、各建物に燃焼機器を設置する場合より、**ばい煙の管理**が容易である。

こんな選択肢は誤りだ！

最大熱需要の発生時刻が重なっているなど、需要者間の負荷変動の傾向が似通っている方が採算上~~有利~~である。

最大熱需要の発生時刻が重なっているなど、需要者間の負荷変動の傾向が似通っている方が採算上**不利**である。

(4) コージェネレーションシステム

ガスタービン、ガスエンジン、ディーゼルエンジンや燃料電池を用いて、**発電**を行うとともに、その**排熱**を**空調**や**給湯**に利用するシステム、あるいは、ボイラーなどで**空調**や**給湯**を行うとともに、その**排熱**を利用して**発電**するシステムをいう。熱と電力を同時に得ることから、「**熱電併給**」ともいう。コージェネレーションシステムに関する事項は次のとおりである。

①コージェネレーションシステムの運転方式には、電力負荷に追従して運転する**電主運転**方式と、熱負荷に追従して運転する**熱主運転**方式がある。

②**受電並列運転（系統連系）**は、コージェネレーションシステムによる電力を**商用電力**と接続し、一体的に電力を供給する方式である。

③コージェネレーションシステムの総合効率は、**発電効率**と**排熱利用効率の和**で表される。

④コージェネレーションシステムにおいて「電気事業法」上の「**小出力発電設備**」に該当しないものは、**電気主任技術者**の**選任**が必要である。

⑤コージェネレーションシステムは、**排熱**を**高温**から**低温**に向けて順次多段階に活用する**カスケード利用**を行うように計画する。

⑥発電機の原動機に用いられるガスタービン、ガスエンジン、ディーゼルエンジンのうち、**ガスタービン**の発電効率が最も**低い**。

⑦ガスタービンからの排熱は、一般に、**高温の排ガス**から**蒸気**の形で回収される。

⑧ガスエンジン、ディーゼルエンジンからの排熱は、一般に、**排ガス**、**ジャケット冷却水**から回収される。

⑨燃料電池は、内燃機関を用いた発電方式に比べ、**発電効率**が**高く**、**騒音**や**振動**が**少なく**、NO_x の発生量も**少ない**。

演習問題

コージェネレーションシステムに関する記述のうち、**適当でないもの**はどれか。

（1）受電並列運転（系統連系）は、コージェネレーションシステムによる電力を商用電力と接続し、一体的に電力を供給する方式である。

（2）ガスタービン、ガスエンジン、ディーゼルエンジンのうち、ガスタービンを内燃機関とする発電機の発電効率が最も高い。

（3）燃料電池を用いるシステムは、内燃機関のものに比べて騒音・振動が小さく、NO_x の発生量が少ない。

（4）コージェネレーションシステムは、排熱を高温から低温に向けて順次多段階に活用するカスケード利用を行うように計画する。

正答（2）

ガスタービン、ガスエンジン、ディーゼルエンジンのうち、**ガスタービン**の発電効率が最も**低い**。

頻出項目を覚えよう！

1 □ コージェネレーションシステムは、排熱を高温から低温に向けて順次多段階に活用する**カスケード利用**を行うように計画する。

こんな選択肢は誤りだ！

ガスエンジンから回収できる排熱は、~~ジャケット冷却水のみ~~である。

ガスエンジンから回収できる排熱は、**ジャケット冷却水や排ガス**などがある。

3 換気

室内の空気を外気と入れ替えることをいう。室内で発生した浮遊粉じんや二酸化炭素を屋外に排出し、屋外の新鮮空気を導入することにより、これらの濃度を希釈して下げることを目的に行われる。**浮遊粉じん**は、その濃度を超えても直ちに人の健康に有害であるということはないが、室内環境基準としては **0.15mg/m^3** 以下とされている。また、**二酸化炭素**は、室内環境汚染の程度を示す指標として用いられ、室内環境基準としては **1,000ppm** 以下とされている。

(1) 自然換気

室内外の温度差・風圧などによって、室内の空気が自然に入れ替わることをいう。建築基準法第 28 条第 2 項には、「居室には換気のための窓その他の開口部を設け、その換気に有効な部分の面積は、その居室の床面積に対して、**20 分の 1 以上**としなければならない。ただし､政令で定める技術的基準に従って**換気設備**を設けた場合においては、この限りでない。」と規定されている。

したがって、床面積の 1/20 以上の窓その他の有効な開口部を有する一般建築物の居室には、換気設備は不要であるが、床面積の 1/20 以上の換気上有効な開口がない居室には、換気設備を設ける必要がある。換気設備を設ける場合、すべての換気量を換気設備で確保する必要があり、窓等の開口面積に応じて換気設備による換気量を減じて計算することはできない。なお、**引違い窓**では、窓面積の**約半分**しか開口されないため、窓面積の約半分が換気上有効な開口部としてみなされる。また、給気口の上端は、**天井高さの 1/2 以下**に設ける必要がある。

(2) 機械換気

換気扇や**送風機**を使用して換気を行うもので、強制換気ともいう。機械換気は、自然換気に比べて安定した換気力が確保でき、屋外に面していない部分も換気することが可能である。したがって、映画館や公会堂の居室には、国土交通大臣の認定を受けたものを除き、機械換気設備または中央管理方式の空気調和設備を設ける必要がある。機械換気方式は、次の 3 つの方式に分類される。

 第 1 種機械換気方式	・**第 1 種**機械換気方式 **給気・排気**ともに送風機等の**機械換気**とする方式。給気量と排気量を調整することで室内を正圧（大気圧より高い圧力）にも、負圧（大気圧よりも低い圧力）にも調整することが可能である。
 第 2 種機械換気方式	・**第 2 種**機械換気方式 **給気**は**機械換気**、**排気**は排気口による**自然換気**とする方式。室内は**正圧**に調整される。隣接する他のエリアから換気対象エリアに空気が侵入しにくいので、**クリーンルーム**などに用いられる。
 第 3 種機械換気方式	・**第 3 種**機械換気方式 **給気**は給気口による**自然換気**、**排気**は**機械換気**とする方式。室内は**負圧**に調整される。換気対象エリアから隣接する他のエリアへ空気が拡散しにくいので、**便所**、**喫煙所**などに用いられる。

(3) 室の用途と換気方式

主な室と換気方式は、次のとおりである。

①厨房は、**第 1 種**機械換気方式を採用し、室内を**負圧**に保つようにする。**第 3 種**機械換気方式とする場合は、給気口を適当な位置に設けて燃焼器具への燃焼用空気の導入を図り、**燃焼を妨げない**ようにする必要がある。

②駐車場は、排気ガスを除去するために、**第 1 種**または**第 3 種**機械換気方式とし、室内を**負圧**とする。また、大規模な地下駐車場などの換気には、**誘引誘導換気方式**（換気エリアの気流により空気を搬送する換気方式）が用いられる。

③ボイラー室は、燃焼空気の供給のため、**第 1 種**または**第 2 種**機械換気方式とし、室内を**正圧**とする。また、ボイラー室や電気室の換気には、機器保護のために給気側に**エアフィルター**を設ける。

④喫煙室は、発生する有毒ガスや粉じんを除去するため**空気清浄装置**を設置し、**第１種**または**第３種**機械換気方式とし、室内を**負圧**とする。

⑤浴室・シャワー室は、湿気を除去するために、**第３種**機械換気方式とし、室内を**負圧**とする。

⑥書庫は、書庫内の湿気・臭気を除去するため、**第３種**機械換気方式とし、室内を**負圧**とする。

⑦地下階の無窓の居室の換気は、**第１種**機械換気方式とし、給気、排気ともに換気力を確保する。

⑧ドラフトチャンバー（排気用の囲い）を設置する室は、隣接する他の室より**負圧**に保つようにし、**排気フード**（排気用の覆い）は、できるだけ汚染源に**近接**して、汚染源を囲むように設ける。

(4) 火気使用室の換気

火気使用室の換気を自然換気方式で行う場合、排気筒の有効断面積は、燃料の燃焼に伴う理論廃ガス量、排気筒の高さなどから算出する。

建築基準法第 28 条第３項に「建築物の**調理室**、浴室その他の室でかまど、こんろその他**火を使用する設備若しくは器具**を設けたもの（**政令で定めるものを除く**。）には、政令で定める技術的基準に従って、**換気設備**を設けなければならない。」と規定されている。調理室などの火を使用する器具を設けた場合は、換気設備を設けなければならないが、建築基準法施行令第 20 条の３の規定により、調理室を除き、**発熱量 6kW 以下**の火を使用する器具を設けた場合は、除外されている。

燃焼機器の種類

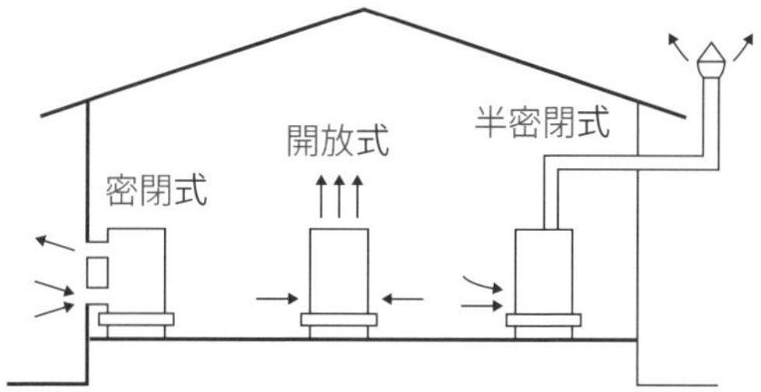

演習問題

換気設備に関する記述のうち、**適当でないもの**はどれか。

（1）火気使用室の換気を自然換気方式で行う場合、排気筒の有効断面積は、燃料の燃焼に伴う理論廃ガス量、排気筒の高さなどから算出する。
（2）事務室内での極軽作業時（二酸化炭素発生量　0.02m^3/(h・人)）の必要換気量の目安は、外気の二酸化炭素濃度が 350ppm のとき、約 30m^3/(h・人) である。
（3）一般建築物の居室において、床面積の 1/20 以上の換気上有効な開口を取れない場合は、換気設備を設けなければならない。
（4）居室の換気を、中央管理方式の空気調和設備で行う場合の必要有効換気量の算出においては、窓等の開口面積に応じた値を減じることができる。

正答（4）

居室の換気を、中央管理方式の空気調和設備で行う場合の必要有効換気量の算出においては、窓等の開口面積に応じた値を減じることは**できない**。

頻出項目を覚えよう！

1 ■ 浮遊粉じんは、その濃度を超えても直ちに人の健康に有害であるということはないが、室内環境基準としては**0.15**mg/m^3 以下とされている。

こんな選択肢は誤りだ！

駐車場は排気ガスを除去するために、~~第 2 種~~機械換気で室内を~~正圧~~とした。

駐車場は排気ガスを除去するために、**第 3 種（または第 1 種）**機械換気で室内を**負圧**とした。

ボイラー室は燃焼空気の供給のため、第 1 種機械換気で室内を~~負圧~~とした。

ボイラー室は燃焼空気の供給のため、第 1 種機械換気で室内を**正圧**とした。

(5) 換気計算

換気量の計算は、次の各項のとおりに行われる。

①二酸化炭素濃度による必要換気量

$$V = \frac{M}{C - C_O} \times 10^6$$

V：必要換気量［m^3/h］、M：室内の二酸化炭素発生量［m^3/h］、
C：室内の二酸化炭素濃度［ppm］、C_O：外気の二酸化炭素濃度［ppm］

②浮遊粉じん濃度による必要換気量

$$V = \frac{M}{C - (1 - \eta) C_O}$$

V：必要換気量［m^3/h］、
M：室内の浮遊粉じん発生量［mg/h］、
C：室内の浮遊粉じん濃度［mg/m^3］、
C_O：外気の浮遊粉じん濃度［mg/m^3］、
η：空気清浄装置の捕集率

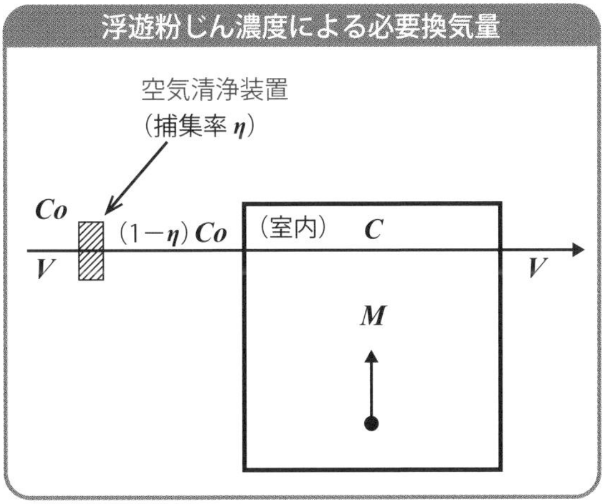

③発生した熱を排除するための必要換気量

$$V = \frac{3{,}600q}{c_p \rho (T - T_O)}$$

V：必要換気量［m^3/h］、q：機器の発熱量［kW］、T：室内の許容温度［℃］、
T_O：外気温度［℃］、c_p：空気の定圧比熱［kJ/(kg・K)］、
ρ：空気の密度［kg/m^3］

④建築基準法上の必要有効換気量

$$V = \frac{20A_f}{N}$$

V：必要有効換気量［m^3/h］、A_f：居室の床面積［m^2］、
N：実況に応じた１人当たりの占有面積［m^2］（特殊建築物の居室にあっては3を超えるときは3と、**その他の居室**にあっては**10を超えるときは10**とする）

ここで、上式において $\frac{A_f}{N}$ で算定される人員を算定人員という。すなわち、床面積より算定される人員である。これに対して、実際に在室している人員を在室人員という。**算定人員**よりも**在室人員**のほうが**大きい**場合は、上式の $\frac{A_f}{N}$ **に在室人員の数値を代入**して必要有効換気量を算定する。

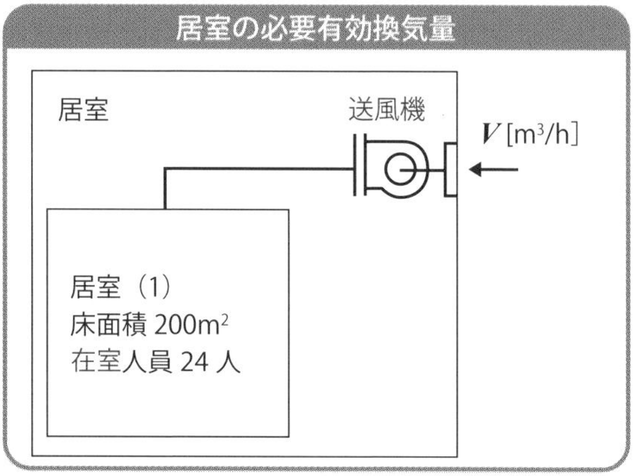

居室の必要有効換気量

例えば、上図の居室の必要有効換気量は次のように算定される。

$$算定人員 = \frac{200}{10} = 20［人］$$

在室人員＝24［人］

$20 < 24$

したがって、必要有効換気量 V は次のとおり算定される。

$V = 20 \times 24 = 480$［m^3/h］

演習問題

室内の二酸化炭素の濃度を 1,000ppm 以下に保つために必要な最小換気量として、**適当なもの**はどれか。

ただし、外気中の二酸化炭素の濃度は 400ppm、室内における二酸化炭素発生量は 0.3m^3/h とする。

（1）300m^3/h
（2）500m^3/h
（3）1,000m^3/h
（4）2,000m^3/h

正答（2）

二酸化炭素濃度による必要換気量［m^3/h］は次式で算定される。

$$V = \frac{M}{C - C_o} \times 10^6 = \frac{0.3}{1000 - 400} \times 10^6 = 500\ [m^3/h]$$

複数の居室の必要有効換気量

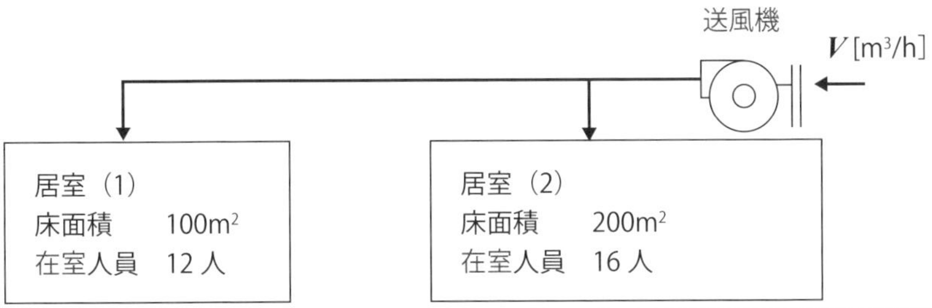

居室（1）は、算定人員 100 ÷ 10 ＝ 10 人よりも在室人員 **12 人**の方が多い。
居室（2）は、算定人員 200 ÷ 10 ＝ **20 人**のほうが在室人員 16 人よりも多い。
したがって、必要有効換気量 ***V*** は、
20 ×（12 ＋ 20）＝ 640［m^3/h］となります。

4 排煙設備

火災時に発生する煙を屋外に排出し、消防活動を円滑に行うことを支援するために設置する設備で、**排煙口**、**排煙ダクト**、**排煙機**、**起動装置**、**電源**などから構成される。

(1) 排煙設備の構造

排煙設備を構成する各部の構造に関する事項は、次のとおりである。

排煙設備の構造

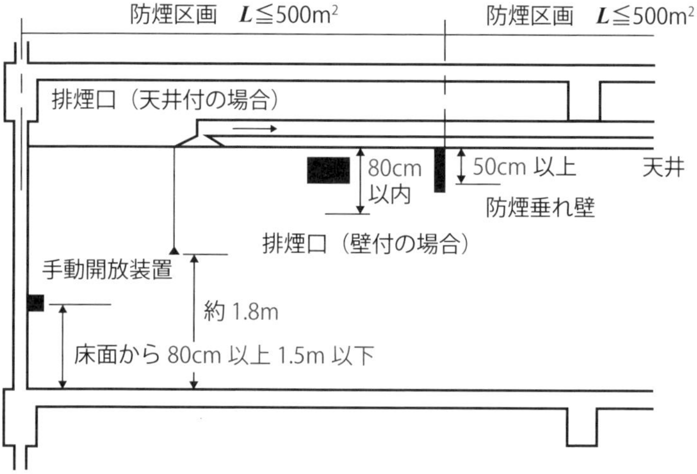

①排煙口

排煙口に関する事項は、次のとおりである。

- 排煙口の位置は、避難方向と煙の流れが**反対**になるように配置する。
- 排煙口は、防煙区画の各部分から水平距離で **30m** 以下になるように設ける。
- 天井高さが 3m 未満の室の壁面に設ける場合の排煙口の位置は、天井から **80cm** 以内、かつ、防煙垂れ壁の下端より**上部**とする。
- 天井高さが **3m 以上**の室の壁面に設ける場合の排煙口の位置は、床面からの高さが **2.1m** 以上でかつ天井高さの **1/2** 以上の部分に設置する。

・自然排煙口は、防煙区画部分の床面積の **1/50** 以上の排煙上有効な開口面積を有する必要がある。したがって、排煙口が防煙区画部分の床面積の **1/50** 以上の開口面積を有し、かつ、直接外気に接する場合、排煙機は不要である。
・排煙口のサイズは**吸込み**風速 **10m/s** 以下、排煙ダクトサイズは**ダクト内**風速 **20m/s** 以下となるようにする。
・パネル形排煙口は、排煙口扉の**回転軸**が排煙**気流方向と平行**になるように取り付け、排煙気流により排煙口が閉じないようにする。

パネル形排煙口

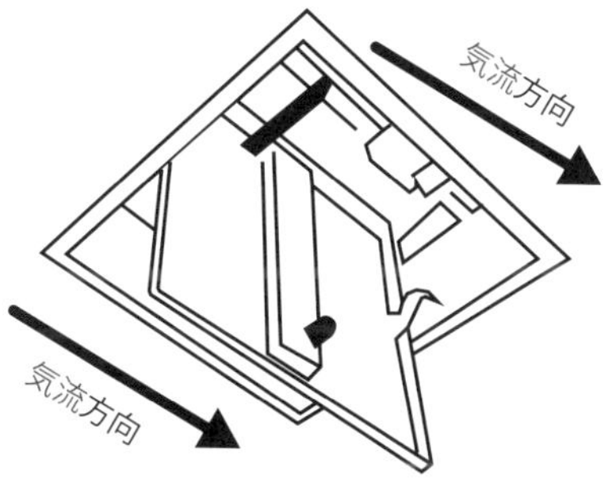

②防煙区画・垂れ壁

防煙区画・垂れ壁に関する事項は、次のとおりである。
・一般の事務室の各防煙区画の床面積は、**500m²** 以下とする。
・同一防煙区画において、**自然排煙**と**機械排煙**を併用してはならない。
・防煙垂れ壁は、防火戸上部及び天井チャンバー方式を除き、天井面より **50cm** 以上下方に突出したものとする。

③起動・連動・制御

起動・連動・制御に関する事項は、次のとおりである。
・手動開放装置を壁に設ける場合、手で操作する部分の高さは、床面から **80cm 以上 150cm 以下**とする。
・手動開放装置を天井に設ける場合、手で操作する部分の高さは、床面から約 **180cm** とする。
・排煙口は、**開放**と同時に**排煙機**を起動させる連動機構を備え、排煙機は、一の排煙口の**開放**に伴い**自動的**に作動するようにする。

・同一防煙区画に可動間仕切《まじき》りがある場合には、それぞれに**排煙口**を設け連動させる。
・同一防煙区画に複数の排煙口を設ける場合、**排煙口**の１つを**開放**することで他の**排煙口**を同時に**開放**する連動機構付とする。
・**非常用エレベーターの設置義務**がある建築物における排煙設備の制御及び作動状態の監視は、**中央管理室**において行うことができるものとする。

④排煙ダクト

排煙ダクトに関する事項は、次のとおりである。
・垂直に各階を貫通して立ち上げる縦ダクトは、**耐火構造**のシャフトに収める。
・排煙ダクトは、可燃物から **150mm** 以上離すか、または厚さ **100mm** 以上の**金属以外**の**不燃材料**で覆う。
・排煙機に接続される立てダクトの排煙機室の**床貫通部**には、原則として、**防火ダンパー**を設けない。

⑤予備電源

電源を必要とする排煙設備の予備電源は、**30 分間**継続して排煙設備を作動できる容量とし、かつ、常用の電源が断たれた場合に自動的に切り替えられるようにする。

⑥天井チャンバー方式

排煙口を天井内に設け、火災煙を天井面に配置された吸込口から天井チャンバーを経て排煙口に導く排煙設備の方式をいう。天井チャンバー方式に関する事項は、次のとおりである。
・天井内**防煙区画**部分の直下の天井面には、**防煙壁**を設ける必要がある。
・天井内の小梁《こばり》、ダクト等により**排煙が不均等**になるおそれがある場合は、均等に排煙できるように**排煙ダクトを延長**する必要がある。
・天井内に及ばない**間仕切り**を変更する場合には、**排煙ダクト工事**を行う必要がない。
・排煙口の開放が目視できないので、手動開放装置には**開放表示**用の**パイロットランプ**を設ける必要がある。

天井チャンバー方式

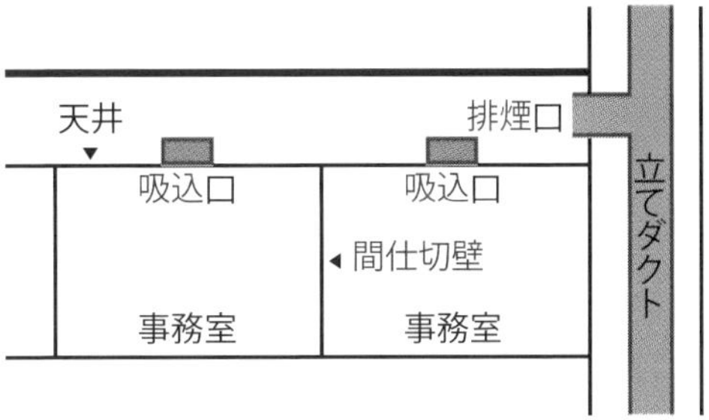

演習問題

排煙設備に関する記述のうち、**適当でないもの**はどれか。

ただし、本設備は「建築基準法」上の「階及び全館避難安全検証法」及び「特殊な構造」によらないものとする。

（1）特別避難階段の付室又は非常用エレベーターの乗降ロビーに機械排煙方式の排煙設備を設けた場合の排煙風量は、その付室又はロビーの面積にかかわらず $4m^3/s$ 以上とする。

（2）電源を必要とする排煙設備の予備電源は、15 分間継続して排煙設備を作動できる容量とし、かつ、常用の電源が断たれた場合に自動的に切り替えられるようにする。

（3）パネル形排煙口は、排煙口扉の回転軸が排煙気流方向と平行になるように取り付け、排煙気流により排煙口が閉じないようにする。

（4）排煙設備を設けなければならない居室の防煙垂れ壁は、防火戸上部、天井チャンバー方式等を除き、その下端から天井までの距離が 50cm 以上となるようにする。

正答（2）

電源を必要とする排煙設備の予備電源は、**30 分間**継続して排煙設備を作動できる容量とし、かつ、常用の電源が断たれた場合に自動的に切り替えられるようにする。

頻出項目を覚えよう！

1 ■ 排煙口は、防煙区画各部から水平距離で**30m**以下となるように設ける。

2 ■ 防煙垂れ壁は、防火戸上部及び天井チャンバー方式を除き、天井面より **50cm** 以上下方に突出したものとする。

こんな選択肢は誤りだ！

排煙機に接続される縦ダクトの排煙機室の床貫通部には、防火ダンパーを設~~けなければならない~~。

排煙機に接続される縦ダクトの排煙機室の床貫通部には、防火ダンパーを**設けない**。

(2) 排煙風量

排煙設備の排煙風量に関する事項は、次のとおりである。

①防煙区画の排煙風量は、**床面積 1m² につき 1m³/min 以上**の空気を排出する能力を有するものとする。

②排煙よこダクトの風量は、受け持つ防煙区画の排煙風量とし、**同一階の隣接する 2 つの防煙区画**の排煙口が同時開放するときの排煙風量のうち**最も大きい風量**とする。

③排煙たてダクトの風量は、受け持つ**各階**ごとの排煙風量のうち**最も大きい風量**とする。

④ 2以上の防煙区画部分に係る排煙機にあっては、**1 分間に 120m³ 以上**で、**かつ**、当該防煙区画部分のうち床面積の**最大のものの床面積 1m² につき 2m³/min 以上**の空気を排出する能力を有するものとする。

⑤**特別避難階段の付室**または**非常用エレベーターの乗降ロビー**に機械排煙方式の排煙設備を設けた場合の排煙風量は、その付室またはロビーの面積にかかわらず **4m³/s** 以上確保する。

⑥機械排煙設備において、特別避難階段の付室を**兼用**する非常用エレベーターの乗降ロビーの排煙風量は、**6m³/s 以上**とする。

次図に示す排煙設備の各部が受け持つ必要最小風量は次のとおりである。

排煙設備の各部が受け持つ必要最小風量

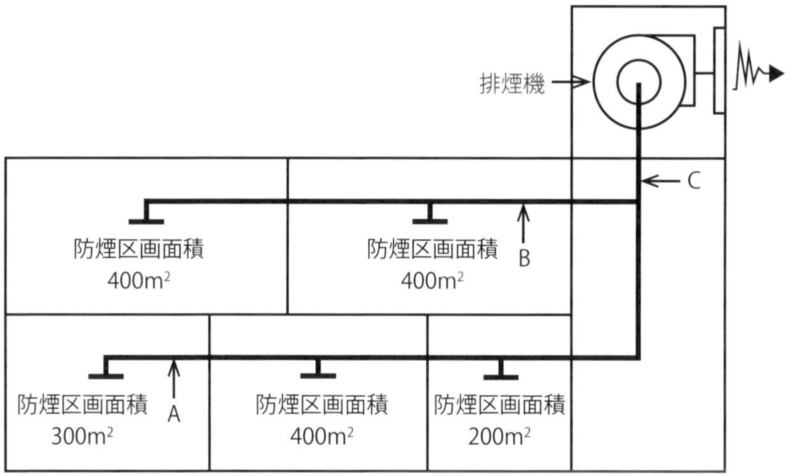

・排煙機

最大の**防煙区画面積**は 400m^2 であるので、次式で算定される。

排煙機の**風量**＝ 400 × 2 ＝ 800 ＞ 120　　∴ 800［m^3/min］

・A 部のダクト

受け持つ**防煙区画面積**は 300m^2 であるので、次式で算定される。

A 部の**風量**＝ 300 × 1 ＝ 300［m^3/min］

・B 部のダクト

B 部が受け持つ部分で、同一階で隣接する 2 つの**防煙区画**が**同時開放**する組み合わせは、400m^2 と 400m^2 しかないので、次式で算定される。

B 部の**風量**＝（400 ＋ 400）× 1 ＝ 800［m^3/min］

・C 部のダクト

C 部の**風量**は、各階ごとの**排煙風量**のうち最も大きい**風量**とする。

1 階は、同一階で隣接する 2 つの**防煙区画**が**同時開放**する組み合わせは、300m^2 と 400m^2、400m^2 と 200m^2 の 2 パターンがあり、300m^2 と 400m^2 の組み合わせが最大なので、次式で算定される。

1 階の**風量**＝（300 ＋ 400）× 1 ＝ 700［m^3/min］

2 階の**風量**は、B 部の**風量**なので　　800［m^3/min］

800 ＞ 700　　∴ 800［m^3/min］

演習問題

図に示す防煙区画からなる機械排煙設備において、各部が受け持つ必要最小風量として、「建築基準法」上、**適当でないもの**はどれか。

ただし、本設備は「階及び全館避難安全検証法」によらないものとする。

(1) ダクト A 部：18,000m^3/h
(2) ダクト B 部：42,000m^3/h
(3) ダクト C 部：30,000m^3/h
(4) 排煙機：42,000m^3/h

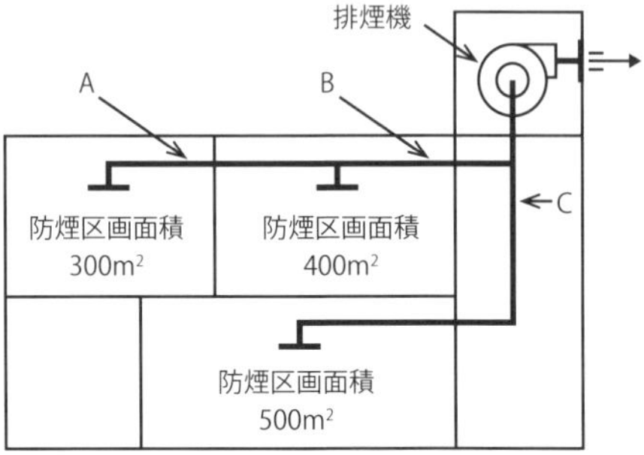

正答（4）

各部の**必要最小風量**は、次のとおり算定される。

A 部の**風量**＝ 300 × 1 × 60 ＝ 18,000［m^3/h］

B 部の**風量**＝（300 ＋ 400）× 1 × 60 ＝ 42,000［m^3/h］

C 部の**風量**＝ 500 × 1 × 60 ＝ 30,000［m^3/h］

排煙機の**風量**＝ 500 × 2 × 60 ＝ 60,000［m^3/h］

頻出項目を覚えよう！

1 □ 防煙区画の排煙風量は、床面積 **1m^2** につき **1m^3/min** 以上の空気を排出する能力を有するものとする。

こんな選択肢は誤りだ！

排煙たてダクトの風量は、受け持つ各階ごとの排煙風量のうち最も~~小さい~~風量とする。

排煙たてダクトの風量は、受け持つ各階ごとの排煙風量のうち最も**大きい**風量とする。

Lesson 5　衛生設備

一次　二次

ここが Point！　重要度 ★★☆

衛生設備の分野からは、上下水道、給水設備、給湯設備、排水・通気設備、消火設備、ガス設備、浄化槽設備に関する事項が出題される。Lesson4の空調設備の分野とともに、選択問題として出題される。

1　上下水道

(1) 上水道

①水道施設

水道施設は、水道法により、「この法律において「水道施設」とは、水道のための**取水施設**、**貯水施設**、**導水施設**、**浄水施設**、**送水施設**及び**配水施設**（専用水道にあっては、給水の施設を含むものとし、建築物に設けられたものを除く。以下同じ。）であって、当該水道事業者、水道用水供給事業者又は専用水道の設置者の管理に属するものをいう。」と定義されている。水道施設のフローは次のとおりである。

水道施設のフロー

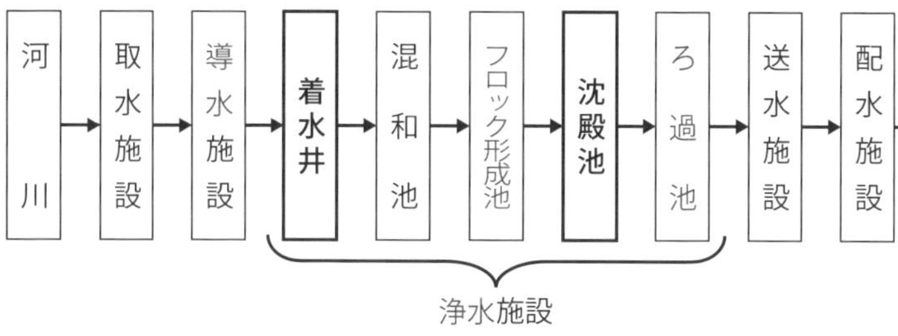

- 取水施設とは、河川または貯水施設から**取水**するための施設をいう。
- 導水施設とは、**取水施設**から**浄水施設**まで導く施設をいい、自然流下式、ポンプ加圧式及び併用式がある。

- 浄水施設とは、原水を飲用に適した水質に浄化する施設をいい、**凝集**剤と原水を混和させる**混《こん》和《わ》池《ち》**、混和池で生成した微小フロックを大きく成長させる**フロック形成池**などで構成される。
- ろ過池には、急速ろ過方式と緩速ろ過方式があり、**急速ろ過方式**は緩速ろ過方式に比べて、**濁度**と**色度**の高い水を処理する場合に適している。
- 送水施設とは、**浄水施設**から**配水施設**まで水を送る施設をいい、ポンプ、送水管などで構成される。
- 配水施設とは、**浄化した水**を**給水区域の需要者**にその必要とする水圧で所要量を供給するための施設で、配水池、ポンプ、配水管などで構成される。

②配水管

水道施設である配水施設から需要者へ水を配る管をいい、通常、埋設配管により施設される。配水管に関する事項は次のとおりである。

- 配水管は、他の水道事業体または水道用水供給事業体**以外**の水道施設と**接続してはならない**。
- 重要度の高い配水管は、**耐震継手**等の使用により、管路の耐震化を行う。

耐震継手の例

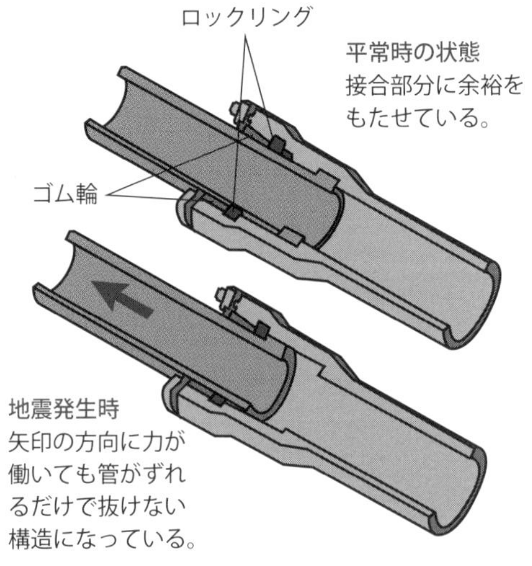

・伸縮自在でない継手を用いた配水管の露出部には、**20 ～ 30m** の間隔で**伸縮継手**を設ける。
・軟弱地盤に配水管を布設する場合の基礎は、**はしご胴木基礎**などとする。

はしご胴木基礎の例

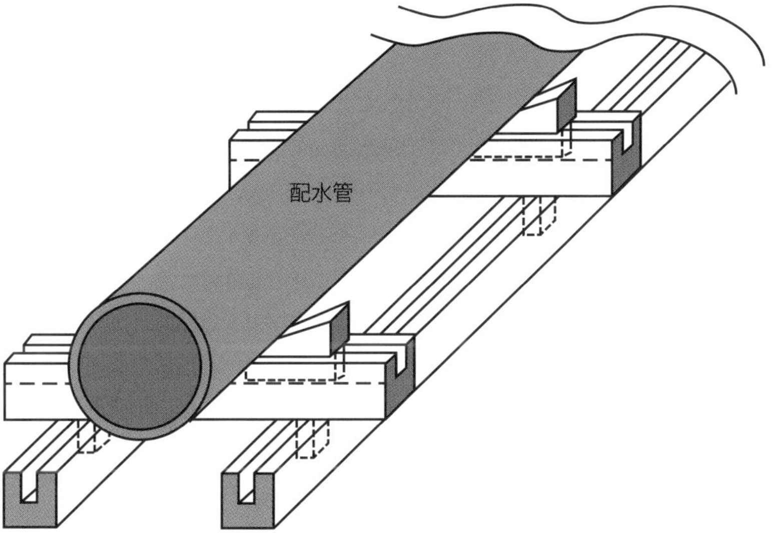

・道路（公道）に埋設する配水管の頂部と路面との距離は、**1.2m**（工事実施上やむを得ない場合にあっては、**0.6m**）以下としない。
・道路（公道）に埋設する外径 **80mm** 以上の配水管には、原則として、占用物件の名称、管理者名、埋設した年などを**明示**する。
・配水管を他の地下埋設物と交差または近接して敷設するときは、少なくとも **30cm** 以上の間隔を保つ。
・配水支管（配水管より分岐した管）より給水管を取り出す場合は、他の給水管の取付口から **30cm** 以上離す。
・ダクタイル鋳《ちゅう》鉄管の異形管防護は、原則として、コンクリートブロックによる防護または**離脱防止継手**を使用する。ただし、小口径管路で管外周面の拘束力を十分期待できる場合は、**離脱防止金具**を用いてもよい。

離脱防止金具の例

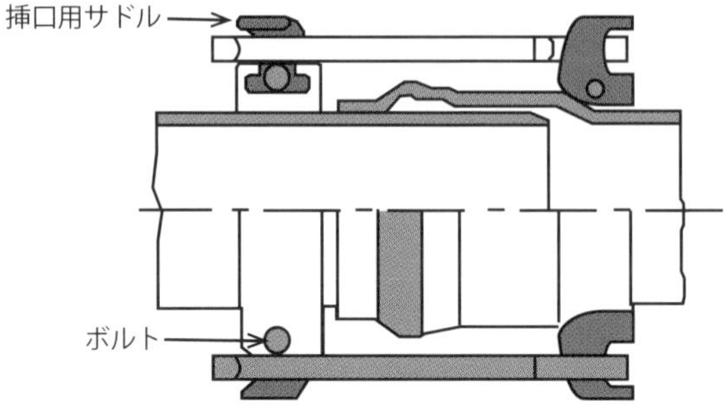

- 配水支管から給水管に分岐する箇所での最大静水圧は、**0.74MPa** を**超えないよう**にする。
- 配水支管から給水管に分岐する箇所での最小動水圧は、**0.15MPa** を**下回らない**よう、**0.15 ～ 0.2MPa** を**標準**とする。
- 配水支管に設けた**消火栓**は、配水支管の**充水・排水時**には**排気・吸気**に利用できる。
- 既設配水管に連絡用**割 T 字管**を取り付けて管を分岐する工法は**不断水分岐工法**である。

演習問題

上水道における配水管に関する記述のうち、**適当でないもの**はどれか。

(1) 配水支管から給水管に分岐する箇所での最大静水圧は、0.74MPa を超えないようにする。
(2) 配水管は、他の水道事業体又は水道用水供給事業体の水道施設と接続してはならない。
(3) 配水支管から給水管に分岐する箇所での最小動水圧は、0.15MPa を下回らないようにする。
(4) 配水支管に設けた消火栓は、配水支管の充水・排水時には排気・吸気に利用できる。

正答（2）

配水管は、他の水道事業体または水道用水供給事業体**以外**の水道施設と接続してはならない。

頻出項目を覚えよう！

1 □ K形及びT形接合のダクタイル鋳鉄管は、原則として、離脱防止のための**異形管防護を省略できない**。

こんな選択肢は誤りだ！

緩速ろ過方式は、急速ろ過方式に比べて、濁度と色度の高い水を処理する場合に適している。

急速ろ過方式は、**緩速**ろ過方式に比べて、濁度と色度の高い水を処理する場合に適している。

（2）下水道

家庭、ビルなどの排水（汚水）や雨水を処理し排除する施設で、公共下水道、2以上の市町村にわたる流域下水道、都市下水路の３つに分類される。管きょ（地下水路）を流れる下水により、汚水と雨水が分流して流れる**分流式**と、汚水と雨水が合流して流れる**合流式**に分類される。合流式は、降雨規模により、処理施設を経ない未処理の下水が公共用水域に放流されることがある。分流式は、合流式に比べれば小口径のため、管きょの勾配が急になり埋設が深くなる場合がある。下水道に関する事項は、次のとおりである。

①管きょ

- 管きょの最小管径は、**汚水**管きょでは**200mm**、**雨水**管きょでは**250mm**を標準とする。
- 管きょは、**下流**に行くほど流量が増大するので、**勾配を緩やか**にして**流速を漸《ぜん》増**させる。
- 管きょ底部に沈澱物が堆《たい》積しないように、**最小流速**は、**汚水**管きょでは**0.6m/s**以上、**雨水**管きょでは**0.8m/s**以上とする。

・管きょやマンホールに損傷を与えないように、**最大流速**は、**汚水**管きょ、**雨水**管きょともに **3.0m/s** 以下とする。
・管きょ径が変化する場合の接合方法は、原則として、**水面**接合または**管頂**接合とする。

管頂接合の例

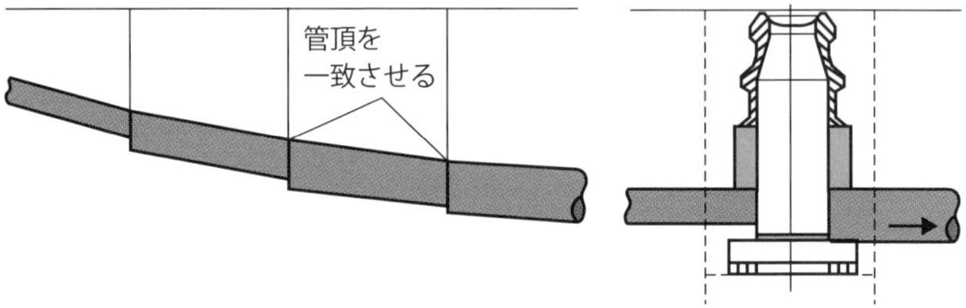

・汚水管きょの段差接合において、段差が **0.6m** 以上ある場合は、原則として、**副管**を使用する。

副管の例

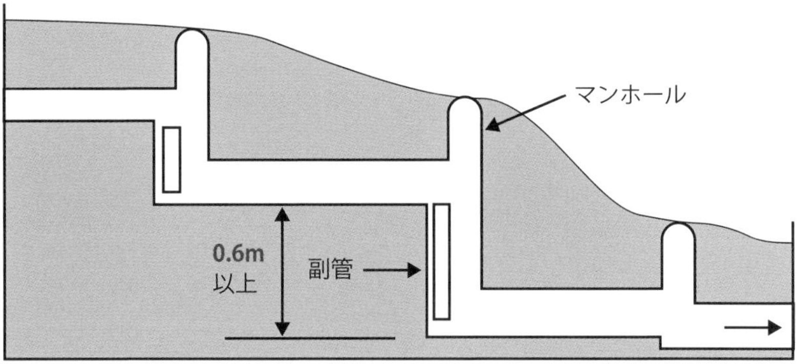

・管きょ周辺が**液状化**するおそれがある場合は、**良質土**、**砕石**または**固化改良土**で埋め戻すなどの対策を施す。
・**軟弱地盤**等において、マンホールと管きょとの**不同沈下**が想定される場合には、接続部分に**可とう性**をもたせる。
・硬質ポリ塩化ビニル管などの**可とう性**の管きょを布設する場合の基礎は、原則として、**自由支承**（自重だけ支える構造）の**砂**または**砕石**基礎とする。

②取付管

・取付管の勾配は、**1/100** 以上とする。

・取付管は、管きょ内の背水の影響を受けるため、本管の水平中心線より**上方**に設置する。

・下水道本管への取付管の接続は、他の取付管から **1m** 以上離した位置とする。

取付管の例

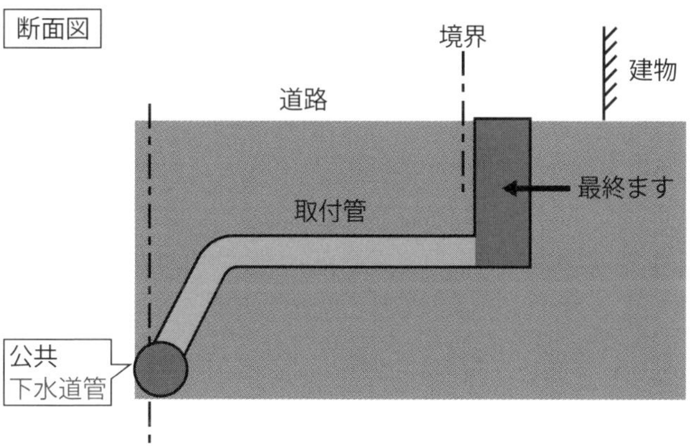

③その他

・汚水ますの形状は**円形または角形**とし、構造は**コンクリート製**、**鉄筋コンクリート製**または**プラスチック製**とする。

・**雨水**を排除すべき排水設備は、多孔管その他雨水を地下に**浸透**させる機能を有するものとすることができる。

・下水を自然流下によって放流できない場合には、ポンプ場などの**揚水施設**が設けられる。

・水処理施設は、一般に、**最初沈殿池**、**反応タンク**、**最終沈殿池**などで構成される。

・処理区域内においてくみ取便所が設けられている建築物を所有する者は、公示された下水の処理を開始すべき日から **3 年以内**に、その便所を水洗便所に改造しなければならない。

演習問題

下水道管きょに関する記述のうち、**適当でないもの**はどれか。

（1）合流式の下水道管きょでは、降雨規模により、処理施設を経ない未処理の下水が公共用水域に放流されることがある。
（2）分流式の汚水管きょは、合流式に比べれば小口径のため、管きょの勾配が急になり埋設が深くなる場合がある。
（3）取付管は、管きょ内の背水の影響を受けるため、本管の管頂から左右 90 度の位置に水平に設置する。
（4）汚水管きょの段差接合において、段差が 0.6m 以上ある場合は、原則として、副管を使用する。

正答（3）

取付管は、管きょ内の背水の影響を受けるため、本管の水平中心線より**上方**に設置する。

頻出項目を覚えよう！

1 ■ 管きょは、下流に行くほど流量が増大するので、**勾配を緩やかに**して流速を漸増させる。

2 ■ 硬質ポリ塩化ビニル管などの可とう性の管きょの基礎は、原則として、**自由支承の砂または砕石基礎**とする。

こんな選択肢は誤りだ！

管きょの最小管径は、雨水管きょでは ~~150~~mm、汚水管きょでは ~~250~~mm を標準とする。

管きょの最小管径は、雨水管きょでは **250**mm、汚水管きょでは **200**mm を標準とする。

2 給水設備

給水設備とは、ビルや集合住宅などの建築物に必要な水を供給するための設備で、引込み管、貯水タンク、ポンプ、給水管などにより構成される。

(1) 給水方式

給水設備の給水方式は、直結式と受水タンク式に大別され、直結式には直結直圧式、直結増圧式が、受水タンク式には高置タンク式、ポンプ直送式などの給水方式がある。**直結式**は、受水タンク式に比べ、開放水槽がないため水の**汚染**の可能性が**低く**なるが、**水道引込み管**や**ポンプの容量**が**大きく**なる。

給水方式の構造

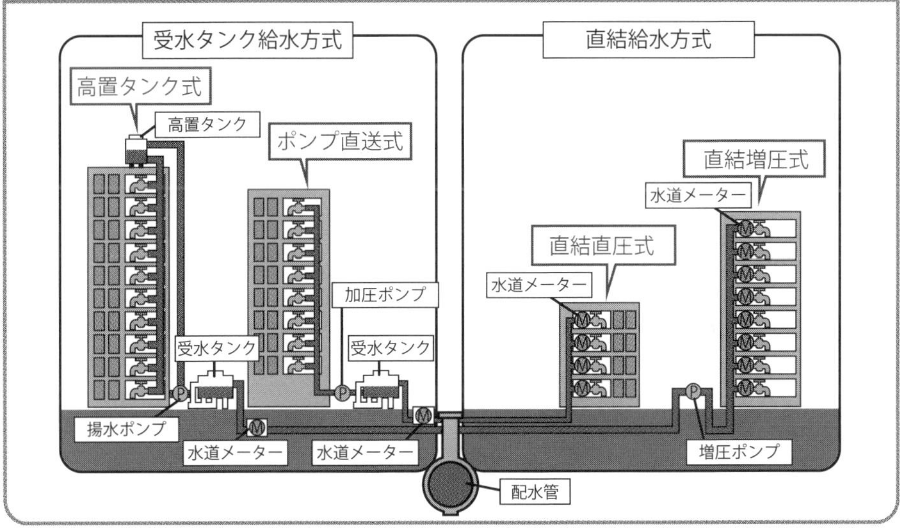

①直結直圧式：配水管に**直結**された配管により配水管の**圧力**にて各所に給水する。

②直結増圧式：配水管に直結された配管に**増圧ポンプ**を設け、配水管の圧力を増圧して各所に給水する。

③高置タンク式：**受水タンク**に貯水し、**揚水ポンプ**により**高置タンク**に水を汲み上げ、各所に給水する。

④ポンプ直送式：**受水タンク**に貯水し、**加圧ポンプ**により加圧して、各所に給水する。

(2) 給水量

給水設備は、次の給水量を用いて計画、設計される。

①時間平均予想給水量

$$\textbf{時間平均}\text{予想給水量} = \frac{\text{1日予想給水量}}{\text{1日平均使用時間}}\ [\mathbf{L}/\mathrm{h}]$$

②時間最大予想給水量

時間最大予想給水量＝**時間平均**給水量×（**1.5 ～ 2.0**）［**L**／h］

③瞬時最大予想給水量

瞬時最大予想給水量＝**時間最大**給水量× **2.0** ［**L**／h］

④器具給水負荷単位

器具給水負荷単位とは、給水器具の種類による使用頻度、使用時間及び多数の給水器具の同時使用を考慮した負荷率を見込んで、給水量を単位化したものをいう。給水器具の種類により値が異なり、例えば、大便器の器具給水負荷単位の場合、**ロータンク方式**より**洗浄弁方式**の方が大きい。

(3) 給水圧力

給水圧力が過不足すると給水器具の使用に支障をきたすので、適正な給水圧力を確保する必要がある。最低必要給水圧力は、**一般水栓**は **30kPa** 程度、**大便器洗浄弁**は **70kPa** 程度である。給水圧力の**上限**は、一般に、事務所ビルでは **400 ～ 500kPa** とする。したがって、**高層建築物**では、**高層・低層**に給水系統を分けたり、**減圧弁**を設置するなどしたりして、給水圧力が 400 ～ 500kPa を超えないようにする。

(4) 貯水タンク

給水設備に用いられる受水タンク、高置タンクなどの貯水タンクに関する事項は、次のとおりである。

①貯水タンク共通事項

- 貯水タンク内滞留中に**残留塩素が消費**され、**水が腐敗**しやすくなるので、貯水タンクの容量を**過大にしない**。
- 貯水タンクには**吐《と》水口《すいこう》空間**（給水口端からオーバーフロー管のあふれ縁《ふち》までの垂直距離）を確保する。

- 貯水タンクの保守点検スペースを、周囲及び下部は **0.6m** 以上、上部は **1m** 以上確保する。
- 貯水タンクの底部には吸込みピットを設け、底面の勾配をピットに向かって **1/100** 程度とする。
- 貯水タンクには、保守点検を容易に行えるよう、**水抜《みずぬき》管**を設ける。
- 貯水タンクのオーバーフロー管、水抜管ともに**間接排水**とし、**排水管**に直接接続してはならない。
- 貯水タンクの水抜管を受ける**ホッパー**は、**排水が跳ね散らない**ような形状とする。
- 貯水タンクの上にやむを得ず排水管などを通す場合は、排水管の下に**受け皿**を設置し、受水タンクとの空間を **1m** 以上確保する。

主な受水タンクの構造

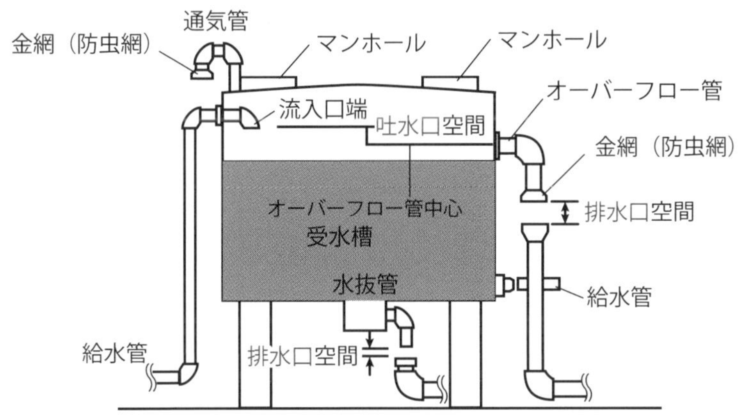

②受水タンク

- 受水タンクの容量は、一般に、**1 日予想給水量**の **1/2** 程度である。
- 使用水量が大きく変動するおそれがある学校等の受水タンクは、**水位調整装置**等により、貯水量を可変できるようにする。
- 地震時の飲料水確保のため、飲料用受水タンクの出口に感震器にて自動閉止する**緊急遮断弁**を設ける。

③高置タンク

- 受水タンクを設置する場合の**高置タンクの容量**は、**時間最大**予想給水量に**0.5 ～ 1.0** を乗じた容量とする。
- 高置タンクの**設置高さ**は、高置タンクから水栓・器具までの弁・継手・直管などによる**圧力損失**と、水栓・器具の**最低必要吐出圧力**を考慮して決定する。

受水タンクの容量は**半日分**程度、高置タンクの容量は**ピーク時間帯の 30 分から 1 時間分**程度と覚えておこう。

(5) 給水ポンプ

給水設備に用いられるポンプには、直結増圧式の増圧ポンプ、高置タンク式の揚水ポンプ、ポンプ直送式の加圧ポンプがある。給水ポンプに関する事項は、次のとおりである。

- **増圧ポンプ**と**加圧ポンプ**の吐出量は、**瞬時最大**予想給水量に基づき決定し、**揚水ポンプ**の給水量は**時間最大**予想給水量に基づき決定する。
- **直結増圧式**、**ポンプ直送式**は、高置タンク式に比べて、**ポンプ**の吐出量が**大きく**なる。
- 揚程が **30m** を超える高揚程の揚水ポンプ吐出側の**逆止め弁**は、ポンプ停止時のウォーターハンマー防止のため、**衝撃吸収式**とする。

(6) 給水の汚染防止

給水系統とその他の系統が、配管・装置により直接接続されることを**クロスコネクション**といい、**給水**が汚染されるおそれがあるので、絶対してはならない。給水管内が何らかの原因で負圧となり、一度吐き出した汚水を吸引する現象を**逆サイホン作用**といい、給水が汚染されるおそれがあるので、防止する必要がある。給水の汚染防止に関する事項は、次のとおりである。

- 井《せい》水系統の配管は、常時閉の切替弁を介して接続してもクロスコネクションになるので、**上水系統**に**接続**してはならない。

クロスコネクションの例

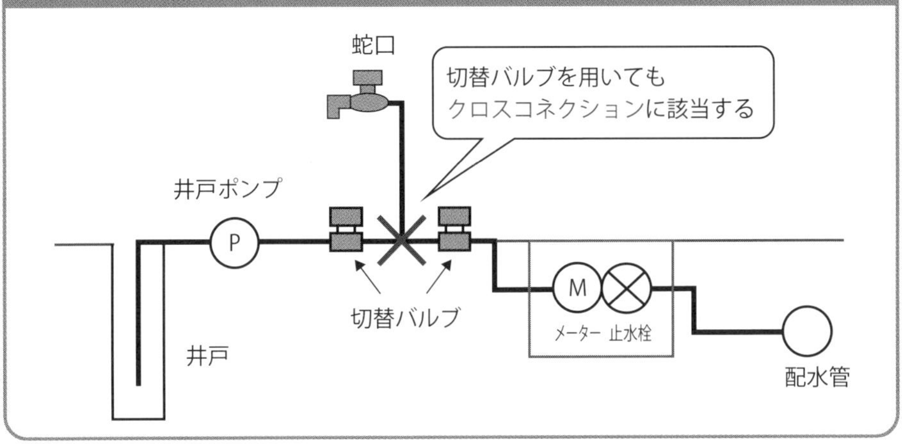

- 逆サイホン作用による汚染の防止には、**吐水口空間**（吐水口端とあふれ縁との垂直距離）**の確保**が有効である。
- 散水栓系統は飲用されるおそれがあるので、**上水系統**とし、雨水を利用した**植栽灌《かん》水系統**と**分離**する。
- 水道直結増圧式の給水立て管には、**断水**時に配管内が**負圧**にならないように、**最上部**に**吸排気弁**を設置する。

(7) バキュームブレーカー

給水管が負圧になった場合に逆流を防止しつつ、給水管内に大気を導入して負圧を解消する器具で、逆サイホン作用による給水管内への汚水の逆流を防止するために、大便器洗浄管など、吐水口の確保が困難な箇所に設けられる。

バキュームブレーカーには、**常時水圧がかからない**箇所に設ける**大気圧式**バキュームブレーカーと、**常時水圧がかかる**箇所に設ける**圧力式**バキュームブレーカーがある。また、配管接続形のバキュームブレーカーは、器具のあふれ縁より **150mm** 以上高い位置に設ける。

(8) ウォーターハンマー防止

水撃作用ともいい、管内を流水中のバルブを急に閉止した場合などに生じる、管内の圧力変動により衝撃などが発生する現象である。ウォーターハンマー防止に関する事項は、次のとおりである。

・ウォーターハンマー防止のため、管内流速は、**2.0m/s** 以下とする。

・揚水管の横引配管が長くなる場合、圧力の低い上層階で横引きすると**水柱分離**（圧力低下による蒸発のため水流がとぎれる現象）を生じやすいので、ウォーターハンマー防止のため、圧力の高い**下層階**で横引きする。

揚水管の横引きが長くなる場合の配管

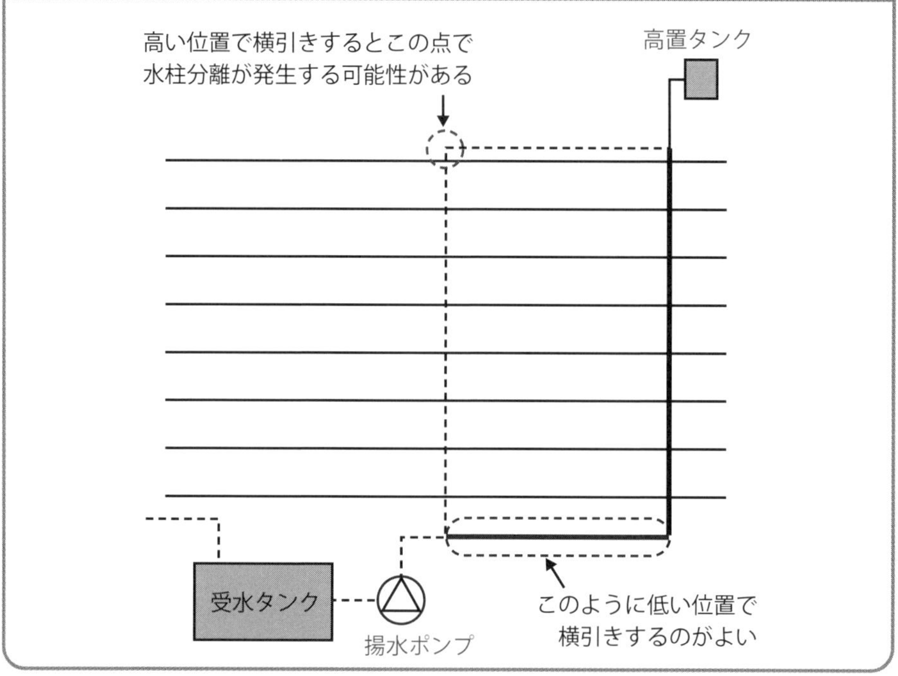

液体は圧力が低くなると**蒸発**しやすくなります。したがって、**水柱分離**は圧力の低いところで発生しやすいです。

演習問題

給水設備に関する記述のうち、**適当でないもの**はどれか。

(1) 水道直結増圧ポンプの送水量は、原則として、時間平均予想給水量に基づき決定する。
(2) 受水タンクの容量を過大に設定すると、タンク内滞留中に残留塩素が消費され、水が腐敗しやすくなる。
(3) 受水タンクの保守点検スペースは、上部は 1m 以上とし、周囲及び下部は 0.6m 以上とする。
(4) 受水タンクの底部には吸込みピットを設け、底面の勾配をピットに向かって 1/100 程度とする。

正答（1）

水道直結増圧ポンプの送水量は、原則として、**瞬時最大**予想給水量に基づき決定する。

給水設備に関する記述のうち、**適当でないもの**はどれか。

(1) 大便器洗浄弁の必要給水圧力は、一般的に、70kPa 程度である。
(2) 洗面器の吐水口空間とは、給水栓の吐水口端とあふれ縁の垂直距離のことである。
(3) 揚水ポンプの揚程が 30m を超える場合、吐出側の逆止め弁は、衝撃吸収式とする。
(4) 大気圧式バキュームブレーカーは、常時圧力がかかる配管部分に設ける。

正答（4）

大気圧式バキュームブレーカーは、**常時圧力がかからない**配管部分に設ける。

頻出項目を覚えよう！

1 □ 大便器の器具給水負荷単位は、洗浄弁方式よりロータンク方式のほうが**小さい**。

2 □ 飲料用受水タンクのオーバーフロー管も水抜管も**間接排水**とし、最寄りの排水管に**直接接続してはならない**。

3 □ 散水栓系統は飲用されるおそれがあるため**上水系統**とし、雨水を利用した植栽灌水系統と**分離**する。

こんな選択肢は誤りだ！

一般水栓の最低必要給水圧力は、~~70~~kPa である。

一般水栓の最低必要給水圧力は、**30**kPa である。

貯水タンクの保守点検スペースは、周囲及び下部は ~~1~~m 以上とし、上部は ~~2~~m 以上とする。

貯水タンクの保守点検スペースは、周囲及び下部は **0.6**m 以上とし、上部は **1**m 以上とする。

揚水ポンプの揚程が ~~50~~m を超える場合、吐出側の逆止め弁は~~直結増圧~~式とする。

揚水ポンプの揚程が **30**m を超える場合、吐出側の逆止め弁は**衝撃吸収**式とする。

ウォーターハンマー防止のため、管内流速は、~~4.0~~m/s 以下とする。

ウォーターハンマー防止のため、管内流速は、**2.0**m/s 以下とする。

3 給湯設備

ビルや集合住宅などの建築物に必要な湯を供給するための設備であり、**中央式給湯設備**と**局所式給湯設備**に大別される。**局所式給湯設備**は、湯沸器、給湯管などに、**中央式給湯設備**は、温水器、貯湯タンク、循環ポンプ、膨張タンク、給湯管などにより構成される。給湯設備に関する事項は、次のとおりである。

給湯設備の例

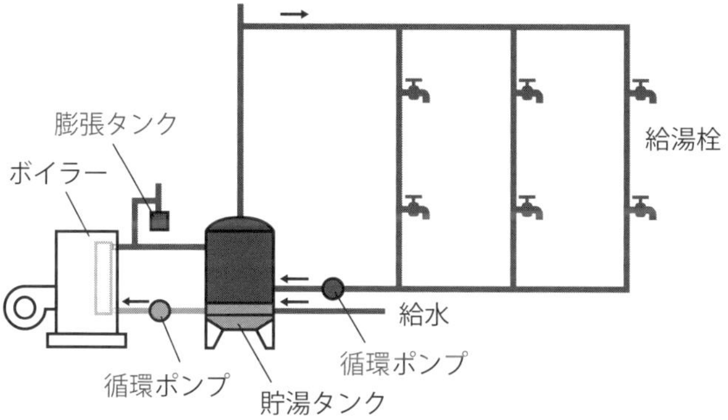

(1) 温水器・湯沸器

- 中央式給湯設備の熱源に使用する**真空式温水発生機**は、法規上では、ボイラーに該当しないので、運転にはボイラー技士などの**有資格者を必要としない**。
- 瞬間湯沸器の出湯能力は、一般に、水温の**上昇温度を 25℃**とした場合の**出湯量 1L/min** の能力を **1 号**としている。
- 住戸に使用するガス瞬間湯沸器は、冬期におけるシャワーと台所の同時使用に十分対応するため、**24 号程度**の能力が必要である。
- 瞬間湯沸器を**複数台ユニット化**し、大能力を出せるようにした**マルチタイプ**などが使用されている。

(2) 膨張タンク

加熱による温度上昇に伴う配管系統内の給湯水の体積増加分を吸収するためのタンクをいい、大気に開放されている開放式と、密閉されている密閉式がある。膨張タンクに関する事項は、次のとおりである。

- 開放式膨張タンクは、系統の**最上部**に 1 つだけ設置され、**補給水タンクを兼用**することができる。
- 密閉式膨張タンクは、系統の**任意の箇所**に複数設置することができる。
- 密閉式膨張タンクを設けた場合は、配管系の異常圧力上昇を防止するための**安全装置が必要**である。
- 密閉式膨張タンクは、**水圧**の**低い**位置に設置したほうが、**容量**を**小さく**できる。

密閉式膨張タンクの例

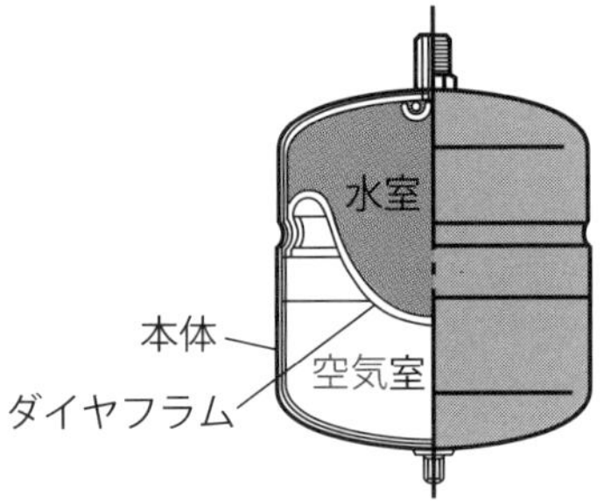

(3) 給湯循環ポンプ

中央式給湯設備において、給湯栓からすぐに適温の給湯水が出湯できるよう、配管内の給湯水が冷えないように循環させるために設けられる。循環ポンプに関する事項は、次のとおりである。

- 給湯循環ポンプの**循環量**は、**給湯温度と返湯温度の差**並びに循環経路の配管及び機器からの**熱損失**より求める。
- 給湯循環ポンプの**揚程**は、最も長い循環経路の配管の**摩擦損失**を考慮して求める。
- 給湯循環ポンプは、貯湯タンクの**入口**側に設置する。

(4) 給湯管

給湯管に関する事項は、次のとおりである。

・横走り管が**上向き配管**の場合は、給湯管は**上り勾配**・返湯管は**下り勾配**とし、**下向き配管**の場合は、給湯・返湯管ともに**下り勾配**とする。

給湯配管の勾配

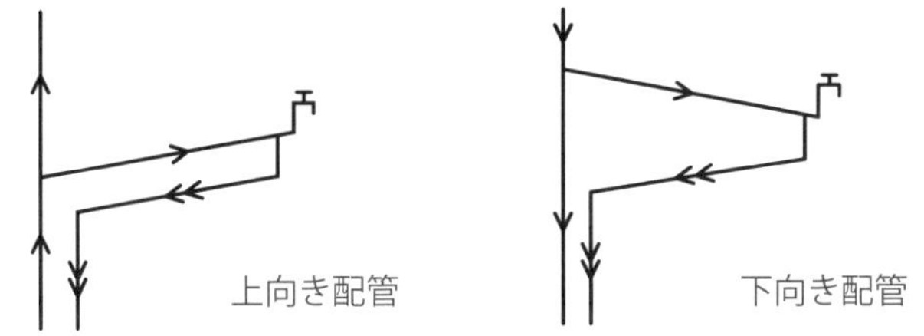

・給湯管に銅管を用いる場合は、かい食防止のため、管内流速が **1.2m/s** 以下になるように管径を決定する。

・中央式給湯設備の**返湯管**の管径は、一般的に、給湯管の呼び径の **1/2** 程度とし、循環流量から管内流速を確認して決定する。

(5) 衛生管理

・中央式給湯設備の給湯温度は、**レジオネラ属菌**などの繁殖を防止するため、原則として、貯湯タンク内で **60℃以上**とする。

・循環式浴槽で**レジオネラ属菌**対策として塩素系薬剤による消毒を行う場合は、**遊離残留塩素**濃度を**通常 0.2 ～ 0.4mg/L** 程度に保ち、かつ、**1.0mg/L を超えない**ようにする。

・浴場の給湯設備で、循環式浴槽系統とシャワー系統の**システムを分ける**。

レジオネラ属菌による**レジオネラ**症は、**レジオネラ属菌**を含むエアロゾルを吸引することにより、肺炎様の症状を発症します。なお、**レジオネラ属菌**は55℃以上の温度で死滅します。

演習問題

給湯設備に関する記述のうち、**適当でないもの**はどれか。

(1) 給湯循環ポンプの揚程は、最高位の給湯栓の最低必要圧力を考慮して算定する。
(2) 密閉式膨張タンクの容量は、水圧の低い位置に設置した方が小さくできる。
(3) 中央式給湯設備における貯湯タンク内の湯温は、レジオネラ属菌などの繁殖を防止するため、原則として、60℃以上とする。
(4) 中央式給湯設備の返湯管の管径は、一般的に、給湯管の呼び径の1/2 程度とし、循環流量を確認して決定する。

正答 (1)

給湯循環ポンプの揚程は、最も長い循環経路の配管の**摩擦損失**を考慮して算定する。

頻出項目を覚えよう！

1 □ 中央式給湯管の循環湯量は、一般に、**給湯温度と返湯温度の差**並びに循環経路の配管及び機器からの**熱損失**より求める。

2 □ 中央式給湯方式に設ける給湯循環ポンプは、強制循環させるため貯湯タンクの**入口側**に設置する。

こんな選択肢は誤りだ！

給湯管に銅管を用いる場合は、かい食防止のため、管内流速が ~~3.0~~m/s 以下になるように管径を決定する。

給湯管に銅管を用いる場合は、かい食防止のため、管内流速が **1.2**m/s 以下になるように管径を決定する。

4 排水・通気設備

建物内で生じた汚水を、建物外に排出するための**排水設備**と、排水設備の排出機能を円滑にするための**通気設備**をいう。**排水設備**は、排水管、排水タンク、排水ポンプ、排水ますなどで、**通気設備**は、通気管、通気弁などで構成されている。

(1) 排水管

一般に、地上部分については、衛生器具から排水横枝管までの**器具排水管**、**器具排水管**から**排水立て管**までの排水横枝管、**排水立て管**、排水横主管で構成され、自然流下により排水ますに放流している。地下部分については、いったん、排水タンクに**貯留**後、排水ポンプで**汲み上げ**て、排水ますに**放流**している。排水管に関する事項は、次のとおりである。

①排水管の管径

排水管の最小管径は、**30mm**（**大便器**系統は **75mm**）とする。

②排水横管の勾配

排水横管の勾配は、次のとおりとする。

排水横管の管径と勾配

管径（mm）	勾配
65 以下	最小 **1/50**
75・100	最小 **1/100**
125	最小 **1/150**
150 以上	最小 **1/200**

HASS → SHASE − S206 − 2000

③排水立て管の管径

いずれの階においても立て管**最下部の管径と同一**とし、**縮小してはならない**。

④ブランチ間隔

排水立て管に接続している各階の**排水横枝管**、または**排水横主管**の間の鉛直距離が **2.5m** を超える排水立て管の区間をいい、排水立て管に接続する排水横枝管の垂直距離の間隔が **2.5m** を超える場合を、**1 ブランチ間隔**という。

ブランチ間隔

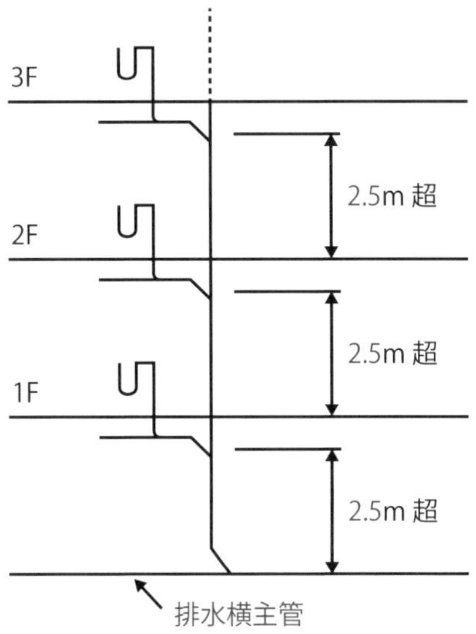

⑤排水立て管のオフセット

オフセットとは、配管経路を平行移動する目的で、継手などにより構成されている**配管**の**移行部分**をいう。排水立て管の**垂直に対して 45° を超える**オフセットは、次のようにする必要がある。

- **排水横主管**とみなして管径を決定する。
- オフセット部分より上下 **600mm** 以内の範囲には、排水横管を接続してはならない。

45°オフセット

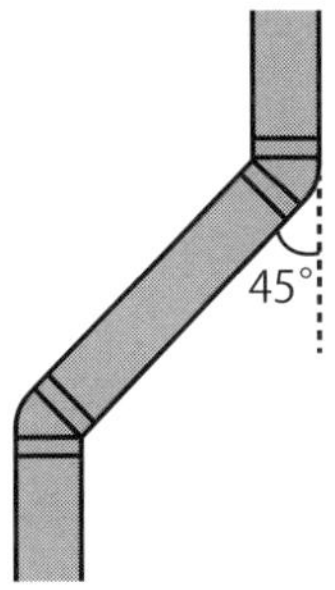

⑥建物の階層が多い場合の最下階の排水横枝管

排水立て管に接続せず、**単独で排水ます**に接続するか、排水立て管から十分距離をおいて**排水横主管**に接続する。

(2) トラップ

内部に水を貯留する機能をもった部分をいい、内部に溜まった水（封水《ふうすい》という）によって、器具排水口から臭気や害虫などが室内に侵入するのを防止するために設けられる。トラップに関する事項は、次のとおりである。

・配管を屈曲させた形状のＳトラップやＰトラップは、**サイホン式トラップ**の一種で、排水のたびにトラップ内の封水や汚れが排出される**自掃作用**を有している。

主なトラップ

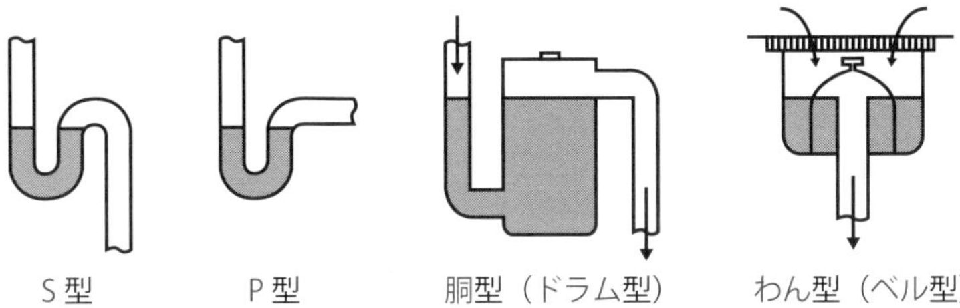

Ｓ型　Ｐ型　胴型（ドラム型）　わん型（ベル型）

・ドラムトラップは、サイホン式トラップに比べて**脚断面積比**（流出脚断面積／流入脚断面積）が**大きい**ので、封水が消失する**破封《はふう》**が生じにくい。

・排水トラップの深さ（封水深《ふうすいしん》）とは、トラップの**あふれ面（ウェア）**と**水底面頂部（ディップ）**との間の垂直距離をいう。

・トラップの深さ（封水深）は**50～100mm**確保する必要がある。

・器具排水口からトラップの**ウェア**までの垂直距離は、**600mm以下**とする。

・トラップ付衛生器具の下流にトラップ機能のある阻集器などを接続すると、**二重トラップ**となって排水が阻害されるので、このような接続をしてはならない。

トラップの構造

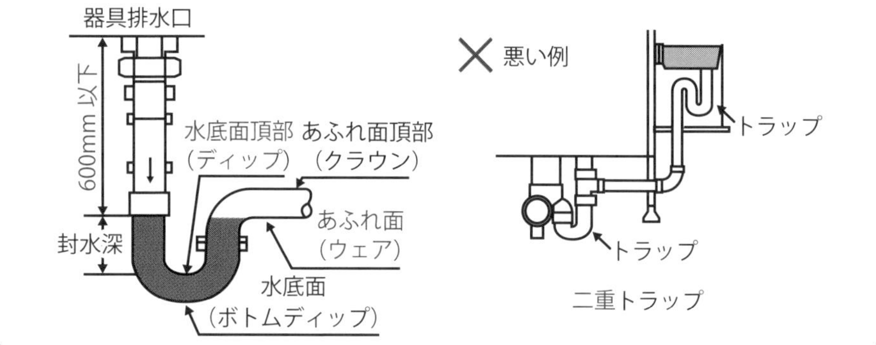

(3) トラップの異常現象

トラップに生じる主な異常現象は次のとおりである。

①自己サイホン作用

衛生器具自身からの排水によってサイホンを形成し、トラップ内の封水が**吸引**されて流出する作用をいう。

②誘導サイホン作用

他の衛生器具からの排水によってサイホンを形成し、トラップ内の封水が**吸引**されて流出する作用をいう。

③跳ね出し作用

排水管内に生じた正圧により逃げ場を失った空気が、トラップの封水を押し上げ、**衛生器具から跳ね出させる**作用をいう。

④毛管現象

トラップ内に付着した糸くず、繊維くずなどによる毛管現象のため、封水が**流出**する作用をいう。

⑤蒸発

衛生器具を長期間使用しない場合など、トラップの封水が蒸発して**消失**する作用をいう。

トラップの異常現象の例

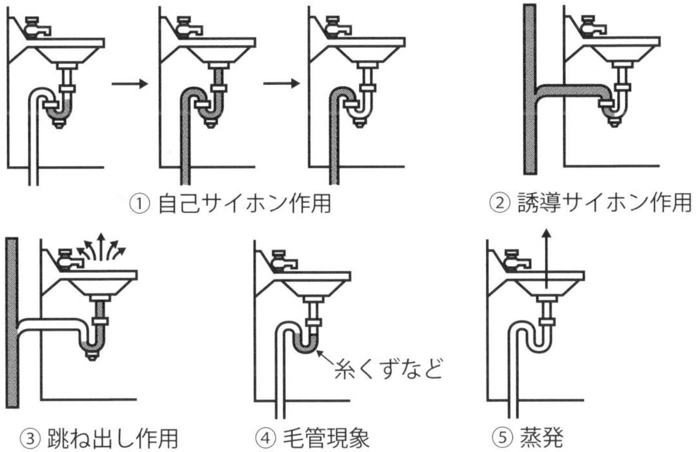

トラップ下流側の排水の流れが速い**Sトラップ**のほうが、**Pトラップ**よりも自己サイホン作用を発生させやすいです。

(4) 間接排水

排水管をいったん大気に開口してから、排水器具などへ排水することをいい、汚水の逆流による汚染を防止するために設けられる。間接排水には、間接排水管を排水器具のあふれ縁より**高い**位置に開口する排水口空間と、間接排水管を水受け容器または排水器具のあふれ縁より**低い**位置で開口する**排水口開放**がある。貯水タンク、水飲み器、食洗器などの飲用、食用の器具の排水は**排水口空間**による間接排水とし、その他、**洗濯パン**、**空調ドレン**、**冷却塔**などの排水は**排水口開放**または**排水口空間**による間接排水とする。また、排水口空間は、間接排水管の管径により、下表の値以上とし、**飲料タンク**の排水口空間は **150mm** 以上とする必要がある。

排水口空間

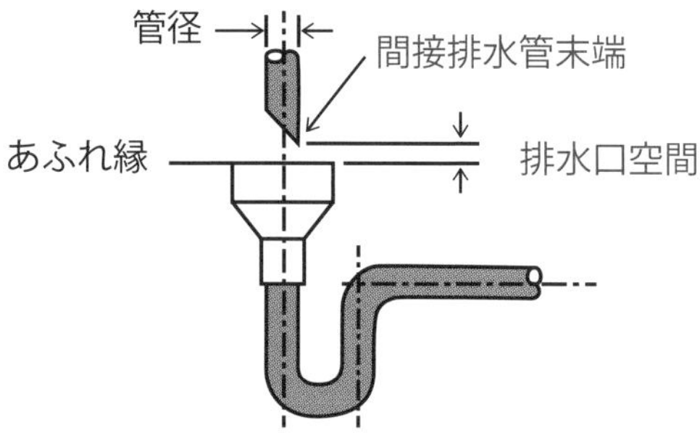

(mm)

間接排水管の管径	排水口空間
25 以下	最小　**50**
30 ～ 50	最小　**100**
65 以上	最小　**150**

(5) 排水管の掃除口

排水管内を清掃するために**排水管**に設けられる**開口部**をいう。掃除口は、通常**排水時**は蓋により閉じられており、**清掃時**に蓋を外し、清掃用具を挿入して排水管内を清掃するものである。掃除口に関する事項は、次のとおりである。

・掃除口は、排水の流れと**反対**または**直角**方向に開口するように設ける。
・排水立て管の掃除口は、**最下部**、**最上部**及び**途中**に設ける。
・排水横管の掃除口は、排水管の管径が **100mm 以下**の場合は **15m 以内**ごと、排水管の管径が **100mm を超える**場合は **30m 以内**ごとに設ける。
・掃除口の大きさは、排水管の管径が **100mm 以下**の場合は**排水管と同径**、排水管の管径が **100mm を超える**場合は **100mm 以上**とする。

排水管の掃除口

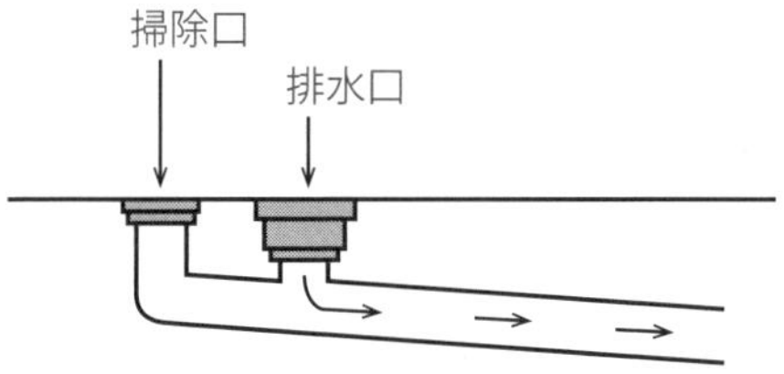

(6) 通気管

排水管内の**排水**の流下を**円滑**にして、圧力変動によるトラップの**破封**（**封水が破られること**）を**防止**し、排水管内を**換気**して清潔を保つことなどを目的に、排水管や排水タンクに設けられる大気に開放した管をいう。排水管に設けられる通気管は、器具排水管に設ける**各個通気管**、排水横枝管に設ける**ループ通気管**、**逃がし通気管**、排水立て管の頂部に設ける**伸頂通気管**、排水立て管に設ける**通気立て管**、通気立て管と排水立て管を結合する**結合通気管**、通気管開口部に設ける**通気弁**などで構成される。通気管に関する事項は、次のとおりである。

通気管の例

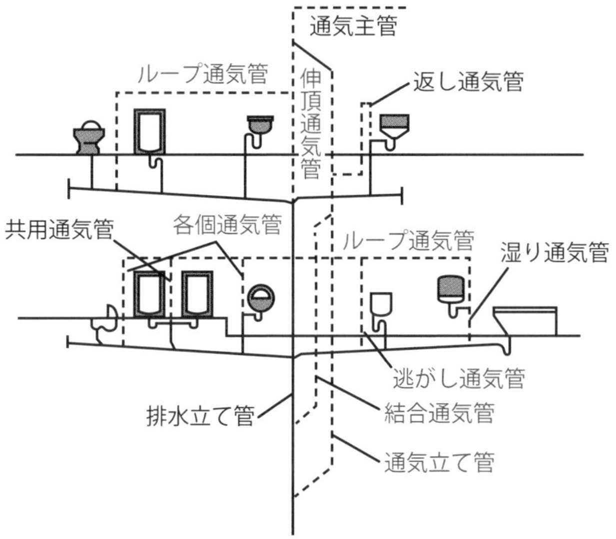

①通気管の一般事項

- 通気管の**管径**は、通気管の**長さ**と接続される**器具排水負荷単位**の合計から決定する。
- 通気管同士を**接続**する場合は、その階における**最高位**の器具の**あふれ縁**より **150mm 以上**立ち上げて接続する。
- 排水横管から通気管を取り出すときは、排水横断面の垂直中心線上部から **45° 以内**の角度で取り出す。

排水横管からの通気管の取り出し

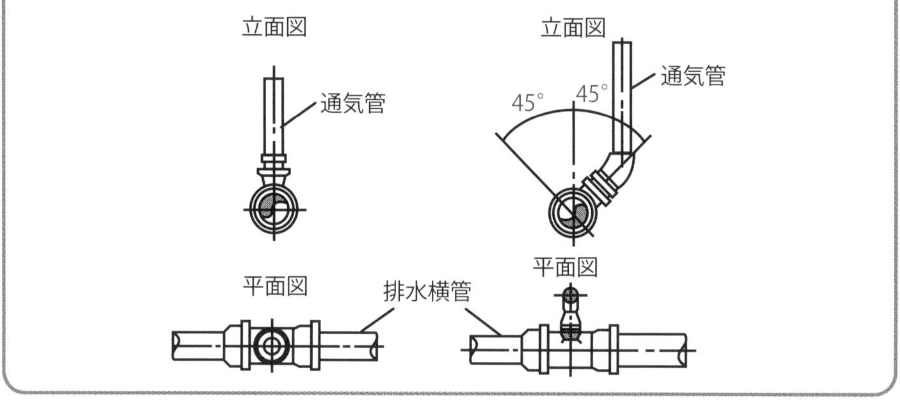

- 自己サイホン作用を生じやすいトラップには、**各個通気方式**を採用する。
- 誘導サイホン作用を生じやすいトラップには、伸頂通気方式より**ループ通気方式**のほうが有効である。

②各個通気管

- 各個通気管の器具排水管からの取り出し位置は、トラップウェアから**管径の 2 倍以上**離れた位置とする。

③ループ通気管

- ループ通気管の排水横枝管からの取り出し位置は、**最上流の器具排水管**と排水横枝管の接続位置の**すぐ下流**とする（P.139 の図②）。
- ループ通気管の管径は、**排水横枝管**と**通気立て管**の管径のうち、いずれか小さいほうの **1/2 以上**とする。

④通気立て管

・通気立て管の上部は、**管径**を縮小せず延長し、その上端は最高位の**衛生器具**の**あふれ縁**から **150mm 以上**高い位置で、伸頂通気管に接続するか、単独に大気中に開放する（下図①）。

・通気立て管の下部は、**管径**を縮小せずに、最低位の**排水横枝管**より**低い**位置で排水立て管に接続するか、または排水横主管に接続しなければならない（下図③）。

通気管の施工

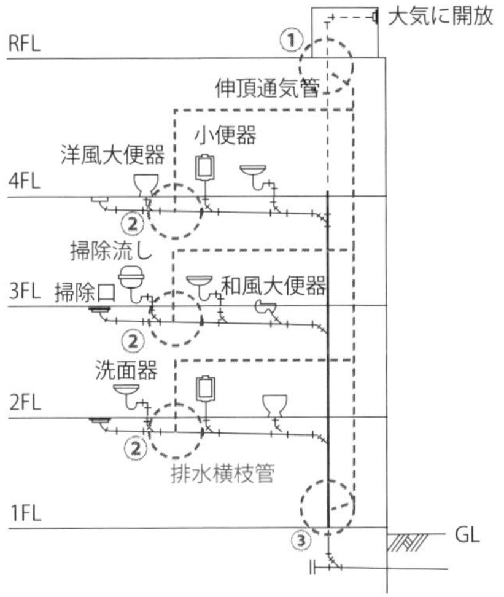

⑤結合通気管

・結合通気管は、**ブランチ間隔 10 以上**を持つ排水立て管において、最上階から数えて**ブランチ間隔 10 以内**ごとに設ける。

・結合通気管の管径は、**排水立て管**と**通気立て管**の管径のうち、**いずれか小さいほうの管径**以上とする。

⑥通気管の末端

・屋上に開口する通気管の末端は、屋上面から **200mm（20cm）以上**立ち上げた位置で大気に開口する。屋上を庭園、運動場、物干し場等に利用する場合は、**2m 以上**立ち上げた位置で大気に開放する。

・通気管の末端は、窓などの開口部から **600mm 以上**立ち上げるか、水平に **3m 以上**離して大気に開放する。

通気管の末端

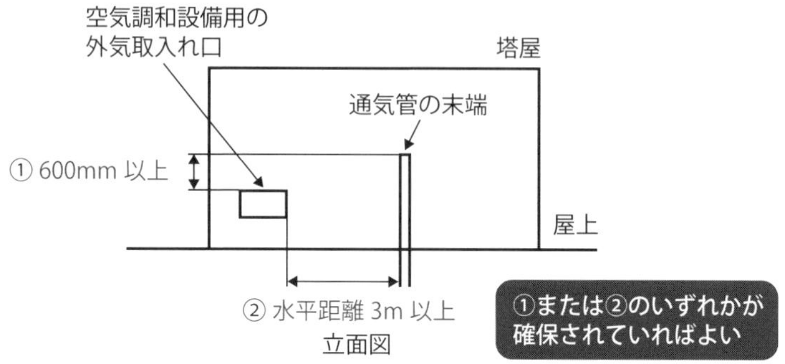

⑦通気弁

厳冬期の凍結や積雪などにより、通気管の末端を屋外に出すことができない寒冷地などにおいて、通気管の末端を屋内に設けることを目的に、通気管の末端に取り付けられる弁である。排水管の流下に伴い、通気管が**負圧**になった場合は、**通気弁を開いて**大気を導入し、通気管内が**正圧**になった場合は、**弁を閉じて**臭気の漏出・拡散を防止する機能を有している。したがって、通気弁は、大気に開放された伸頂通気管のように**正圧緩和の効果は期待できない**。

通気弁

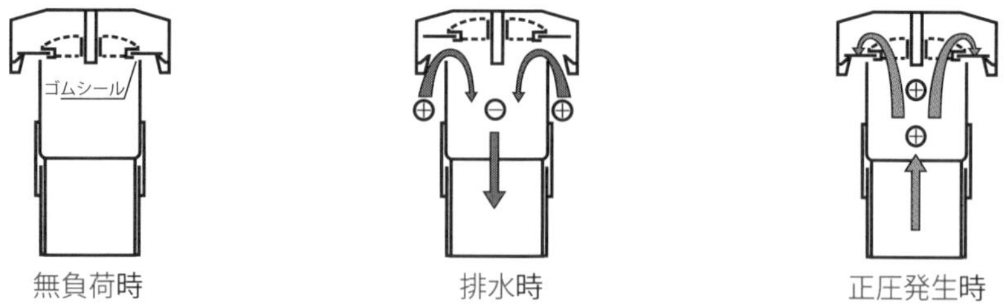

通気管の末端を開口部から離隔する主な目的は、通気管の末端からの**臭気**が、開口部から**侵入**するのを防止するためです。

演習問題

排水・通気設備に関する記述のうち、**適当でないもの**はどれか。

(1) トラップの誘導サイホン作用の対策のうち、管内圧力を緩和させる方法としては、一般的に、ループ通気方式より伸頂通気方式のほうが有効である。

(2) 排水立て管の垂直に対して 45 度を超えるオフセットの管径は、排水横主管として決定する。

(3) 器具排水負荷単位法によって通気管径を求める場合の通気管長さは、通気管の実長とし、局部損失相当管長を加算しない。

(4) 通気管どうしを接続する場合は、その階における最高位の器具のあふれ縁より 150mm 以上立ち上げて接続する。

正答（1）

トラップの誘導サイホン作用の対策のうち、管内圧力を緩和させる方法としては、一般的に、伸頂通気方式より**ループ通気**方式のほうが有効である。

頻出項目を覚えよう！

1 □ 通気管の末端は、窓などの開口部から **600mm 以上**立ち上げるか、その開口部から水平に **3m 以上**離して開放する。

2 □ 排水トラップの深さ（封水深）とは、トラップの**あふれ面**とトラップの**水底面頂部**との間の垂直距離をいう。

こんな**選択肢**は誤りだ！

水飲み器の排水は、排水口~~開放~~による間接排水とした。

水飲み器の排水は、排水口**空間**による間接排水とした。

(7) 特殊継手排水システム

一般的に、**伸頂通気方式**とした排水立て管をもつ高層の集合住宅などに採用されている。特殊継手排水システムの特徴は、排水用特殊継手を用いて、排水横枝管の流れを排水立て管内に**円滑に流入**させ、**立て管内の流速を減ずる**ことである。また、特殊継手排水システムでは、**オフセットのない排水立て管**とする必要がある。

特殊継手排水システムの例

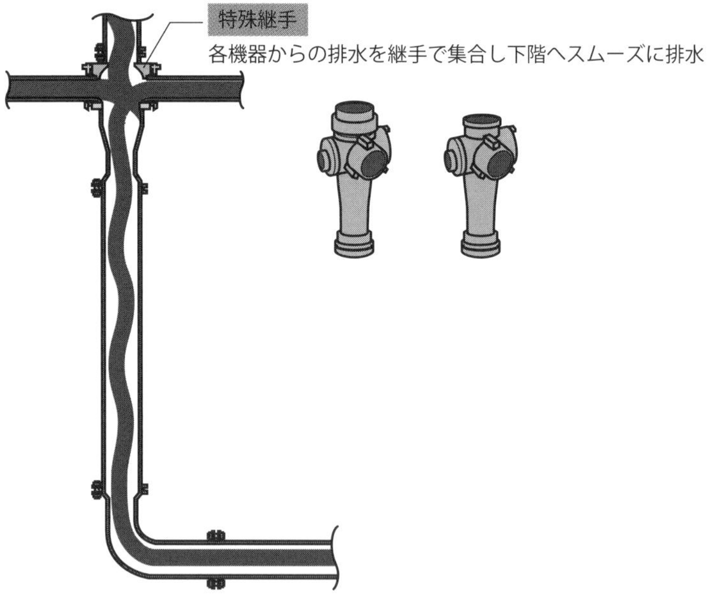

特殊継手排水システムには、**立て管内**の排水を**旋回流**にすることにより、排水を円滑に流下させるものなどが採用されています。

演習問題

特殊継手排水システムに関する文中、［　　　］内に当てはまる用語の組合せとして、**適当なもの**はどれか。

特殊継手排水システムは、一般的に、［ A ］方式とした排水立て管をもつ高層の集合住宅などに採用されている。

本システムの特徴は、排水横枝管の流れを排水立て管内に円滑に流入させ、立て管内の流速を［ B ］にある。

	A	B		A	B
（1）	伸頂通気 ——	増すこと	（3）	伸頂通気 ——	減ずること
（2）	ループ通気 —	増すこと	（4）	ループ通気 —	減ずること

正答（3）

特殊継手排水システムは、一般的に、**伸頂通気方式**とした排水立て管をもつ高層の集合住宅などに採用されている。本システムの特徴は、排水横枝管の流れを排水立て管内に円滑に流入させ、立て管内の**流速を減ずる**ことにある。

頻出項目を覚えよう！

1 特殊継手排水システムは、排水横枝管の流れを排水立て管内に**円滑に流入**させることを目的に排水用特殊継手を用いたものである。

こんな選択肢は誤りだ！

階層が多い事務所ビルで、伸頂通気方式を採用したため、最下階の排水横枝管を上階からの排水立て管に直接接続~~した~~。

階層が多い事務所ビルで、伸頂通気方式を採用したため、最下階の排水横枝管を上階からの排水立て管に直接接続**せず、単独で排水ますに接続した**。

(8) 排水槽

主に地下系統の排水を貯留するための槽をいう。排水槽内に貯留された排水は、排水ポンプにより汲み上げられ排水ますに放流される。排水槽に関する事項は、次のとおりである。

①排水槽の容量は、**最大排水量**または**排水ポンプの能力**を考慮して決定する。

②排水槽のマンホールは、排水ポンプやフロートスイッチなどが見えやすく、容易に近づき作業できる位置に**複数**設け、大きさは直径 **60cm 以上**の円が内接することができるものとする。

③排水槽の通気管は、最小管径を **50mm** とし、**直接単独**で大気に衛生上有効に開放する。

④排水槽の底部には、吸込みピットに向かって **1/15 ～ 1/10** の勾配を設ける。

⑤排水槽の吸込みピットは、水中ポンプの吸込み部の周囲に **200mm** の間隔をあけた大きさとする。

⑥排水の腐敗の進行が速くなるため、**厨房排水**と**汚水**は同一の排水槽としない。

⑦排水槽の清掃や維持管理を考慮して、排水槽の近くに**水栓**を設ける。

排水槽の例

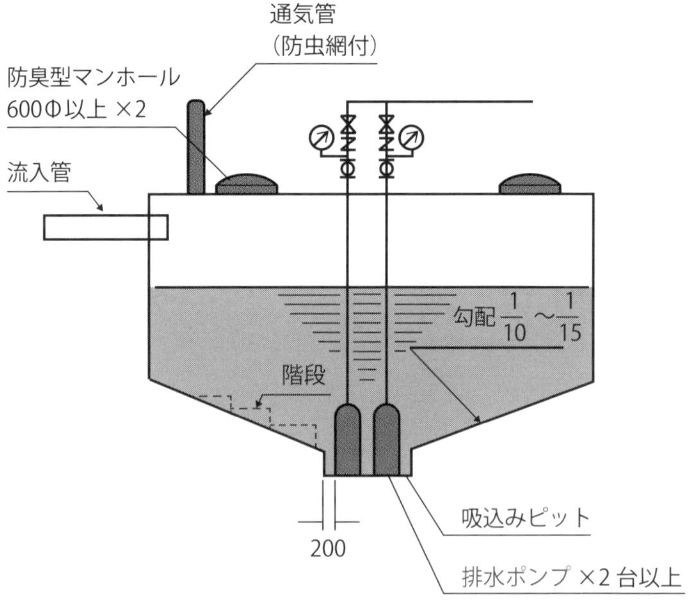

(9) 排水ポンプ

排水槽に貯留された排水を汲み上げ、排水ますに放流するためのポンプをいう。排水ポンプは、汲み上げる排水により、汚物用ポンプ、雑排水用ポンプ、汚水用ポンプに分類され、水中ポンプが多用されている。

①排水ポンプの分類

- 汚物ポンプ：**便所**系統、**厨房**系統など固形物を多く含んだ排水用で、口径は **80mm** 以上とする。
- 雑排水ポンプ：**厨房系統以外**の小さな固形物が混入した排水用で、口径は **50mm** 以上とする。
- 汚水ポンプ：**雨水や湧《ゆう》水**など固形物をほとんど含まない排水用で、口径は **40mm** 以上とする。

②汚物ポンプは、**ブレードレス**形、**ボルテックス**形、**ノンクロッグ**形などが用いられ、直径 **53mm** の球形固形物を排出できる構造のものである。

ボルテックス形汚物ポンプの例

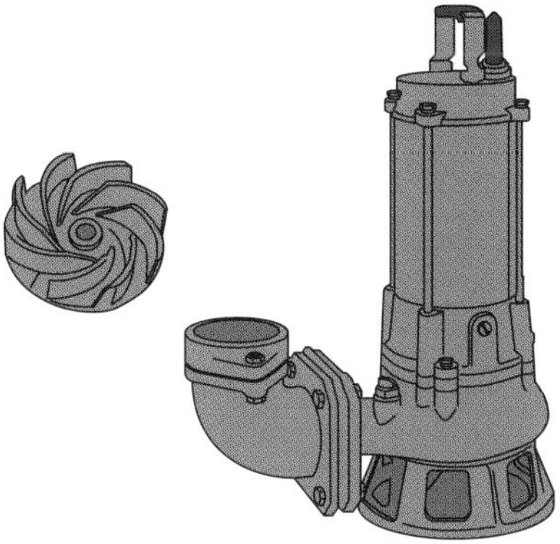

③排水量の変動が激しく**排水槽**の容量が**小さい**場合、排水ポンプ容量は最大排水量を処理できるようにする。

(10) 排水ます

敷地排水管の点検、清掃、異物の阻集、臭気の防止などの目的のために、敷地排水管の合流部、勾配変更部、方向変更部などに設けられる排水設備である。汚水用の**汚水ます**は、汚物などの固形物が滞留しないよう、底部に半円状の溝（インバート）を設けた**インバートます**とする。雨水用の**雨水ます**

は、排水管内に土砂が混入しないように、底部に**泥だめ（泥だまりともいう）を確保**したためますとする。汚水系統と接続する部分の雨水ますは、雨水系統への臭気の侵入を防止するための封水を確保した**トラップます**とする。排水ますに関する事項は、次のとおりである。

①排水ますは、敷地排水管の延長が、敷地排水管の管径の**120倍**を超えない範囲に設置する。

②インバートますの上流側管底と下流側管底との間には、**20mm**程度の落差を設ける。

③雨水ますには、**150mm以上**の泥だめ（泥だまり）を設ける。

④トラップますは、**50～100mm**の封水深を確保できるものとする。

排水ます

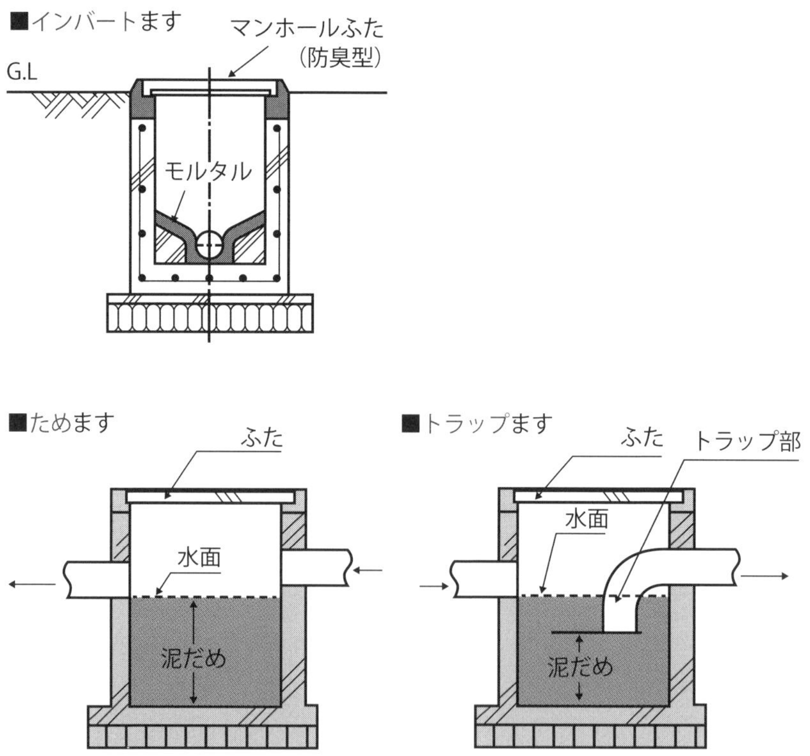

演習問題

排水槽に関する記述のうち、**適当でないもの**はどれか。

(1) 排水の腐敗の進行が速くなるため、厨房排水と汚水は同一の排水槽としない。
(2) 排水槽の清掃や維持管理を考慮して、排水槽の近くに水栓を設ける。
(3) 排水槽のマンホールは、維持管理を考慮して、直径 45cm のものを 2 個設ける。
(4) 排水槽の通気管は、最小管径を 50mm とし、直接単独で大気に衛生上有効に開放する。

正答 (3)

排水槽のマンホールは、維持管理を考慮して、直径 **60cm** 以上のものを複数設ける。

頻出項目を覚えよう！

1 □ 排水槽の通気管は、管径を **50mm 以上**とし、単独に立ち上げ大気に開放する。

2 □ インバートますの上流側管底と下流側管底との間には、**20mm 程度**の落差を設ける。

こんな選択肢は誤りだ！

汚物ポンプは、容易に排出できる球形固形物の最大直径を ~~20~~mm とした構造である。

汚物ポンプは、容易に排出できる球形固形物の最大直径を 53mm とした構造である。

厨房の排水ポンプは、~~雑排水~~用水中モーターポンプとした。

厨房の排水ポンプは、汚物用水中モーターポンプとした。

5 消火設備

(1) 消火原理

消火は、火災を継続させる燃焼の４つの要素である温度、酸素、可燃物、連鎖反応のうち、１つを取り除くことで達成される。したがって、消火設備の消火原理には、温度に対する冷却効果、酸素に対する窒息効果、連鎖反応に対する抑制効果がある。**屋内消火栓**、**スプリンクラー消火設備**などの水系消火設備は、水による**冷却効果**により消火するものである。消火原理に関する事項は、次のとおりである。

①水噴霧消火設備

水を霧状に噴霧し、燃焼面を覆い、酸素を遮断する**窒息効果**とともに、霧状の水滴により熱を吸収する**冷却効果**により消火するものである。

②泡消火設備

燃焼物を泡の層で覆い、**窒息効果**と**冷却効果**により消火するものである。泡消火薬剤を放出し、薬剤の化学反応により消火するものではない。ガソリン火災などの油火災の消火に用いられ、駐車場などに設置される。

③不活性ガス消火設備

窒素やアルゴンなどの不活性ガス（化学反応しにくい気体）を放出し、主として酸素の容積比を低下させ、**窒息効果**により消火するものである。

④粉末消火設備

粉末状の消火剤を放射し、消火剤が燃焼反応の継続を制する**抑制効果**、熱分解で発生した二酸化炭素や水蒸気による**窒息効果・冷却効果**により消火するものである。

不活性ガス消火設備の例

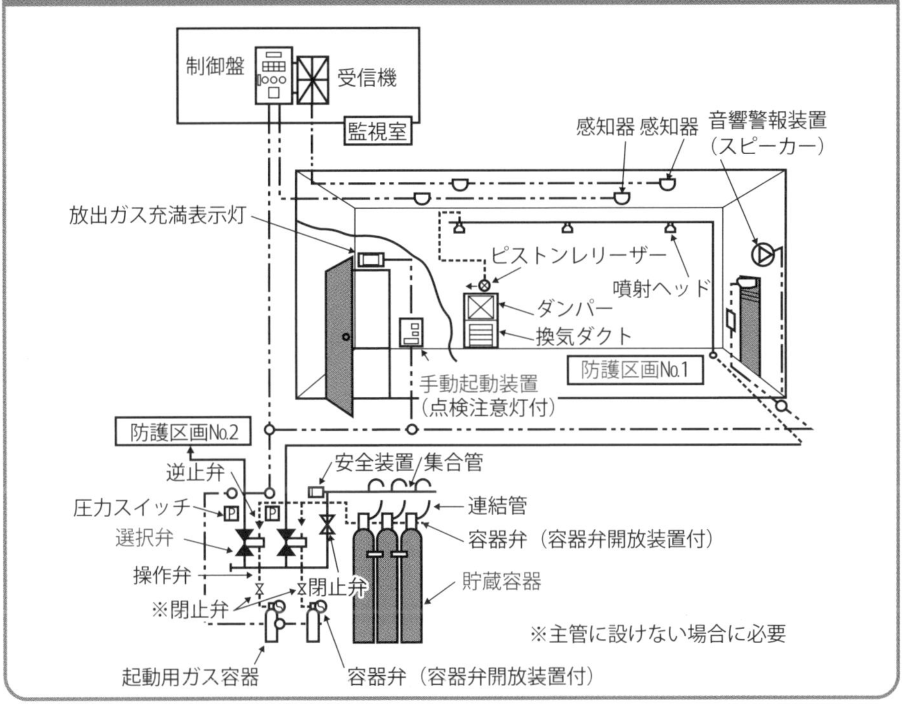

⑤ハロゲン化物消火設備

消火剤の主成分である臭素化合物の化学反応による**抑制効果**により消火するものである。

(2) 屋内消火栓設備

初期消火を目的として屋内に設置され、建物内の火災を人が操作することによって消火する設備で、**水源**、**加圧送水装置**（消火ポンプ）、**起動装置**、**屋内消火栓**（開閉弁、ホース、ノズル等）、**配管・弁類**及び**非常電源**等から構成されている。**屋内消火栓**には、放水圧力、放水量及び操作性によって、従来の２人操作による１号消火栓、操作性を重視した易操作性１号消火栓及び２号消火栓、広範囲型２号消火栓などに区分される。屋内消火栓設備に関する事項は次のとおりである。

屋内消火栓設備の例

■1号消火栓

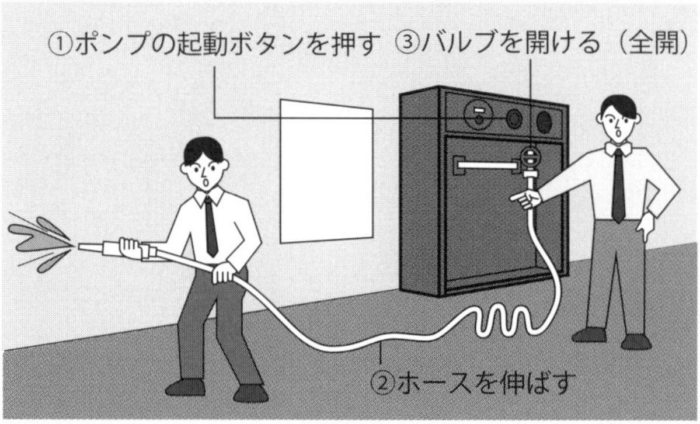

■2号消火栓

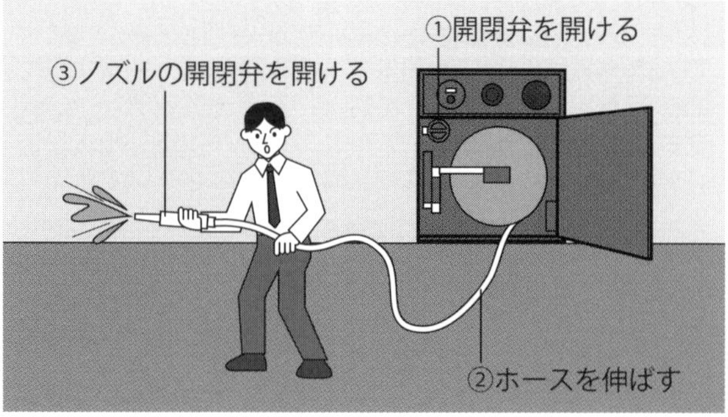

	1 号消火栓	易操作性 1 号消火栓	2 号消火栓	広範囲型 2 号消火栓
操作人数	2 人操作	1 人操作	1 人操作	1 人操作
水平距離	25m 以内	25m 以内	15m 以内	25m 以内
ポンプの起動	**押しボタン**	**弁**または**ホース**と連動	**弁**または**ホース**と連動	**弁**または**ホース**と連動

(3) 不活性ガス消火設備

不活性ガスを放出し、主として酸素の容積比を低下させ、窒息効果により消火するもので、電気室などの消火設備として用いられ、貯蔵容器、選択弁、操作弁、配管、噴射ヘッドなどで構成されている。不活性ガス消火設備に関する事項は、次のとおりである。

①常時人がいない部分**以外**の部分には、**全域**放出方式または**局所**放出方式の不活性ガス消火設備を設けてはならない。
②貯蔵容器は、防護区画以外の場所で、温度 **40℃以下**で温度変化が少なく、直射日光及び雨水のかかるおそれの少ない場所に設ける。
③不活性ガス消火設備を設置する**防護区画**が **2 以上**あり、**貯蔵容器**を共用するときは、**防護区画**ごとに**選択弁**を設けなければならない。
④全域放出方式または局所放出方式に附置する**非常電源**は、当該設備を有効に **1 時間**作動できる容量以上とする。
⑤不活性ガス消火設備を設置した場所には、その放出された消火剤及び燃焼ガスを安全な場所に**排出**するための措置を講じる。
⑥**窒素**を放出するものは、放出時の防護区画内の**圧力上昇**を防止するための**避圧口**を設ける。
⑦**ボイラー室**その他多量の**火気**を使用する室に不活性ガス消火設備を設置する場合の消火剤は、**二酸化炭素**とする。

放出方式には、**全域放出方式**、**局所放出方式**のほかに**移動式**があります。**移動式**とは、不活性ガス貯蔵容器を移動させて、容器に付帯するホースを伸ばして消火する放出方式をいいます。

演習問題

屋内消火栓設備における１号消火栓及び易操作性１号消火栓に関する記述のうち、**適当でないもの**はどれか。

（1）１号消火栓は、通常２人により操作を行う。
（2）１号消火栓は、開閉弁の開放と連動して消火ポンプが起動できる。
（3）易操作性１号消火栓のノズルは、棒状放水と噴霧放水の切換えができる。
（4）易操作性１号消火栓は、防火対象物の階ごとに、その階の各部からの水平距離が 25m 以下となるように設ける。

正答（2）

１号消火栓は、開閉弁の開放と連動して消火ポンプが起動**できない**。

頻出項目を覚えよう！

1 □ 泡消火設備は、燃焼物を泡の層で覆い、**窒息**と**冷却**の効果により消火するものである。

2 □ 全域放出方式または局所放出方式に附置する非常電源は、当該設備を有効に **60 分間**作動できる容量以上とする。

こんな選択肢は誤りだ！

窒素を放出するものは、放出時の防護区画内の圧力上昇を防止するための避圧口を~~設けなくてもよい~~。

窒素を放出するものは、放出時の防護区画内の圧力上昇を防止するための避圧口を**設けなければならない**。

6 ガス設備

気体燃料であるガスをボイラー、吸収冷温水機、湯沸器などのガス使用機器に供給するための設備をいう。燃料ガスには、**メタン**が主成分の**液化天然ガス**（LNG）である**都市ガス**と、**プロパン**が主成分の**液化石油ガス**（LPG）に大別される。都市ガスはガス会社からの導管により建築物に供給され、LP ガスは貯蔵容器（ボンベ）などにより供給される。ガス設備に関する事項は、次のとおりである。

(1) ガスの性状

①発熱量

ガス事業法による熱量とは、標準状態の乾燥したガス 1m^3 中で測定される総熱量をいう。発熱量には、燃料中の水分による**蒸発潜熱**を含んだ**高発熱量**（**総発熱量**）と、燃料中の水分による**蒸発潜熱**を差し引いた**低発熱量**がある。一般に、供給ガスの発熱量は**高発熱量**（**総発熱量**）で表示する。

②圧力

ガス事業法では、ガスの供給圧力を下記のとおり区分している。

- 低圧：0.1MPa 未満
- 中圧：**0.1MPa 以上 1MPa 未満**
- 高圧：1MPa 以上

③比重

液化天然ガスである都市ガスの主成分のガス状のメタンの密度は、標準状態で約 **0.7**kg/m^3 である。液化石油ガス（LPG）の主成分のガス状のプロパンの密度は、標準状態で約 **2.0**kg/m^3 である。空気の密度は約 **1.2**kg/m^3 である。**メタン**が主成分である**液化天然ガス**の比重は**空気**より**小さく**、**プロパン**が主成分である**液化石油ガス**の比重は**空気**より**大きい**。したがって、**液化天然ガス**の比重は、同じ状態の**液化石油ガス**の比重より**小さい**。

(2) 都市ガス

都市ガスに供給される液化天然ガスは、メタンを主成分とする天然ガスを冷却して液化したものであり、無色・無臭の液体であり、**硫黄分**やその他の**不純物**を含んでいない、灯油に比べて、単位発熱量当たりの**二酸化炭素発生量**が**少ない**、などの特徴を有している。

また、液化天然ガスには、通常、**一酸化炭素**が含まれておらず、一酸化炭素は不完全燃焼により生じるものである。都市ガスに関する事項は、次のとおりである。

①都市ガスの供給方式において、**ガス消費量**が**多い**熱源機器を用いる施設では**中圧**供給とする場合がある。

②都市ガスの種類は、**燃焼速度**及び**ウォッベ指数**（$\dfrac{\text{ガスの発熱量}}{\sqrt{\text{比重}}}$）により分類される。（例：13A など）

③都市ガスの燃焼速度の種別を表す記号 A・B・C のうち、**A** は燃焼速度が**最も遅い**グループ、**C** は**最も速い**グループを表している。

④液化天然ガスのガス漏れ警報器の検知部は、ガス機器から**水平距離 8m 以内**で、かつ検知部の下端が**天井面**より **0.3m 以内**に設置する。

⑤ 3 階以上の共同住宅にガス漏れ警報器を設置する場合、液化天然ガスを主体とする都市ガスの検知部は、周囲温度またはふく射温度が **50℃以上**になるおそれのある場所には設けてはならない。

⑥ガス漏れ警報器の検知部は、ガス機器を設置している室の**出入口付近**及び換気口等の**空気吹出口**に**近接**する場所に設置してはならない。

都市ガス用ガス警報器

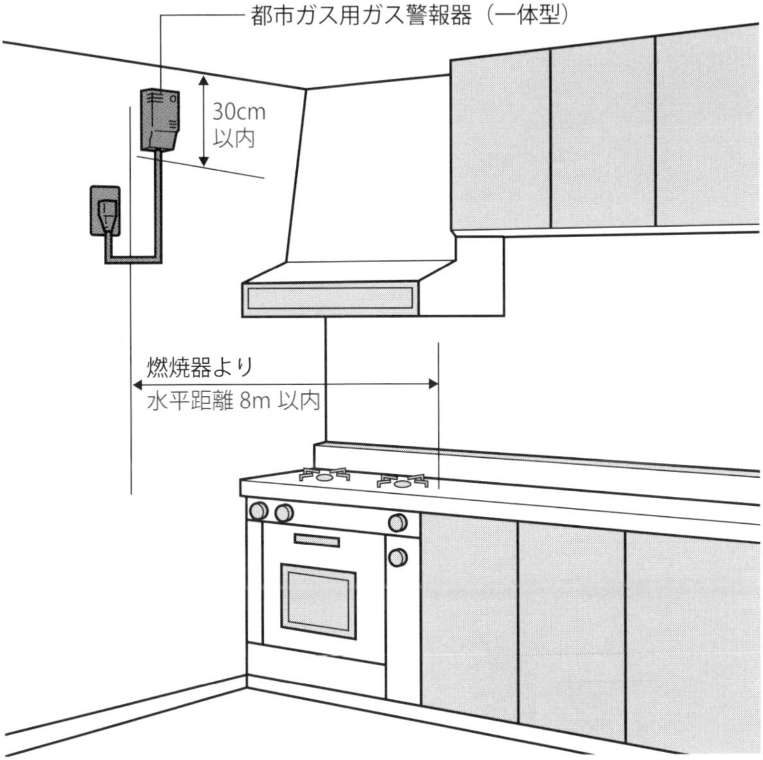

(3) 液化石油ガス（LPG）

プロパンを主成分とする石油ガスを冷却して液化したものである。液化石油ガスに関する事項は、次のとおりである（次ページの図も参照）。

①内容積が **20L 以上**の液化石油ガスの容器を設置する場合は、容器の設置位置から **2m 以内**にある火気を遮《さえぎ》る措置を行う。

②液化石油ガスのガス漏れ警報器の検知部は、ガス機器から**水平距離 4m 以内**で、かつ検知部の上端が**床面**より **0.3m 以内**に設置する。

③液化石油ガス（LPG）は、液化石油ガスの保安の確保及び取引の適正化に関する法律で、い号、ろ号、は号に区別され、**い号**が最も**プロパン**、**プロピレン**の**含有率**が**高い**。

液化石油ガス用ガス警報器

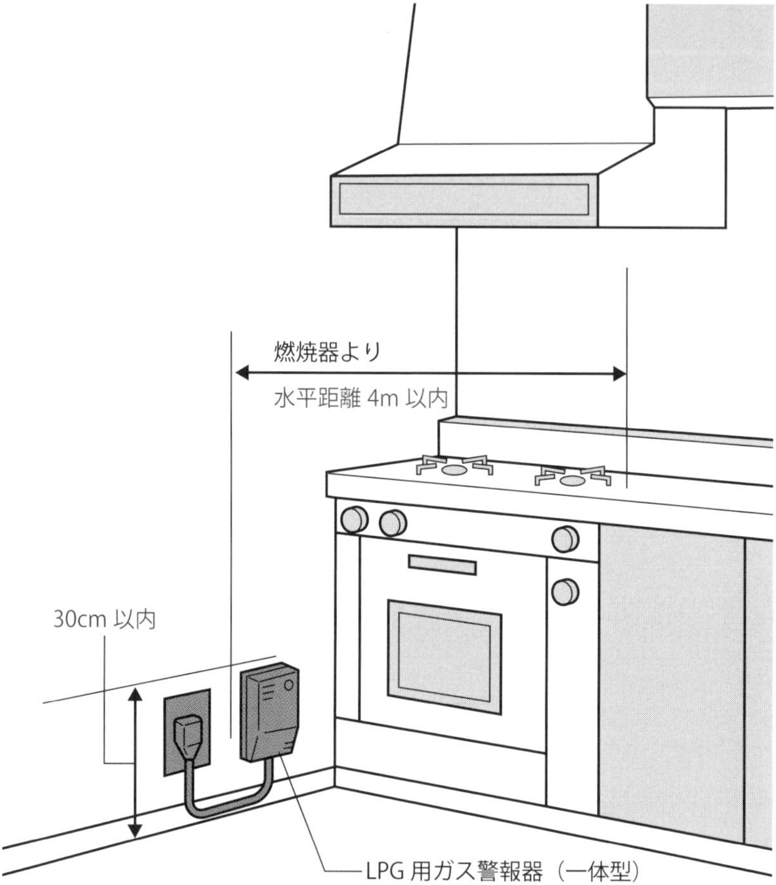

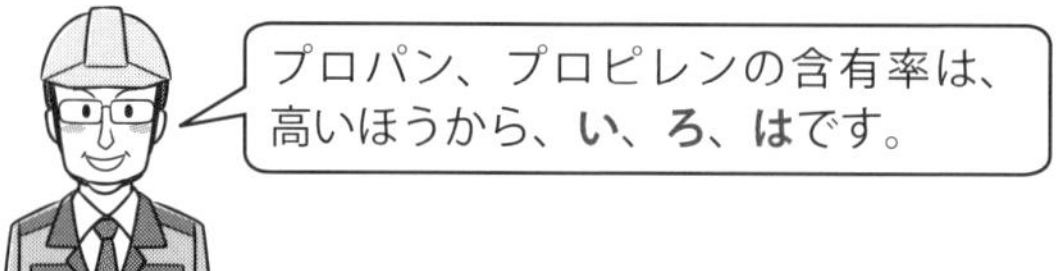

演習問題

ガス設備に関する記述のうち、**適当でないもの**はどれか。

(1)「ガス事業法」による熱量とは、標準状態の乾燥したガス 1m^3 中で測定される総熱量をいう。

(2) 都市ガスの供給方式において、ガス消費量が多い熱源機器を用いる施設では中圧供給（中圧 A、中圧 B）とする場合がある。

(3) 都市ガスの種類を表す記号 A、B、C のうち、C は燃焼速度が最も遅いグループである。

(4) 液化石油ガス（LPG）のガス漏れ警報器の検知部は、ガス機器から水平距離 4m 以内で、かつ検知部の上端が床面より 0.3m 以内に設置する。

正答（3）

都市ガスの種別を表す記号 A・B・C のうち、C は燃焼速度が最も**速い**グループを表している。

頻出項目を覚えよう！

1 ■ ガス事業法では、0.1MPa 未満を低圧、0.1MPa 以上 1MPa 未満を**中圧**としている。

こんな選択肢は誤りだ！

液化天然ガス（LNG）は、灯油に比べて、単位発熱量当たりの二酸化炭素発生量が~~多い~~。

液化天然ガス（LNG）は、灯油に比べて、単位発熱量当たりの二酸化炭素発生量が**少ない**。

ガス状のメタンの密度は、標準状態で約 ~~1.4~~kg/m^3 である。

ガス状のメタンの密度は、標準状態で約 **0.7**kg/m^3 である。

7 浄化槽設備

浄化槽とは、**浄化槽法**において、「便所と連結してし尿及びこれと併せて雑排水（工場廃水、雨水その他の特殊な排水を除く。以下同じ。）を処理し、下水道法に規定する終末処理下水道以外に放流するための設備又は施設であって、公共下水道及び流域下水道並びに廃棄物の処理及び清掃に関する法律の規定により定められた計画に従って市町村が設置したし尿処理施設以外のものをいう。」と定義されている。**し尿**、**雑排水**の処理は、主に**微生物**による**分解**により行われている。

(1) フローシート

小型浄化槽（浄化槽の構造方法を定める告示に示された処理対象人員が30人以下）の各方式のフローシートは、次のとおりである。

小型浄化槽のフローシート

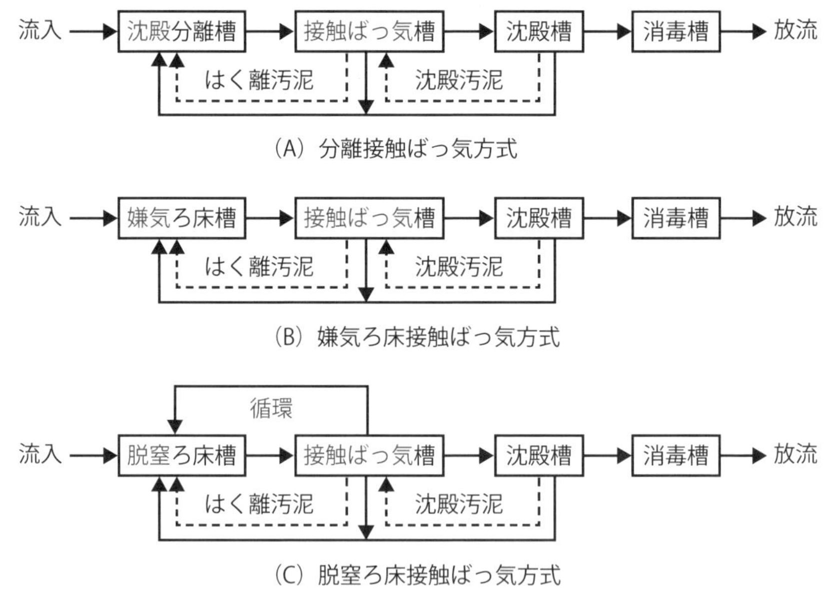

各フローシートの基本は、**処理⇒ばっ気⇒沈殿⇒消毒**である。また、各槽の概要は次のとおりである。

①沈殿分離槽

処理される前の汚水について、槽内を汚水が流れる間に沈殿するものを**底部汚泥**、浮上するものを**スカム**として分離して除去する槽をいう。

②嫌気《けんき》ろ床《しょう》槽

ろ材についた**嫌気性微生物**（酸素のないところで働く微生物）により、汚水中の有機物を分解する槽をいう。嫌気性微生物による処理では、最終的には、有機物質のかなりの部分が**メタン**や**二酸化炭素**などに分解される。

③脱窒《だっちつ》ろ床槽

湖沼などの富栄養化を防ぐため、硝化細菌、脱窒素細菌などの微生物により、窒素を除去する槽をいう。接触ばっ気槽との間で**液を循環**させて脱窒処理を行う。

④接触ばっ気槽

ブロワ（圧力 30kPa 超 200kPa 以下の送風機）により槽内に空気を送り込み、接触材の表面に付着する**好気《こうき》性微生物**（酸素のあるところで働く微生物）により汚水中の有機物を分解する槽をいう。好気性微生物による処理では、最終的には、有機物質のかなりの部分が**窒素ガス**などに分解される。

⑤沈殿槽

汚水中の固形物質などを**沈降分離**して、清浄な処理水を得る槽をいう。

⑥消毒槽

放流水を次亜塩素酸カルシウム、次亜塩素酸イソシアヌールなどにより、**塩素消毒**する槽をいう。

(2) 処理対象人員

浄化槽が処理すべき人員を処理対象人員という。浄化槽の処理対象人員については、「建築物の用途別による屎尿浄化槽の処理対象人員算定基準（JIS A3302）」に、建築物の用途ごとに浄化槽の処理対象人員の算定方法が規定されている。建築物の用途ごとに算定根拠が異なる。処理対象人員に関する事項は、次のとおりである。

①戸建て住宅の処理対象人員は、**住宅の延べ面積により 5 人または 7 人**に区分される。

②事務所の処理対象人員は、延べ面積に**業務用厨房設備の有無**により異なる定数を乗じて算定する。

③業務用厨房設備を設ける事務所の処理対象人員は、延べ面積［m^2］に **0.075** を乗じて算出する。

④業務用厨房設備を設けない事務所の処理対象人員は、延べ面積［m^2］に **0.06** を乗じて算出する。

⑤劇場・映画館の処理対象人員は、**延べ面積**に定数を乗じて算定する。

⑥飲食店の処理対象人員は、**延べ面積**に定数を乗じて算定する。

⑦病院の処理対象人員は、**ベッド数**に業務用厨房設備または洗濯設備の有無により異なる定数を乗じて算定する。

⑧小・中学校・高等学校・大学の処理対象人員は、**定員**に定数を乗じて算定する。

⑨公衆便所の処理対象人員は、**総便器数**に定数を乗じて算定する。

⑩用途の異なる 2 棟の建築物で共用する浄化槽を設ける場合の処理対象人員は、それぞれの建築用途の算定基準を適用**加算**する。

(3) FRP 製浄化槽の設置

FRP（強化プラスチック）製浄化槽の設置に関する事項は、次のとおりである。

①地下水位が高い場所に設置する場合、浄化槽本体の**浮上防止対策**を講ずる。

②浄化槽の水平確認は、水準器、槽内に示されている**水準目安線**などで行う。

③浄化槽本体の**据付け高さの調整**は、沈下しやすい砂ではなく、**砂利**、**コンクリート**を用いて行う。

④積雪寒冷地を除き、臭気が生じるので、車庫、物置など建築物内への**設置は避ける**。

演習問題

浄化槽の処理対象人員の算定に関する記述のうち、**適当でないもの**はどれか。

（1）小学校・中学校の処理対象人員は、定員に定数を乗じて算定する。
（2）事務所の処理対象人員は、業務用厨房の有無により、算定基準が異なる。
（3）公衆便所の処理対象人員は、利用想定数に定数を乗じて算定する。
（4）飲食店の処理対象人員は、延べ面積に定数を乗じて算定する。

正答（3）

公衆便所の処理対象人員は、**総便器数**に定数を乗じて算定する。

頻出項目を覚えよう！

1 □ 戸建て住宅の処理対象人員は、住宅の延べ面積により**5人または7人**に区分される。

2 □ 病院の処理対象人員は、**ベッド数**に業務用厨房設備または洗濯設備の有無により異なる定数を乗じて算定する。

こんな選択肢は誤りだ！

用途の異なる２棟の建築物で共用する浄化槽を設ける場合の処理対象人員は、~~延べ面積の大きい方の建築用途の算定基準により算定する~~。

用途の異なる２棟の建築物で共用する浄化槽を設ける場合の処理対象人員は、**それぞれの建築用途の算定基準を適用加算する**。

浄化槽本体の設置にあたって、据付け高さの調整は、~~山砂~~を用いて行う。

浄化槽本体の設置にあたって、据付け高さの調整は、**砂利**を用いて行う。

(4) 浄化槽の BOD 計算

浄化槽に関する BOD 計算に関する事項は、次のとおりである。

①浄化槽の BOD 除去率

浄化槽の BOD 除去率は、次式で算定される。

$$\text{BOD 除去率} = \frac{\textbf{流入水の BOD 濃度}-\textbf{放流水の BOD 濃度}}{\textbf{流入水の BOD 濃度}} \times \mathbf{100}\ [\%]$$

BOD 濃度［mg/L］

②合併処理浄化槽の流入水の BOD 濃度

汚水と雑排水を処理する合併処理浄化槽の流入水の BOD 濃度は、次式で算定される。

流入水の BOD 濃度

$$= \frac{\textbf{汚水の流入水の BOD 濃度}\times\textbf{汚水の流入水量}+\textbf{雑排水の流入水の BOD 濃度}\times\textbf{雑排水の流入水量}}{\textbf{汚水の流入水量}+\textbf{雑排水の流入水量}}\,[\mathbf{mg/L}]$$

BOD 濃度［mg/L］、流入水量［m^3/ 日］

放流水の **BOD 濃度**は次式で算定できます。

放流水の **BOD 濃度**

$$= \text{流入水の }\textbf{BOD 濃度} \times \left(1 - \frac{\textbf{BOD 除去率}}{100}\right)$$

BOD 濃度［mg/L］、BOD 除去率［%］

演習問題

ある合併処理浄化槽において、流入水が下表のとおりで、BOD除去率が90％の場合、放流水のBOD濃度の計算値として、**適当なもの**はどれか。

排水の種類	流入水量（m^3/日）	BOD濃度（mg/L）
汚水	50	200
雑排水	200	100

（1）10mg/L

（2）12mg/L

（3）14mg/L

（4）16mg/L

正答（2）

次のとおり、算定される。

流入水のBOD濃度

$$= \frac{\textbf{汚水の流入水のBOD濃度} \times \textbf{汚水の流入水量} + \textbf{雑排水の流入水のBOD濃度} \times \textbf{雑排水の流入水量}}{\textbf{汚水の流入水量} + \textbf{雑排水の流入水量}}$$

$$= \frac{200 \times 50 + 100 \times 200}{50 + 200} = \frac{30000}{250} = 120[\text{mg/L}]$$

放流水のBOD濃度

$$= \textbf{流入水のBOD濃度} \times (1 - 0.9)$$

$$= 120 \times 0.1 = 12\ [\text{mg/L}]$$

第１章　機械工学等

Lesson 6 機材・配管

一次　二次

ここが Point！　重要度 ★★★

機器・材料の分野からは、機材、配管・ダクトに関する事項が出題される。機材の事項からは、冷凍機、ボイラー、冷却塔、ポンプ、送風機などに関する内容が出題される。

1 機材

(1) 圧縮式冷凍機

蒸発⇒圧縮⇒凝縮⇒膨張の冷凍サイクルを利用して、冷水などを製造する装置をいう。圧縮式冷凍機には、圧縮機の構造により、**遠心式（ターボ式）**、**往復動式（レシプロ式）**、**スクリュー式**、**スクロール式**などの冷凍機に分類される。

①遠心冷凍機は、往復動冷凍機に比べて、負荷変動に対する**追従性**がよく、**容量制御**も容易である。また、吸収冷温水機に比べて、大きさや重量は**小さい**が高周波騒音は**大きい**という特徴を有している。

②**スクリュー**冷凍機は、高効率で可変速に適し、高い圧縮比でも体積効率がよいので、空気熱源ヒートポンプとして、空気調和用の小・中容量のものから地域冷暖房施設に設置する大容量のものまで、多く用いられている。

③**スクロール**冷凍機は、小容量のルームエアコン用に多く用いられている。

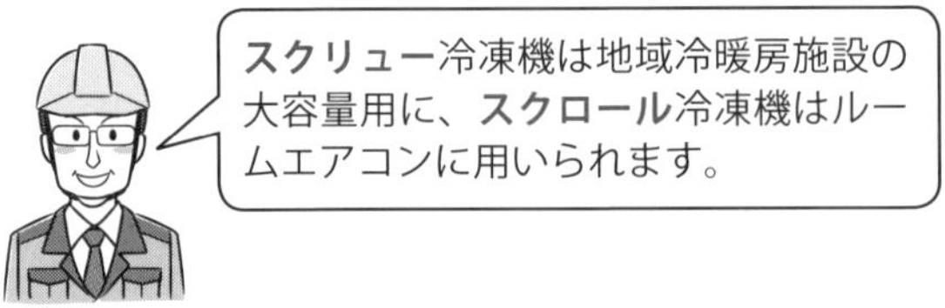

圧縮式冷凍機の種類別原理

圧縮機の種類	容積形		遠心形
	スクリュー	レシプロ	ターボ
圧縮原理	スクリューロータを回転させて圧縮 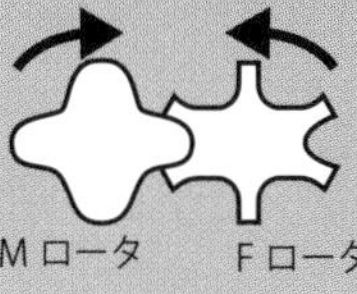	ピストンの往復運動により圧縮 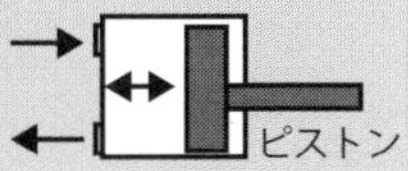	羽根車の回転を使った遠心力により圧縮 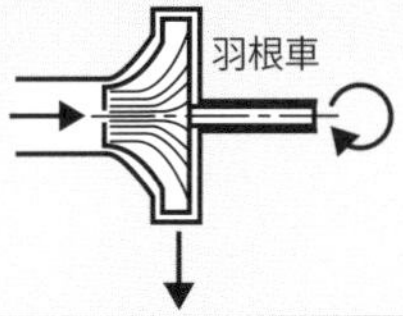

(2) 吸収冷温水機

冷媒である水を**蒸発器**で蒸発させて冷水などを製造する装置をいう。吸収冷温水機の原理は、次のとおりである（次ページの図参照）。

①蒸発した水、すなわち水蒸気は、**吸収器**で**臭化リチウム水溶液**（LiBr 水溶液）に吸収される。

②水を蒸発させるためには機内を低圧にする必要があり、**抽《ちゅう》気《き》**（内部の気体を外部に排出して内部の圧力を低下させること）装置を用いて機内の**真空度**を保っている。

③水を吸収した臭化リチウム水溶液は、水を吸収して濃度が低下するので、**再生器**に送られ、蒸気または温水あるいはガスなどの燃焼により**加熱**され、**水蒸気**と**臭化リチウム水溶液**に**分離**される。

④分離した水蒸気は**凝縮器**に送られ、臭化リチウム水溶液は**吸収器**に戻される。

⑤**凝縮器**に送られた水蒸気は、冷却されて凝縮して水になり再び**蒸発器**に戻る。

その他、吸収冷温水機に関する事項は、次のとおりである。

①吸収器と凝縮器は、**冷却水**により冷却される。

②機内圧力が大気圧以下であり、**ボイラー関係法規**の適用を受けない。

③再生器を、蒸気または温水で加熱するものと、ガスなどの燃焼で加熱する

ものがあり、後者を**直《じか》だき吸収冷温水機**という。

④二重効用型とは、**高温再生器**で発生した冷媒蒸気をさらに**低温再生器**の加熱に用いる構造のものをいう。

⑤二重効用型の**容量制御**は、加熱源が**蒸気**の場合、蒸気調節弁で**高温再生器**への加熱量を**制御**する方式が一般的である。

⑥吸収冷温水機は、遠心冷凍機に比べて、次の特徴を有している。

・運転開始から定格能力に達するまでの時間が**長い**。

・凝縮器のほかに吸収器も冷却するので、冷却塔の容量が**大きく**なる。

・騒音、振動が**小さく**、消費電力量が**少ない**。

・装置が**大型**になる。

吸収冷温水機の仕組み

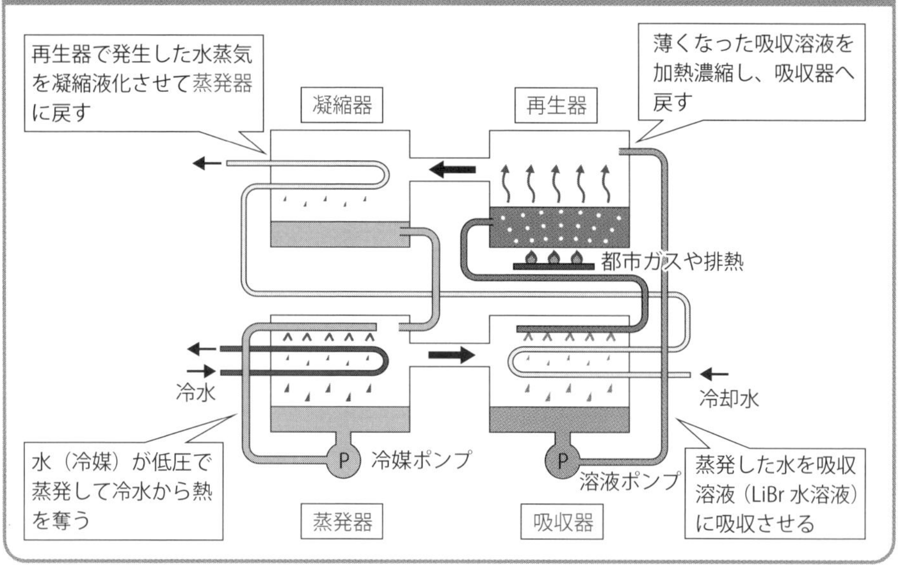

(3) 冷却塔

冷凍機の凝縮器を冷却するために冷却水が冷凍機から吸熱した熱を、大気に放熱するための装置をいう。冷却水が大気に開放されている**開放型**と冷却水が大気に開放されていない**密閉型**に大別される。開放型冷却塔は、装置内を滴下している冷却水に送風機により送風して、冷却水の保有熱を放熱している。密閉型冷却塔は、冷却水の通る配管の外側に散布水を散水し、送風機により送風して冷却水の保有熱を放熱している。開放型冷却塔は冷却水の一部、密閉型冷却塔は散布水の一部を蒸発させることにより、冷却水の保有熱を放熱している。したがって、冷却塔の熱交換量は、主に**外気湿球温度**と冷却水入口温度の差に左右される。冷却塔に関する事項は、次のとおりである。

①密閉型冷却塔は、熱交換器などの**空気抵抗が大きく**、開放型冷却塔に比べて送風機**動力が大きく**なる。

②密閉型冷却塔は、開放型冷却塔に比べて**風量が多く**なり、**騒音が大きい**。

③開放型冷却塔は、充てん材の上部などに**エリミネーター**を設け、**キャリーオーバー**（水滴の塔外への飛散）を防止している。

④冷却塔出口水温と入口空気湿球温度の差を、**アプローチ**という。

⑤冷却塔の冷却水入口温度と出口温度の差を、**レンジ**という。

⑥冷却水系の**スケール**（析出《せきしゅつ》付着物）は、補給水中の**カルシウム**などの**硬度**成分が濃縮され塩類が析出したもので、ほとんどが**炭酸カルシウム**である。

⑦冷却水系のスケールは、連続的な**ブロー**（水を一部排出して入れ替えること）などにより抑制できる。

開放型冷却塔と密閉型冷却塔

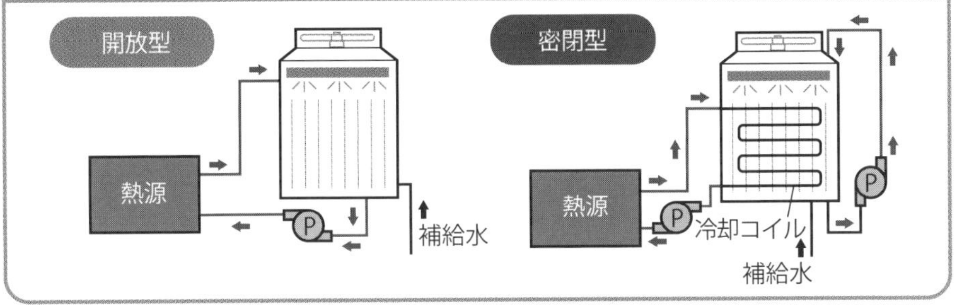

(4) ボイラー

電気またはガスなどの燃焼により水を加熱し、温水または蒸気を製造する機器のうち、ボイラー関係法規で定めるものをいう。ボイラーは、用途により**暖房用**、**給湯用**に、製造物から**温水用**、**蒸気用**に、材質により**鋼板製**、**鋳鉄製**に、加熱方法により**電気**、**ガス焚き**など、構造により**セクショナルボイラー**、**炉《ろ》筒《とう》煙管《えんかん》ボイラー**、**貫流ボイラー**に分類される。ボイラーに関する事項は、次のとおりである。

①鋳《ちゅう》鉄製ボイラー

鋳鉄製セクショナルボイラーともいい、本体が**セクション**に分かれているので、**分割搬入**が可能である。鋳鉄は、鋼製に比べ**耐食性に優れている**が、急激な**温度変化に弱く**、専ら、**低圧用**に用いられ、高温、高圧、大容量ものの製作が**不可能**である。なお、鋳鉄製の温水ボイラーの最高使用圧力は **0.5MPa** である。

鋳鉄製セクショナルボイラー

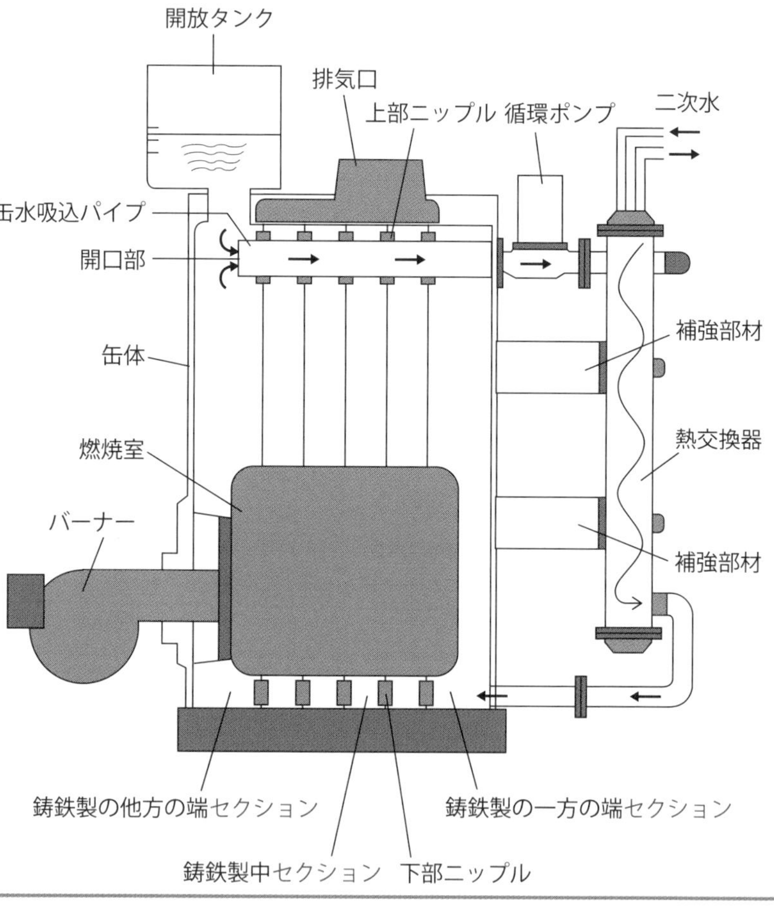

②炉筒煙管ボイラー

円筒形の胴を横向きに配置したような構造をしており、貫流ボイラーに比べて、ボイラー内部に**保有する水量が多い**ため、貫流ボイラーに対して、以下の特徴を有している。

- **負荷変動に対して安定**している。
- 濃縮しにくいので、**高度な水処理が不要**である。
- **予熱時間、起動時間が長い**。

炉筒煙管ボイラーの例

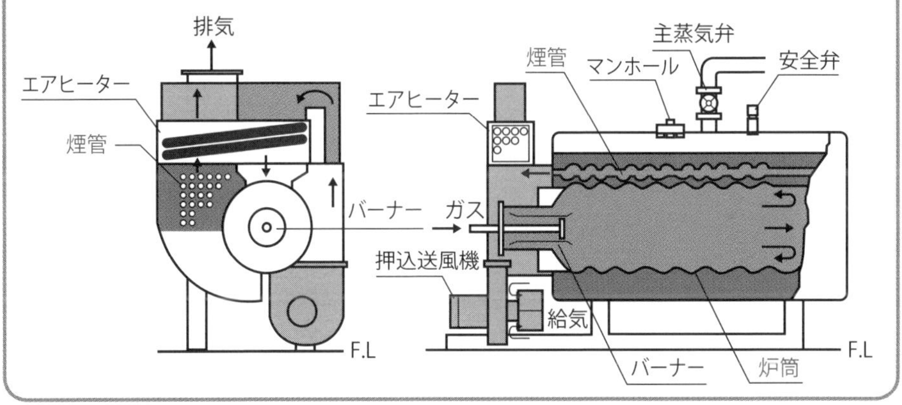

③貫流ボイラー

管だけで構成されており、炉筒煙管ボイラーに比べて、ボイラー内部に**保有する水量が少ない**ため、炉筒煙管ボイラーに対して、以下の特徴を有している。

- **負荷変動に対して不安定**である。
- 濃縮しやすいので、**高度な水処理が必要**である。
- **予熱時間、起動時間が短い**。

炉筒煙管ボイラーは**保有水量が多く**、貫流ボイラーは**保有水量が少ない**です。したがって、特徴が真逆になっています。

貫流ボイラーの例

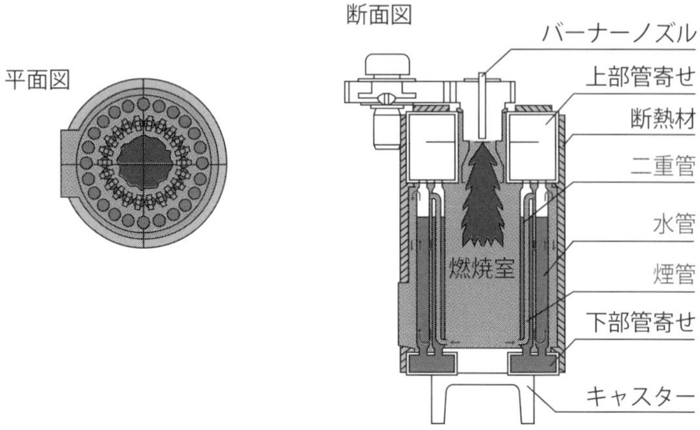

(5) 温水発生機

温水発生機には、本体内の圧力が**大気圧以下**の**真空式**温水発生機と、本体が**大気に開放**され、本体内の圧力が大気圧と同じである**無圧式**温水発生機がある。いずれも、**ボイラー関係法規の規制を受けない**ので、運転には**ボイラー技士などの資格は不要**である。また、高度な水処理も不要である。

温水発生機の例

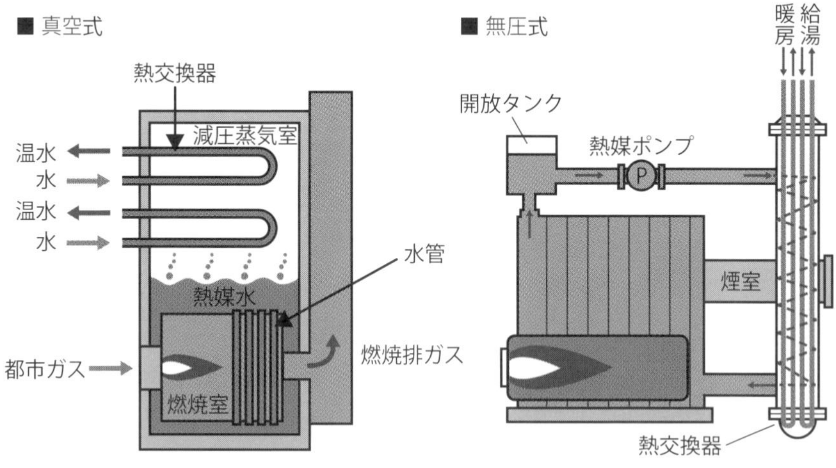

演習問題

吸収冷温水機に関する記述のうち、**適当でないもの**はどれか。

（1）二重効用型の冷凍サイクルは、再生器及び溶液熱交換器が高温と低温にそれぞれ分かれている。
（2）同じ冷凍能力の圧縮式の冷凍機と比べて、冷却塔の必要能力が大きくなる。
（3）二重効用型の容量制御は、加熱源が蒸気の場合、蒸気調節弁で高温再生器への加熱量を制御する方式が一般的である。
（4）遠心冷凍機に比べて、運転開始から定格能力に達するまでの時間が短い。

正答（4）

吸収冷温水機は、遠心冷凍機に比べて、運転開始から定格能力に達するまでの時間が**長い**。

頻出項目を覚えよう！

1 □ 二重効用型は、高温再生器内の圧力が**大気圧以下**であり、ボイラー関係法規の適用を**受けない**。

こんな選択肢は誤りだ！

真空式温水発生機は、耐久性が高いが、小型貫流ボイラーに比べ高度な水処理を~~要する~~。

真空式温水発生機は、耐久性が高いが、小型貫流ボイラーに比べ高度な水処理を**要しない**。

冷却塔の出口水温と入口空気湿球温度の差を~~レンジ~~という。

冷却塔の出口水温と入口空気湿球温度の差を**アプローチ**という。

(6) ポンプ

液体（主に水）を搬送する流体機器をいう。ポンプに関する事項は、次のとおりである。

①ポンプの**流量**（Q）は回転速度（N）の**1乗**に比例し、**揚程**（H）は回転速度（N）の**2乗**に比例し、**軸動力**（L）は回転速度（N）の**3乗**に比例して変化する。

$Q \propto N \quad H \propto N^2 \quad L \propto N^3$

②キャビテーションとは、羽根車入口部分などで局部的に**飽和蒸気圧**以下の状態が生じ、液体が**気化**して**気泡**ができる現象をいい、ポンプの**吸込み側**の弁で水量を調整すると生じやすい。

③ポンプの**有効吸込みヘッド**とは、ポンプの吸込み側の高低差（ポンプと水源の高低差）をいう。ポンプの有効吸込みヘッドは、吸込み**水温**が高くなると**小さ**くなる。

④**サージング**とは、ポンプ及び配管系に外部から強制的な力が与えられていないにもかかわらず、管路の流量と圧力が**周期的**に**変動**する現象をいう。サージングは、ポンプの揚程曲線が山形特性を有し、勾配が**右上がり**の揚程曲線部分で運転する場合に起こりやすい。

サージングの発生しやすい特性曲線上の領域

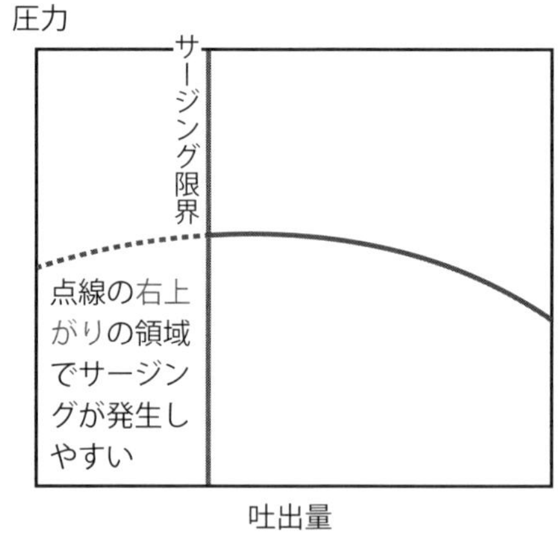

⑤同一配管系で、同じ特性のポンプを2台**直列**運転して得られる**揚程**（$2H_2$）は、ポンプを単独運転した場合の揚程（H_1）の2倍よりも**小さ**くなる。

2台直列運転時のポンプの特性曲線

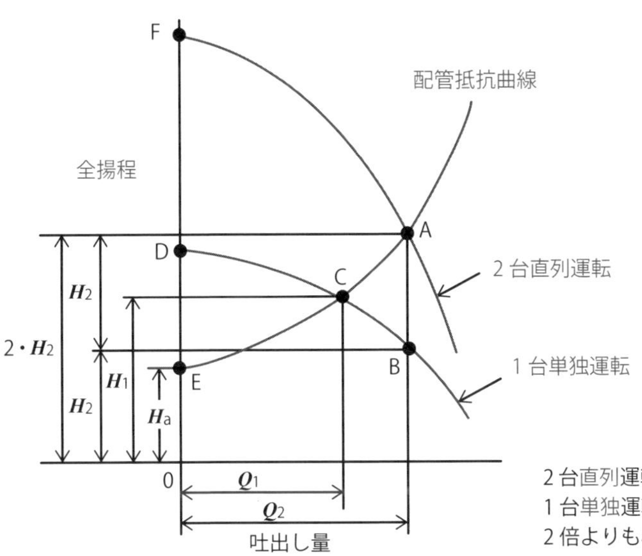

2台直列運転点Aの揚程は、
1台単独運転点Cの揚程の
2倍よりも小さい。

⑥同一配管系で、同じ特性のポンプを2台**並列**運転して得られる**吐出し量**（$2Q_2$）は、ポンプを単独運転した場合の吐出し量（Q_1）の2倍よりも**小さく**なる。

2台並列運転時のポンプの特性曲線

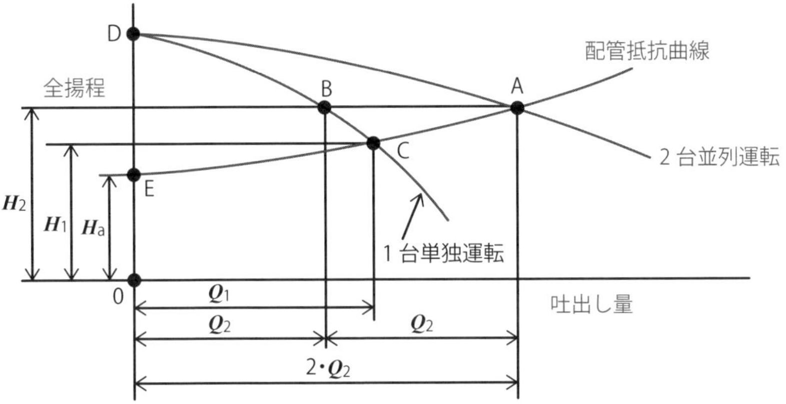

2台並列運転点Aの吐出し量は、1台単独運転点Cの吐出し量の2倍よりも小さい。

(7) 送風機

気体（主に空気）を搬送する流体機器をいう。送風機には、羽根車の構造から、**軸流式**、**斜流式**、**遠心式**、**横流《おうりゅう》式**などに分類される。送風機に関する事項は、次のとおりである。

送風機の種類

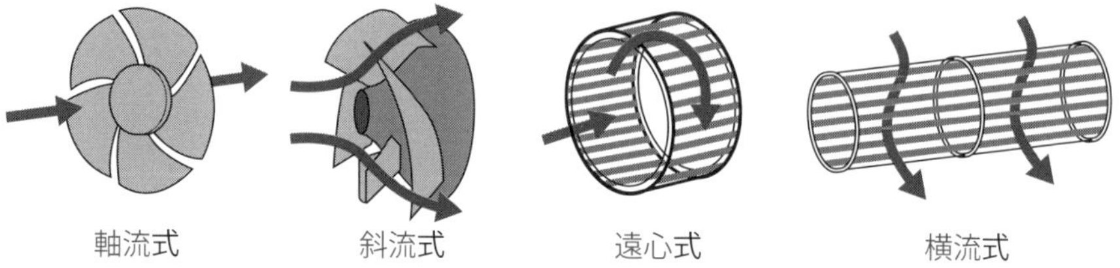

①多翼《たよく》送風機

遠心式送風機の１つで、**前向き羽根**をもつ構造の送風機をいう。**軸動力**が**風量の増加**とともに**増加**するという特性を有している。多翼送風機の羽根形状と特性曲線を以下に示す。

多翼送風機の羽根形状と特性曲線

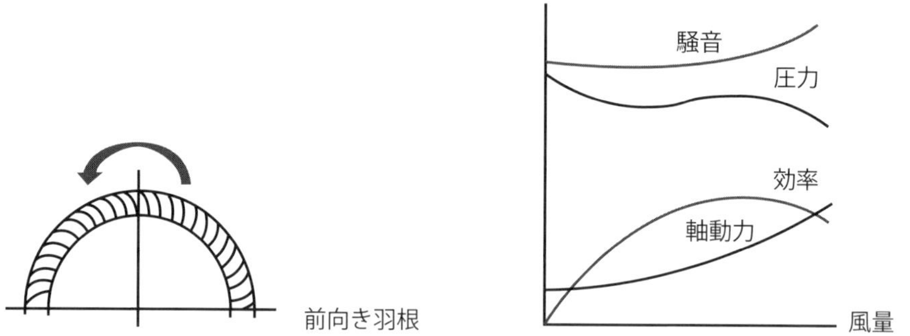

②後向き羽根送風機

遠心式送風機の１つで、**後向き羽根**をもつ構造の送風機をいう。後向き羽根送風機は、羽根形状などから多翼送風機に比べ**高速回転**が可能であり、**高圧力**を必要とする場合に適している。また、軸動力は風量の増加に伴って無制限に増加しないという特性（**リミットロード特性**）を有している。後向き羽根送風機の羽根形状と特性曲線を以下に示す。

後向き羽根送風機の羽根形状と特性曲線

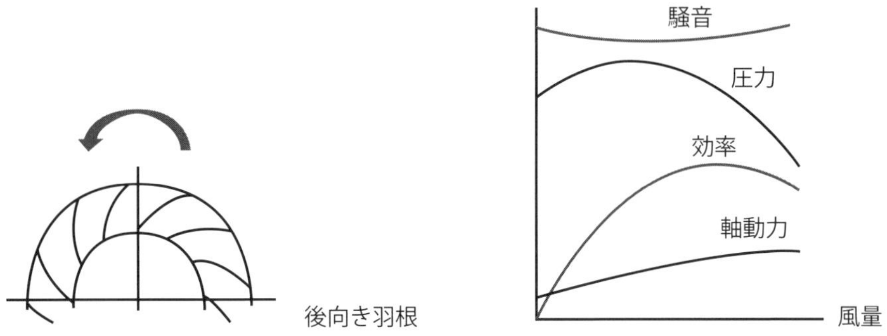

③軸流送風機

構造的に**低圧力・大風量**を必要とする場合に適しており、換気扇、冷却塔、パッケージ形空気調和機の屋外機などに用いられている。軸流送風機の特性曲線を以下に示す。

軸流送風機の特性曲線

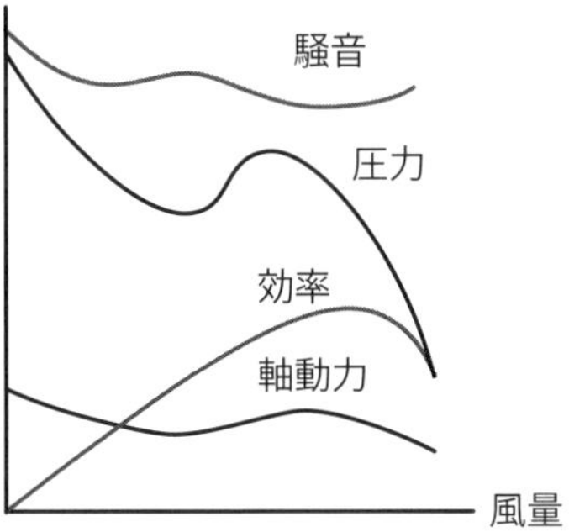

④斜流送風機

羽根車の形状や風量・静圧特性が**遠心式**と**軸流式**のほぼ中間に位置している。斜流送風機の特性曲線は、次のとおりである（次ページの図参照）。

斜流送風機の特性曲線

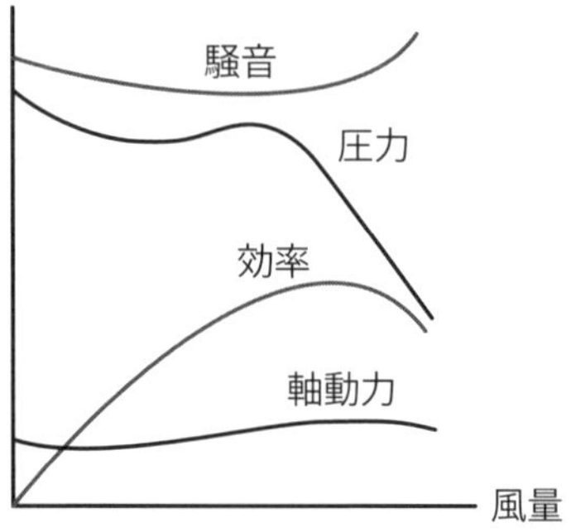

⑤横流送風機

クロスフローファンともいい、**羽根幅が広い**こともあり、エアーカーテンなどに利用されている。

(8) 空気清浄装置

空調空気中の粉じんや臭気などの汚染物質を除去し、空気を浄化する装置をいう。空気清浄装置には、**エアフィルター**、**電気集じん器**、**活性炭フィルター**などが用いられている。空気清浄装置に関する事項は、次のとおりである。

①自動巻取形フィルターは、ロール状に巻いたろ材をタイマーや前後の差圧により電動機で自動的に移動させる機構のもので、**一般空調**のやや粗大な**粉じんの除去**に使用される。

② HEPA フィルター（高性能フィルター）は、**ろ材面積を広く**することにより、ろ材の**通過風速を遅く**しており、**極微細な粉じんを除去**する**クリーンルーム**などの超高度の空気清浄用に使用される。

③電気集じん器とは、静電式の空気清浄装置のことをいい、高圧電界による荷電及び吸引付着力により粉じんを除去するもので、**比較的微細な粉じんの除去**に使用される。

④活性炭フィルターは、活性炭を**吸着材**として用いるもので、SO_2 などの有害ガスの除去、**臭気の除去**に使用される。NO、CO などの分子量の小さいものは除去できない。

演習問題

遠心ポンプに関する記述のうち、**適当でないもの**はどれか。

（1）ポンプの揚程は、羽根車の回転速度の２乗に比例して変化する。
（2）同一配管系で、同じ特性のポンプを２台並列運転して得られる吐出し量は、それぞれのポンプを単独運転した場合の吐出し量の和より小さくなる。
（3）ポンプの吸込み側が正圧の場合、吸込み口径と吐出し口径が同じときの全揚程は、吐出し側圧力計の読みと吸込み側圧力計の読みの差となる。
（4）ポンプ及び配管系に外部から強制的な力が与えられていないにもかかわらず、管路の流量と圧力が周期的に変動する現象をキャビテーションという。

正答（4）

ポンプ及び配管系に外部から強制的な力が与えられていないにもかかわらず、管路の流量と圧力が周期的に変動する現象を**サージング**という。

頻出項目を覚えよう！

1 ■ 多翼送風機の軸動力は風量の増加とともに**増加**するが、軸流送風機の軸動力は風量の増加とともに**変動しながら減少**する。

2 ■ 軸流送風機は、構造的に**高圧力**を必要とする場合に**適していない**。

こんな選択肢は誤りだ！

同一配管系で、同じ特性のポンプを並列運転して得られる吐出し量は、ポンプを単独運転した場合の吐出し量の２倍~~である~~。

同一配管系で、同じ特性のポンプを並列運転して得られる吐出し量は、ポンプを単独運転した場合の吐出し量の２倍**よりも小さい**。

2 配管・ダクト

(1) 配管

建築設備に用いられる配管は、用途により**冷水管**、**温水管**、**冷温水管**、**冷却水管**、**蒸気管**、**給水管**、**給湯管**、**排水管**などに分類される。また、材質により、**金属管**と**合成樹脂管**に大別される。それぞれの用途の流体の温度、圧力、水質に適した耐圧性、耐熱性、耐食性を有した管材が使用されている。配管に関する事項は、次のとおりである。

①鋼管

配管用炭素鋼鋼管は、製造方法によって鍛接《たんせつ》（圧接すること）鋼管と電気抵抗溶接鋼管（電縫《でんぽう》鋼管）があり、最高使用圧力は **1MPa** が目安である。

- 配管用炭素鋼鋼管は、亜鉛めっきを施していない**黒管**と、耐食性を高めるため亜鉛めっきを施した**白管**がある。
- 水配管用亜鉛めっき鋼管は、配管用炭素鋼鋼管（白管）よりも**亜鉛付着量が多く**、良質なめっき層を有している。
- 圧力配管用炭素鋼鋼管は、**350℃以下**の蒸気、高温水などの圧力の高い配管に使用され、スケジュール番号により管の厚さが区分されている。**スケジュール番号**の大きいものほど管の厚さが**厚い**。

②合成樹脂ライニング鋼管

- 硬質塩化ビニルライニング鋼管とは、耐食性を確保するため鋼管の内面に合成樹脂管（塩化ビニル管）を装着（ライニング）した配管をいう。
- 水道用硬質塩化ビニルライニング鋼管の使用が適している流体の温度は、継手を含めると **40℃**程度までである。
- 排水用硬質塩化ビニルライニング鋼管は、軽量化のため管の厚さの薄い鋼管を使用しており、鋼管にねじ加工を施すようにできていないので、**ねじ込み式排水管継手**は使用できない。接合には、メカニカル継手である **MDジョイント**を使用する。

MDジョイント

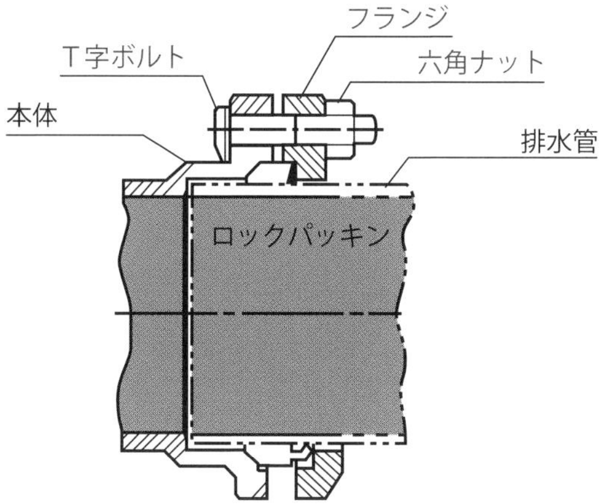

③架橋《かきょう》ポリエチレン管

中密度・高密度ポリエチレンを**架橋反応**（高分子同士を連結して性質を変化させること）させることで、**耐熱性**、**耐クリープ性を向上**させた管である。なお、クリープとは、持続応力を受けた物体が、時間経過とともに変形する現象をいう。

(2) 弁

①仕切弁

流体の通路を垂直に遮断する構造で、**半開**の状態で使用すると弁体の背面に**渦流**《かりゅう》を生じ、振動を生ずることがあるので、全開または全閉で使用する。

②玉形弁

リフトが小さいので**開閉時間**が**短く**、**半開**でも使用することができるが、仕切弁に比べて**流体抵抗**が**大きい**。

③バタフライ弁

円板状の弁体が回転することによって開閉する構造で、構造が簡単で取付けスペースが**小さい**が、全開時においても円板状の弁体が流路に残存するので、**仕切弁**に比べて全開時の**流体抵抗**が**大きい**。

④ボール弁

球をくり抜いた構造の弁体を有しており、弁体を 90 度回転させることにより開閉するもので、水密性が高く、**流体抵抗**が**小さい**。

各種バルブの例

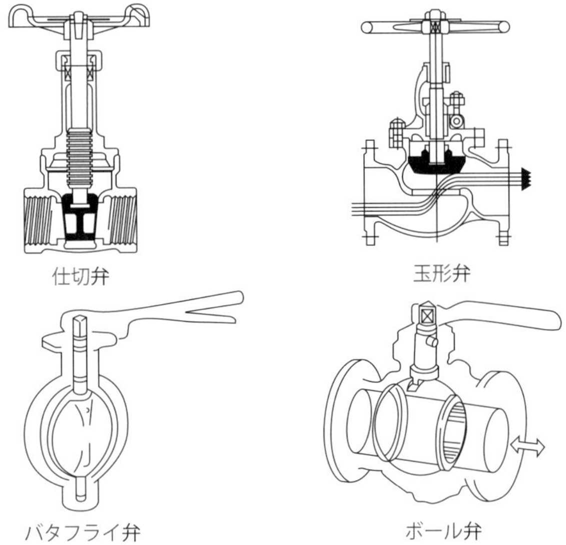

⑤衝撃吸収式逆止め弁

衝撃吸収式逆止め弁は、スモレンスキー逆止め弁ともいい、リフト逆止め弁に**ばね**と**案内傘**を内蔵した構造で、**ウォーターハンマー**の生じやすい**高揚程**の**ポンプの吐出し側配管**に使用される。

衝撃吸収式逆止め弁の例

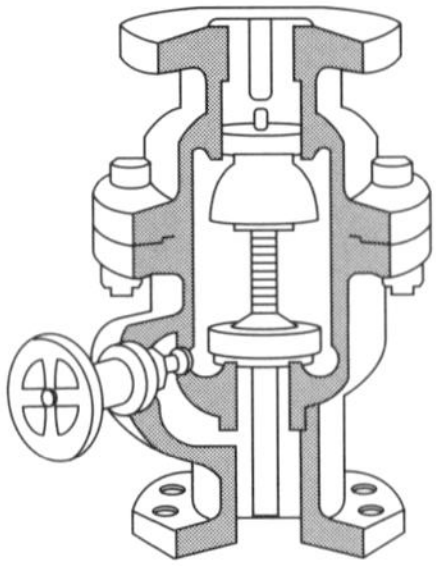

⑥定水位調整弁

パイロット管（副管）の圧力が低くなると、弁が開きメイン管（主管）より受水タンクに給水が行われるもので、受水タンクの**外側**で保守の容易な場所に設ける。

定水位調整弁の例

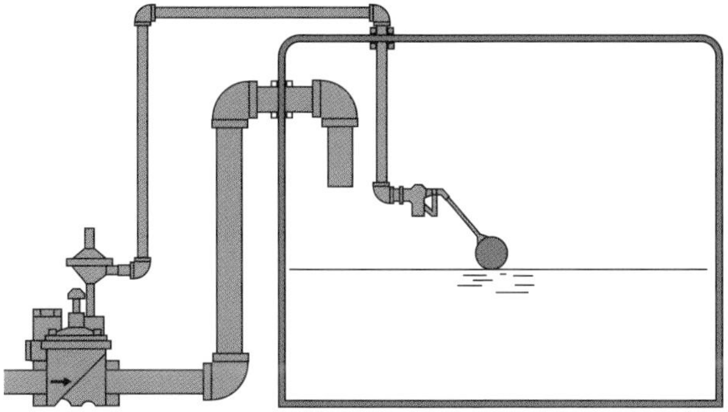

(3) 継手

①伸縮管継手

温度変化に伴う配管の伸縮を吸収するために設ける継手で、配管の**軸方向**の変位を吸収するものである。伸縮管継手には、**スリーブ**（袖）形と**ベローズ**（蛇腹）形があり、スリーブ形伸縮管継手は、ベローズ形伸縮管継手に比べて継手 1 個当たりの**伸縮吸収量が大きい**。

伸縮管継手の例

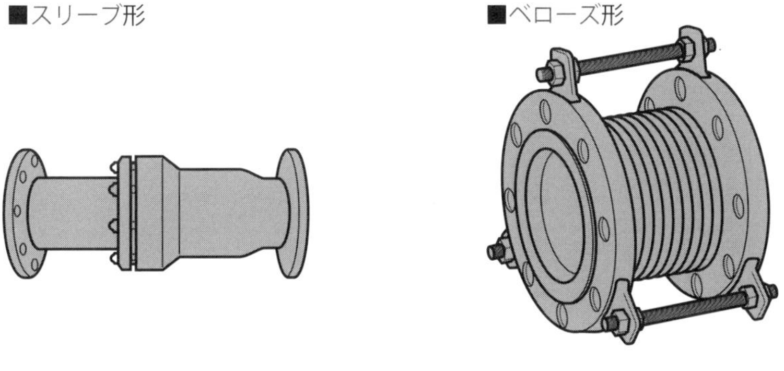

②フレキシブルジョイント

地震時における配管の変位を吸収するためなどに、配管の**軸に直交する方向**の変位を吸収するために設ける継手をいう。フレキシブルジョイントの長さは、一般的に、**接続口径が大きいほど長くする**必要がある。

フレキシブルジョイントの例

③絶縁フランジ

異種金属接触腐食を防止するために、鋼管とステンレス鋼管など**イオン化傾向が大きく異なる**異種金属管の接合に使用する継手をいう。

絶縁フランジの例

(4) 保温材

機器、配管、ダクトなどの設備機器には、熱損失の防止、結露防止などのために、必要な箇所に保温・保冷が施される。保温材、保冷材には、用途や使用温度により、ロックウール（人造鉱物繊維）、グラスウール（ガラス繊維）、ポリスチレンフォーム（発泡樹脂）などが用いられる。保温材に関する事項は、次のとおりである。

①保温材の**使用温度の上限は、高い順にロックウール保温材、グラスウール保温材、ポリスチレンフォーム保温材**である。

②保温材の**密度**は、**ロックウール保温板は、1・2・3 号**に、**グラスウール保温板は 24K・32K** などに分類される。

③ポリスチレンフォーム保温材は、**独立気泡構造**を有しているため、**吸水・吸湿がほとんどなく**、耐熱性の面から主に**防露・保冷用**として使われる。

演習問題

配管材料及び配管付属品に関する記述のうち、**適当でないもの**はどれか。

（1）圧力配管用炭素鋼鋼管は、蒸気、高温水などの圧力の高い配管に使用され、スケジュール番号により管の厚さが区分されている。
（2）フレキシブルジョイントは、一般的に、接続口径が大きいほど全長を長くする必要がある。
（3）排水用硬質塩化ビニルライニング鋼管を圧力変動が大きい系統に使用する場合、その接合にはねじ込み式排水管継手を使用する。
（4）鋼管とステンレス鋼管など、イオン化傾向が大きく異なる異種金属管の接合には、絶縁フランジを使用する。

正答（3）

排水用硬質塩化ビニルライニング鋼管の接合は、圧力変動が大きい系統に使用する場合であっても、**ねじ込み式排水管継手**ではなく**MD ジョイント**が使用される。

頻出項目を覚えよう！

1 □	単式スリーブ形伸縮管継手は、単式ベローズ形伸縮管継手に比べて継手１個当たりの伸縮吸収量が**大きい**。

こんな選択肢は誤りだ！

排水用硬質塩化ビニルライニング鋼管の接合には、ＭＤジョイント~~のほか~~、ねじ込み式排水管継手~~が用いられる~~。

排水用硬質塩化ビニルライニング鋼管の接合には、ＭＤジョイント**が使用され**、ねじ込み式排水管継手**は用いられない**。

(5) ダクト

空調や換気のために空気を搬送するための導管をいう。ダクトの材質は、亜鉛めっき鉄板が多用されているが、特殊な用途には、ステンレス、塩化ビニル、グラスウールなどが用いられている。ダクトの形状には、断面形状が円形の**円形ダクト（丸ダクト）**、断面形状が長方形の**長方形ダクト（角ダクト）**がある。ダクトに関する事項は、次のとおりである。

①低圧ダクトは、常用圧力において、**正圧、負圧ともに 500Pa 以内**で使用する。

②同一材料、同一断面積のダクトの場合、同じ風量では**長方形ダクト**のほうが円形ダクトより単位長さ当たりの**圧力損失が大きい**。

③スパイラルダクトは、板厚が薄いものでも、**甲はぜ**が補強の役割を果たすため、**強度が高い**。

スパイラルダクトの例

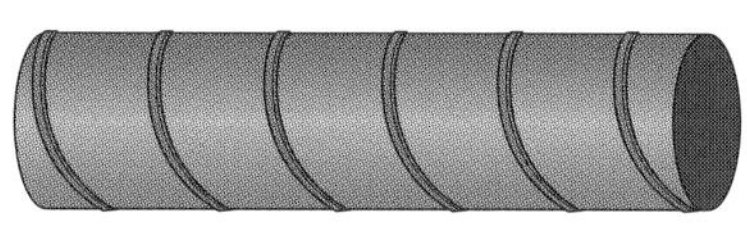

④共板《ともいた》フランジ工法ダクト、スライドオンフランジ工法ダクトなどの**コーナーボルト工法ダクト**は、4 隅をボルト締めし、さらにコーナー金具で押さえる工法であるため、全周をボルト締めする**アングルフランジ工法ダクト**より接合**締付け力**が**小さい**。したがって、厚みと弾力性のあるガスケットを使用する必要がある。

アングルフランジ工法

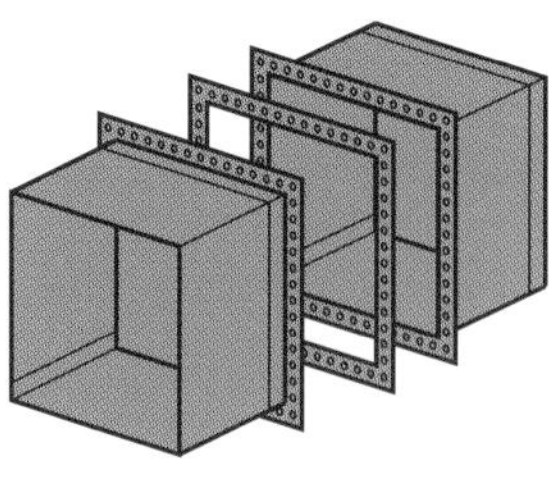

コーナーボルト工法

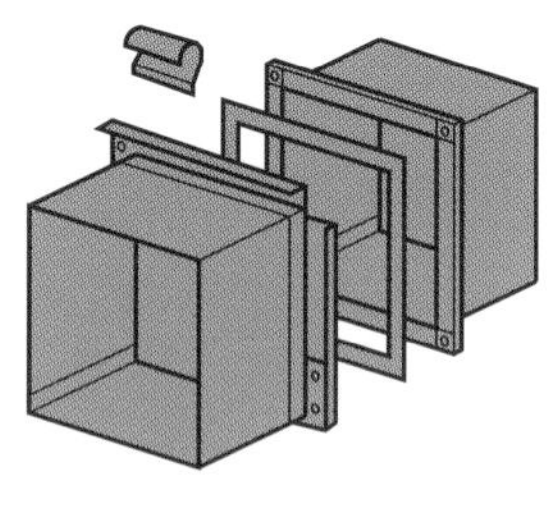

⑤幅または高さが **450mm** を超える**保温を施さない**ダクトには、**300mm** 以下のピッチで補強リブを設ける。

⑥内面に**吸音材**を貼った吸音ダクトは、低い周波数より**高い周波数に対する消音効果が高い**。

(6) 防火ダンパー

ダンパーとは、風量を調整したり、送風を停止したりするためにダクト内に設けられる機器をいう。ダクトを介した延焼を防止するために、火災時に自動で閉止するダンパーを防火ダンパーという。防火ダンパーに関する事項は次のとおりである。

①防火ダンパーの温度ヒューズの作動温度は、**一般系統は 72℃、厨房排気系統は 120℃**とする。

②**排煙ダクト**に設ける防火ダンパーには、作動温度が **280℃**の温度ヒューズを使用する。

(7) 吹出口、吸込口

吹出口、吸込口に関する事項は、次のとおりである。

①吹出口からの吹出し空気により室内の空気が誘引されることを**誘引作用**という。

②誘引作用が大きいと、吹出し空気と室内空気が混合して居住域に到達するので、**誘引作用の大きい**吹出口は、誘引作用の小さい吹出口に比べ、**ドラフト感（気流が当たることによる不快感）が少ない**。

③誘引作用の大きい吹出口は、吹出し**温度差**を**大きく**とることができるので、大温度差空調に用いる吹出口は、誘引比の大きなものを選定する必要がある。

④シーリングディフューザー形吹出口は、**中コーン**を上げると**拡散半径**が**小さく**なり、**中コーン**を下げると**拡散半径**が**大きく**なる。

シーリングディフューザー形吹出口の例

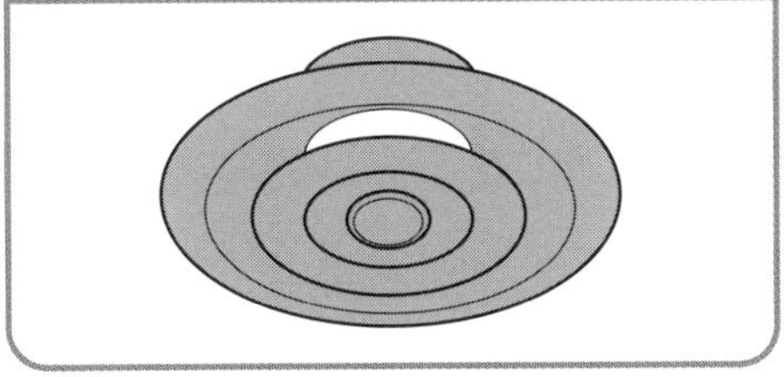

ノズル形吹出口の例

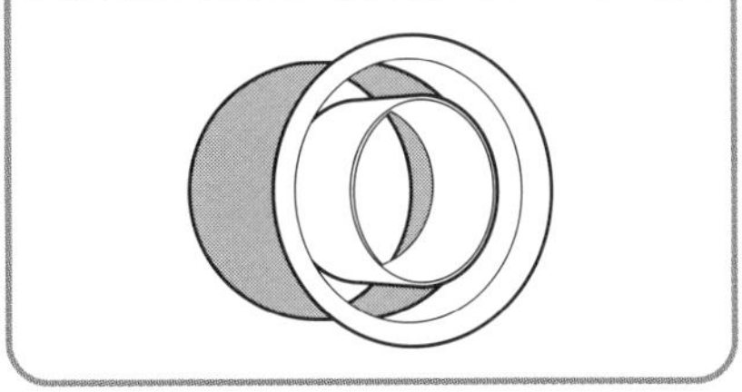

⑤ノズル形吹出口は、到達距離を長くとれ、騒音値も比較的小さいので、講堂や大会議室などの**大空間**に適している。

⑥線状吹出口は、**風向調整ベーン**を動かすことにより吹出し気流方向を変えることができる。

線状吹出口の例

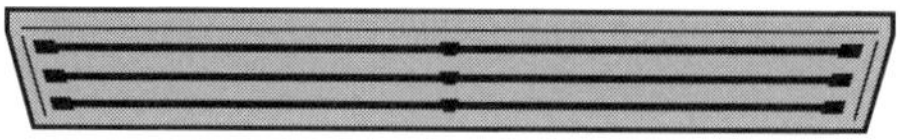

⑦吸込口には、方向性を問われないので、**風向調整ベーン**は**不要**である。

演習問題

ダクト及びダクト付属品に関する記述のうち、**適当でないもの**はどれか。

(1) シーリングディフューザー形吹出口は、中コーンを上げると拡散半径が大きくなる。

(2) 排煙ダクトに設ける防火ダンパーには、作動温度が 280℃の温度ヒューズを使用する。

(3) 防火ダンパーの温度ヒューズの作動温度は、一般系統は 72℃、厨房排気系統は 120℃とする。

(4) 線状吹出口は、風向調整ベーンを動かすことにより吹出し気流方向を変えることができる。

正答（1）

シーリングディフューザー形吹出口は、中コーンを上げると拡散半径が**小さく**なり、中コーンを下げると拡散半径が**大きく**なる。

頻出項目を覚えよう！

1 □ コーナーボルト工法ダクトは、4隅をボルト締めし、さらにコーナー金具で押さえるため、アングルフランジ工法ダクトより、接合締付け力が**小さい**。

2 □ 誘引作用の大きい吹出口は、誘引作用の小さい吹出口に比べ、ドラフト感が**少ない**。

こんな選択肢は誤りだ！

同一材料、同一断面積のダクトの場合、同じ風量では長方形ダクトのほうが円形ダクトより単位長さ当たりの圧力損失が~~小さい~~。

同一材料、同一断面積のダクトの場合、同じ風量では長方形ダクトのほうが円形ダクトより単位長さ当たりの圧力損失が**大きい**。

防火ダンパーの温度ヒューズの作動温度は、一般系統は ~~120~~℃、厨房排気系統は ~~280~~℃とする。

防火ダンパーの温度ヒューズの作動温度は、一般系統は **72**℃、厨房排気系統は **120**℃とする。

シーリングディフューザー形吹出口は、中コーンを下げると拡散半径が~~小さく~~なり、中コーンを上げると拡散半径が~~大きく~~なる。

シーリングディフューザー形吹出口は、中コーンを下げると拡散半径が**大きく**なり、中コーンを上げると拡散半径が**小さく**なる。

長方形ダクトにはコーナーがあり、コーナー部で空気の**渦**や**はく離**が生じるため、円形ダクトよりも圧力損失が**大きく**なります。

Lesson 7　設計図書

一次

ここが Point！

重要度 ★★☆

設計図書の分野からは、公共工事標準請負契約約款、規格・仕様に関する事項が出題される。規格・仕様の事項からは、JIS（日本産業規格）における配管材料の記号などに関する内容が出題される。

1　公共工事標準請負契約約款

建設業の請負契約の適正化のための標準請負契約約款で、公共工事用として中央建設業審議会が作成し、実施を勧告しているものである。公共工事標準請負契約約款は、国の機関、地方公共団体等の公共工事のみならず、民間企業の工事についても用いることができるように作成されている。公共工事標準請負契約約款に関する事項は、次のとおりである。

(1) 発注者に関する主な事項

①発注者が監督員を置いたときは、約款に定める催告、請求、通知、報告、申出、承諾及び解除については、設計図書に定めるものを除き、**監督員を経由**して行う。

②発注者の監督員の受注者の現場代理人に対する指示または承諾は、原則として、**書面**により行わなければならない。

③発注者は、完成通知を受けたときは、通知を受けた日から**14日以内**に**完成検査**を完了し、検査結果を受注者に通知しなければならない。

④発注者は完成検査にあたって、必要と認められる理由を受注者に通知した上で、工事目的物を最小限度破壊して検査できる。この場合において、検査または復旧に直接要する費用は、**受注者の負担**とする。

⑤完成検査合格後、発注者は、受注者から請負代金の支払いの請求があったときは、**請求を受けた日**から**40日以内**に**請負代金**を支払わなければならない。

⑥発注者は、受注者が正当な理由なく、工事に着手すべき期日を過ぎても工事に**着手しない**ときは、**契約を解除**することができる。

(2) 受注者に関する主な事項

①受注者は、設計図書に基づいて請負代金**内訳書及び工程表**を作成し、発注者に提出しなければならない。

②約款及び設計図書に特別の定めがない仮設、施工方法等は、**受注者の責任**において定めることができる。

③受注者は、工事目的物及び工事材料等を設計図書に定めるところにより、**火災保険、建設工事保険**等に付さなければならない。

④受注者は、工事現場内に搬入した工事材料を監督員の承諾を受けないで**工事現場外**に**搬出**してはならない。

⑤現場代理人は、契約の履行に関し、工事現場に常駐し、その運営、取締りを行うほか、**請負代金額の変更、請負代金の請求及び受領、契約の解除などに係る権限を除き**、受注者の一切の権限を行使することができる。

⑥現場代理人、監理技術者等（監理技術者、監理技術者補佐又は主任技術者をいう。）及び専門技術者は、これを兼ねることが**できる**。

⑦受注者は、発注者が設計図書を変更し、請負代金額が**3分の2以上減少**した場合、直ちに**契約を解除**することができる。

(3) その他一般事項

①設計図書とは、別冊の**図面、仕様書、現場説明書**及び現場説明に対する**質問回答書**をいう。

②工事材料の品質については、設計図書にその品質が明示されていない場合にあっては、**中等の品質**を有するものとする。

中等とは、**上等**と**下等**との間の中くらいの程度の意味です。**中等**の品質とは、最高品質でもなく、最低品質でもない、中くらいの程度の品質をいいます。

演習問題

「公共工事標準請負契約約款」に関する記述のうち、**適当でないもの**はどれか。

(1) 工事材料は、設計図書にその品質が明示されていない場合にあっては、中等の品質を有するものとする。
(2) 現場代理人、主任技術者及び専門技術者は、これを兼ねることができない。
(3) 発注者が設計図書を変更し、請負代金が 3 分の 2 以上減少した場合、受注者は直ちに契約を解除することができる。
(4) 発注者は、完成通知を受けたときは、通知を受けた日から 14 日以内に完成検査を完了し、その結果を受注者に通知しなければならない。

正答 (2)

現場代理人、監理技術者等（監理技術者、監理技術者補佐又は主任技術者をいう。）及び専門技術者は、これを兼ねることが**できる**。

頻出項目を覚えよう！

1 □ 現場代理人は、契約の履行に関し、工事現場に常駐し、その運営、取締りを行うほか、**請負代金の請求などを除き**、受注者の一切の権限を行使することができる。

こんな選択肢は誤りだ！

約款及び設計図書に特別の定めがない仮設、施工方法等については、~~監督員の指示によらなければならない~~。

約款及び設計図書に特別の定めがない仮設、施工方法等については、**受注者が定めることができる**。

2 規格・仕様

(1) 規格記号

①配管用炭素鋼鋼管　**SGP**（JIS）

②圧力配管用炭素鋼鋼管　**STPG**（JIS）

③水配管用亜鉛めっき鋼管　**SGPW**（JIS）

④水道用硬質塩化ビニル
　ライニング鋼管
　SGP-VA、VB、VD（JWWA）

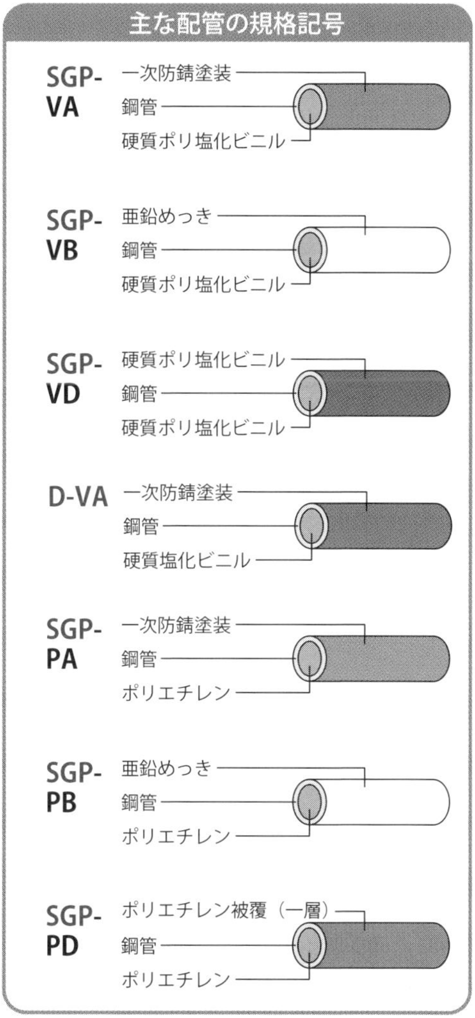

　排水用硬質塩化ビニル
　ライニング鋼管　**D-VA**（WSP）

⑤水道用ポリエチレン
　粉体ライニング鋼管
　SGP-PA、PB、PD（JWWA）

⑥一般配管用ステンレス鋼鋼管　**SUS-TPD**（JIS）

⑦水道用硬質ポリ塩化ビニル管　**VP、VM、VU**（JIS）

記号	名称	耐圧力
VP	硬質ポリ塩化ビニル管	0-1.0MPa
VM	硬質ポリ塩化ビニル管	0-0.8MPa
VU	硬質ポリ塩化ビニル管	0-0.6MPa

⑧水道用硬質ポリ塩化ビニル管（**耐衝撃性**）　**HIVP**（JIS）

⑨リサイクル塩化ビニル管

リサイクル硬質ポリ塩化ビニル管　**REP-VU**（AS）

リサイクル硬質ポリ塩化ビニル三層管　**RS-VU**（JIS）

リサイクル硬質ポリ塩化ビニル発泡三層管　**RF-VP**（JIS）

リサイクル塩ビ管の規格記号

RS-VU（JIS）

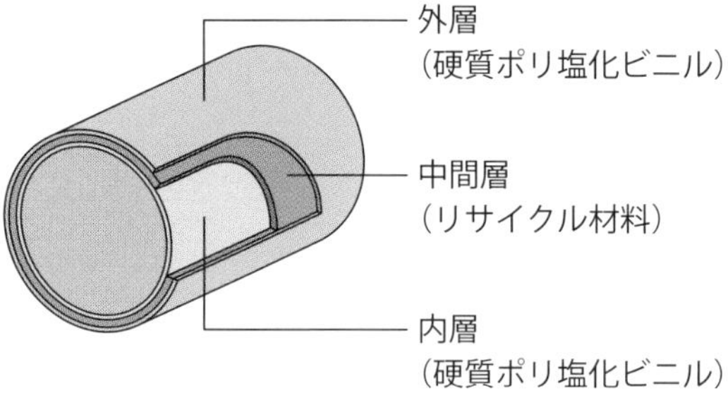

RF-VP（JIS）

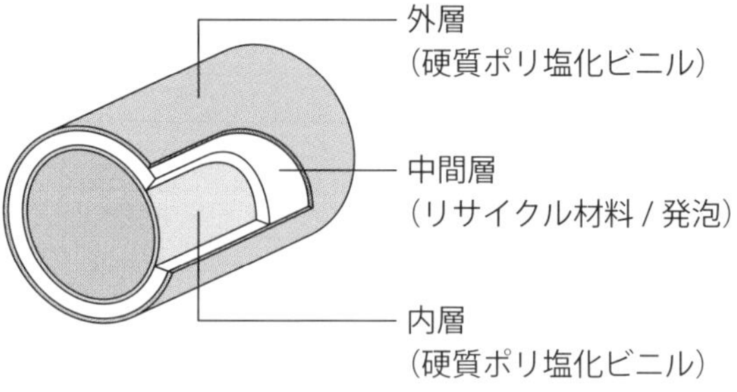

(2) 仕様

①配管用炭素鋼鋼管（SGP）は、**亜鉛めっき**を施した**白管**と施していない**黒管**の２種類がある。

②水配管用亜鉛めっき鋼管は、配管用炭素鋼鋼管（白管）に比べ**亜鉛**の付着量が**多い**。

③配管用ステンレス鋼鋼管は、**一般配管用**ステンレス鋼鋼管より管の厚さが**厚い**。

④銅管の肉厚は、**K タイプ**、**L タイプ**、**M タイプ**の順に、管の厚さが**厚い**。

⑤硬質ポリ塩化ビニル管の**衝撃**強さは、**HIVP** のほうが **VP** よりも**大きい**が、**使用圧力**は**同じ**である。

演習問題

配管材料とその記号（規格）の組合せのうち、**適当でないもの**はどれか。

	（配管材料）	（記号（規格））
(1)	リサイクル硬質ポリ塩化ビニル三層管	RS-VU（JIS）
(2)	一般配管用ステンレス鋼鋼管	SUS-TPD（JIS）
(3)	水道用硬質塩化ビニルライニング鋼管（黒管）	SGP-VA（JWWA）
(4)	排水用硬質塩化ビニルライニング鋼管	SGP-VD（JWWA）

正答（4）

排水用硬質塩化ビニルライニング鋼管の記号（規格）は、**D-VA（WSP）**である。SGP-VD（JWWA）は、**水道用硬質塩化ビニルライニング鋼管**の記号（規格）である。

頻出項目を覚えよう！

1 □ 水配管用亜鉛めっき鋼管は、配管用炭素鋼鋼管（白管）に比べ亜鉛の付着量が**多い**。

2 □ 銅管の肉厚は、L タイプは M タイプより管の厚さが**厚い**。K タイプのほうが L タイプより**厚い**。

3 □ リサイクル塩化ビニル管の RS-VU と RF-VP は、**外層**、**中間層**、**内層**の三層となっている。

こんな選択肢は誤りだ！

水道用硬質ポリ塩化ビニル管の HIVP は、VP~~より使用圧力が高い~~。

水道用硬質ポリ塩化ビニル管の HIVP は、VP **と使用圧力は同じである**。

配管用ステンレス鋼鋼管の肉厚は、一般配管用ステンレス鋼鋼管より管の厚さが~~薄い~~。

配管用ステンレス鋼鋼管の肉厚は、一般配管用ステンレス鋼鋼管より管の厚さが**厚い**。

水道用硬質ポリ塩化ビニル管の VP の耐圧力は、0 ～ ~~0.6~~MPa である。

水道用硬質ポリ塩化ビニル管の VP の耐圧力は、0 ～ **1.0**MPa である。

硬質ポリ塩化ビニル管には、VP、VM、VU の 3 種類があり、設計圧力の上限が最も低いものは ~~VM~~ である。

硬質ポリ塩化ビニル管には、VP、VM、VU の 3 種類があり、設計圧力の上限が最も低いものは **VU** である。

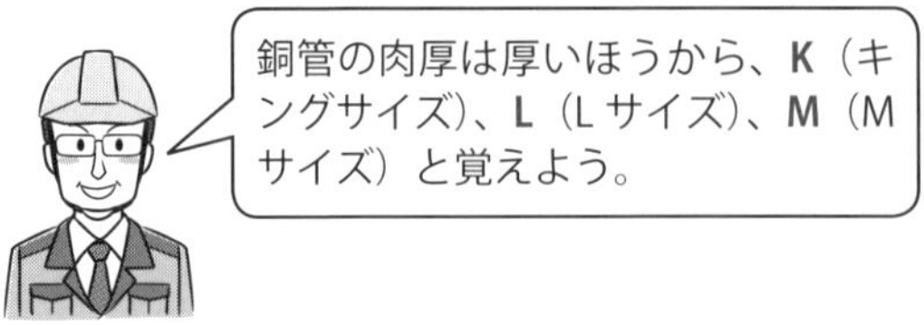

第2章
施工管理法

第2章　施工管理法

Lesson 1

施工管理

一次　二次

ここが Point！

重要度 ★★★

施工管理の分野からは、施工計画、工程管理、アロー形ネットワーク手法、品質管理、安全管理に関する事項が出題される。工程管理に関する事項は、バーチャートやネットワークなどの工程表に関する内容が出題される。

1 施工計画

(1) 工事の契約後から引渡しまでの業務

工事の契約後から引渡しまでの施工計画に関する主な業務は、次のとおりである。

①着工前の業務

工事組織の編成、仮設計画の作成、実行予算書の作成、総合工程表の作成などの業務を行う。

②施工中の業務

諸官庁への申請・届出、機器製作図の作成などの業務を行う。

③完成時の業務

試運転調整、完成図の作成、取扱説明書の作成などの業務を行う。

④引渡し時の業務

装置の概要説明及び運転指導、設計関係事項の説明、保守点検事項の説明などの業務を行う。

(2) 工事の申請・届出書類と提出先

工事に伴う主な申請・届出書類と提出先は、次のとおりである。

①道路**占用**許可申請書：道路管理者

②道路**使用**許可申請書：警察署長

③**騒音**規制法の特定建設作業実施届出書：市町村長

④**騒音**規制法の特定施設設置届出書：市町村長

⑤**振動**規制法の特定建設作業実施届出書：市町村長

⑥工事整備対象設備等**着工**届出書：消防長または消防署長

⑦**指定数量以上**の**危険物**貯蔵所**設置許可**申請書：市町村長または都道府県知事

⑧**ボイラー**設置届：労働基準監督署長

⑨**小型ボイラー**設置報告書：労働基準監督署長

⑩**第一種圧力容器**設置届：労働基準監督署長

⑪**高圧ガス**製造許可申請書：都道府県知事

⑫**ばい煙**発生施設設置届出書：都道府県知事

演習問題

工事の申請・届出書類と関係法に基づく提出先の組合せとして、**適当でないもの**はどれか。

（申請・届出書類）	（関係法に基づく提出先）
(1) ボイラー設置届 ―――	労働基準監督署長
(2) ばい煙発生施設設置届出書 ―――	経済産業局長
(3) 工事整備対象設備等着工届出書 ―――	消防長または消防署長
(4) 振動の特定建設作業実施届出書 ―――	市町村長

正答 (2)

ばい煙発生施設設置届出書は、経済産業局長ではなく、**都道府県知事**に届け出る。

頻出項目を覚えよう！

1 □ 高圧ガス保安法の高圧ガス製造許可申請書の提出先は、**都道府県知事**である。

2 □ 騒音規制法の特定施設設置届出書の提出先は**市町村長**である。

こんな選択肢は誤りだ！

消防法の指定数量以上の危険物貯蔵所設置許可申請書の提出先は、~~消防長または消防署長~~である。

消防法の指定数量以上の危険物貯蔵所設置許可申請書の提出先は、**市町村長または都道府県知事**である。

(3) 施工計画

①仮設計画

現場事務所、足場など施工に必要な諸設備を整えることであり、主として**施工者がその責任において計画**するもので、現場事務所、作業場、足場などの設置を計画するとともに、**火災予防、作業騒音対策などにも配慮**して作成する。

②施工計画

資材計画、搬入計画、労務計画、施工方法などがある。施工計画に関する事項は、次のとおりである。

- 資材計画は、仕様に適合した資材を、**必要な時期**に、**必要な数量**を供給することを目的に作成する。
- 搬入計画は、材料、機器類の品種、数量、大きさ、質量、時期などを考慮して作成する。
- 労務計画は、施工内容を十分把握し、施工方法、工程、施工条件などを考慮して作成する。
- 施工方法は、設計図書に特別の定めがない場合、**受注者がその責任において定める**ことが一般的である。

③施工計画書

総合施工計画書、**工種別施工計画書**があり、**仮設計画**、**施工要領書**なども含まれる。施工計画書に関する事項は、次のとおりである。

- 実行予算書は、工事原価の検討と確認を行って、利益確保の見通しを立て、施工中の工事費を管理する基本資料とすることを目的に作成され、一般に、**発注者に提出しない**。
- 総合工程表は、現場の仮設工事から完成時における試運転調整、後片付け、清掃までの**全工程の大要**を表すもので、一般に、**工事区分**ごとに示す。作成には、**他工事業者との調整**を要する。

④工事費の構成

一般に、工事費の構成は、下図のとおりである。

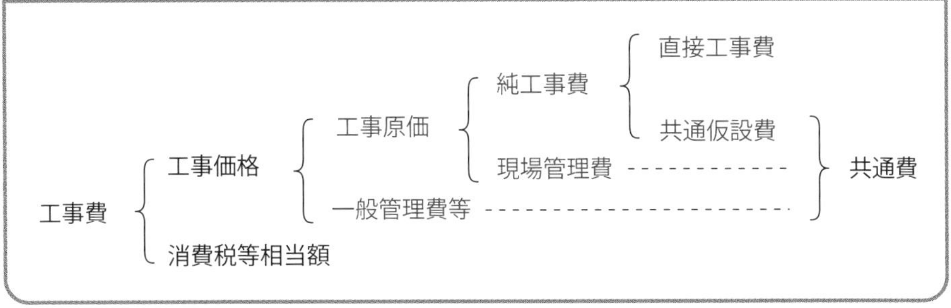

工事費の構成

- 純工事費とは、**直接工事費**と**共通仮設費**を**合わせた費用**である。
- 工事原価とは、**純工事費**に現場従業員人件費などの**現場管理費**を**合わせた費用**である。
- 工事価格とは、**工事原価**に**一般管理費等**を**合わせた費用**である。

⑤建設副産物

建設工事で発生する建設副産物に関する事項は次のとおりである。

- 再利用できない**ビニル管**や**衛生陶器**は、**安定型産業廃棄物**として処分する。
- 建設発生土でそのまま原材料となるものは、**再生資源**として利用する。
- 冷凍機やエアコンの冷媒に使われていた**フロン**は、**回収して破壊または再生利用**する。

・著しい腐食性を有する廃酸（pH2.0以下）は、**特別管理産業廃棄物**として処分する。
・酸洗いに使用した弱酸性の廃液（pH2.0超える）は、**産業廃棄物**として処分する。
・揮発油（ガソリン）、灯油、軽油の廃油は、**特別管理産業廃棄物**として処分する。
・重油の廃油は、**産業廃棄物**として処分する。
・飛散性アスベストは、**特別管理産業廃棄物**として処分する。
・非飛散性アスベストは、**安定型産業廃棄物**として処分する。
・家庭用エアコンは、**特定家庭用機器再商品化法（家電リサイクル法）**に基づいて処理する。
・排出事業者（マニフェスト交付者）は、各マニフェスト（移動管理票）の写しを**5年間保管**する。

演習問題（応用能力）

公共工事における施工計画等に関する記述のうち、**適当でないもの**はどれか。**適当でないものは二つあるので、二つとも答えなさい。**

(1) 仮設、施工方法等は、工事の受注者がその責任において定めるものであり、発注者が設計図書において特別に定めることはできない。
(2) 工事材料の品質は設計図書で定められたものとするが、設計図書にその品質が明示されていない場合は、均衡を得た中等の品質を有するものとする。
(3) 工事原価は共通仮設費と直接工事費を合わせた費用であり、現場従業員の給料、諸手当等の現場管理費は直接工事費に含まれる。
(4) 総合試運転調整では、各機器単体の試運転を行うとともに、配管系、ダクト系に異常がないことを確認した後、システム全体の調整が行われる。

正答（1）、（3）

（1）工事の受注者がその責任において定めるものであるが、発注者が設計図書において特別に定めることを**妨げるものではない**。（3）工事原価は直接工事費と共通仮設費とを合わせた純工事費に、現場従業員の給料、諸手当等の現場管理費を合わせた費用である。現場管理費は、工事価格には含まれるが、**直接工事費には含まれない**。

頻出項目を覚えよう！

1 □ 一般に、工事原価とは、共通仮設費と直接工事費を足した純工事費と現場管理費を合わせた費用であり、人件費、事務用品費等の現場経費は**現場管理費**に含まれる。

2 □ 建設工事で発生するオイルタンクに残っていた古い軽油は、特別管理**産業**廃棄物として処分した。

こんな選択肢は誤りだ！

施工中の業務には、諸官庁への申請・届出、機器製作図の作成~~、総合工程表の作成~~がある。

施工中の業務には、諸官庁への申請・届出、機器製作図の作成**が、着工前の業務には、総合工程表の作成**がある。

実行予算書は、工事原価の検討と確認を行うもので、発注者に提出~~しなければならない~~書類である。

実行予算書は、工事原価の検討と確認を行うもので、発注者に提出**する必要のない**書類である。

- 着工前の業務には、**工事組織の編成、仮設計画の作成、実行予算書の作成、総合工程表の作成**などがあります。
- 施工中の業務には、**諸官庁への申請・届出、機器製作図の作成**などがあります。
- 完成時の業務には、**試運転調整、完成図の作成、取扱説明書の作成**などがあります。
- 引渡し時の業務には、**装置の概要説明及び運転指導、設計関係事項の説明、保守点検事項の説明**などがあります。

2 工程管理

(1) 工程と費用

施工速度と費用の関係は次の図のとおりである。

工程と費用の関係

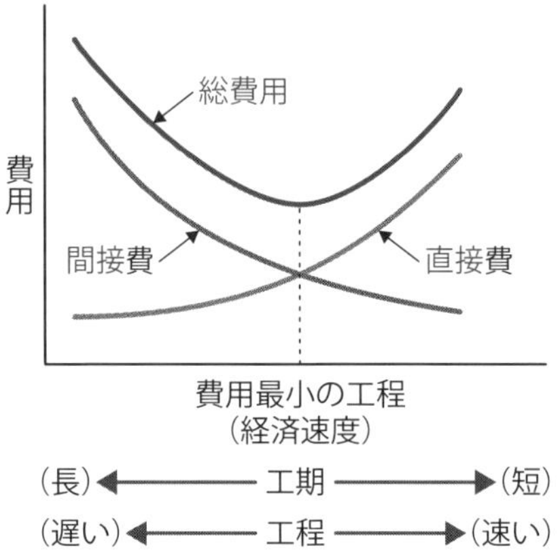

①直接費

作業員の人件費や機器材料費など、工事に直接かかる費用である。**工程を速くする**と突貫工事となり、休日や深夜の時間割り増し賃金等のために**増加**する。

②間接費

事務所賃料や事務機器のリース代など、工事に間接的にかかる費用である。**工程を速くする**と**減少**する。

③総費用

直接費と間接費の和である。総費用と工程の関係は、**谷**状の曲線となる。

④経済速度

総費用が**最小**となるときの施工速度を**経済速度**といい、そのときの工期を**最適工期**という。　※ゴロ合わせはP.208

(2) 利益図表

費用と出来高から利益と損失の関係を示したものを利益図表という。

利益図表

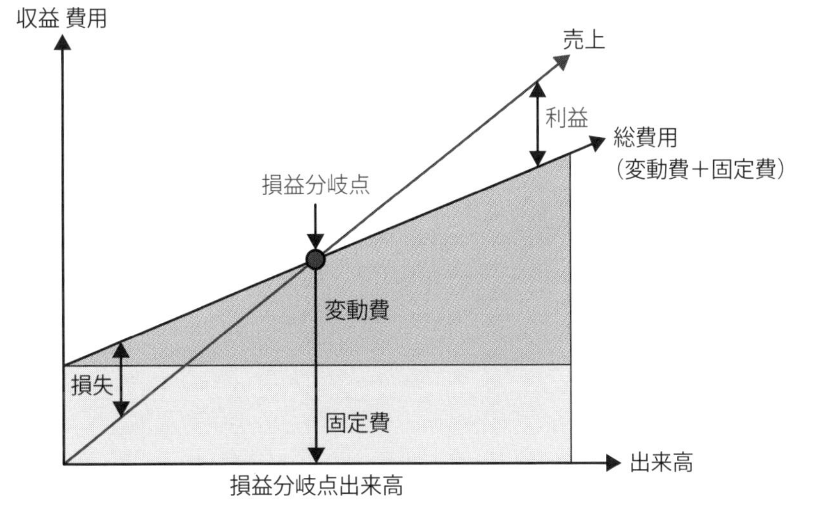

①固定費

出来高により変動しない費用のことで、仮設電力の施設費などがある。

②変動費

出来高により変動する費用のことで、材料費などである。

③総費用

固定費と変動費の和である。

④損益分岐点

出来高と**総費用**が**等しくなる点**をいう。この点を境に、**総費用**が**出来高**を上回る部分は**損失**に、**出来高**が**総費用**を上回る部分は**利益**となる。

⑤採算速度

損益分岐点の出来高となるときの**施工速度**をいう。

(3) 曲線式工程表

工程（出来高）と時間経過の関係を示した曲線を進度曲線という。上方と下方に**許容限界曲線**を設け、この曲線内の範囲を許容範囲として、許容範囲内に収まるように工程の進度を管理する。許容範囲の描く姿がバナナに似ているので**バナナ曲線**という。許容範囲内の点線は予定進度曲線といい、描く姿がS字なので**Sカーブ**という。

Sカーブは工程の**初期と終期の施工速度が遅く**、工程の**中期の施工速度が速い**ことを示している。

曲線式工程表の例

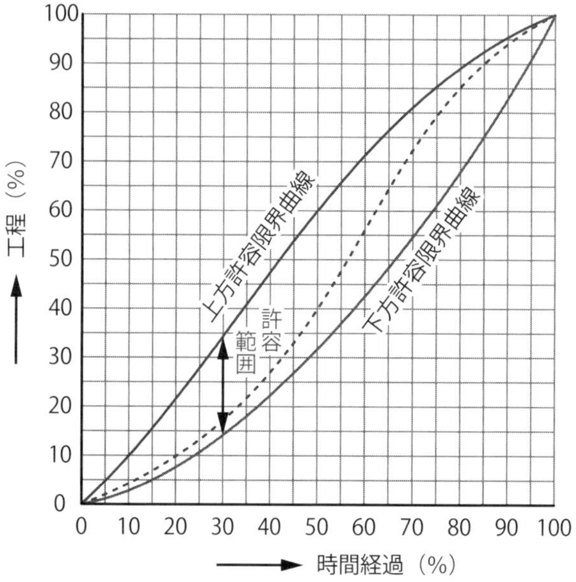

(4) ガントチャート工程表

縦軸に各作業名、横軸に達成度（%）をとり、各作業の現在の進行度合いを棒グラフで示す工程表である。ガントチャートの特徴は次のとおりである。

①**各作業の現時点での進行状況がわかる**。

②各作業間の関連がわからない。

③変化、変更の対応がしにくい。

④工程上の問題点がわかりにくい。

⑤工事の**所要時間がわからない**。

ガントチャート工程表の例

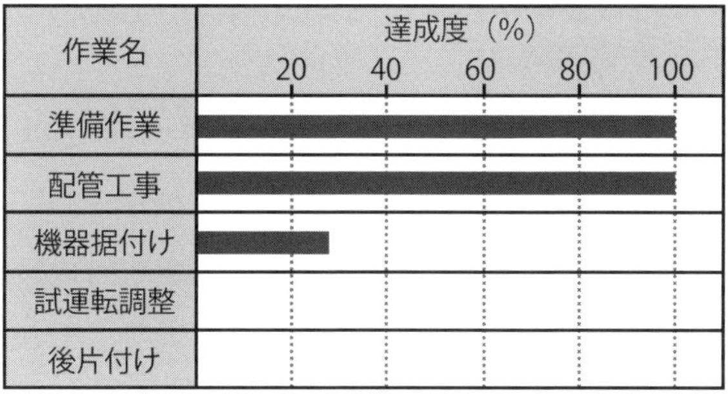

(5) バーチャート工程表

縦軸に各作業名、横軸に暦日をとり、各作業の工事期間を棒グラフで示す工程表である。バーチャートの特徴は次のとおりである。

①各作業の所要日数、日程がわかりやすい。

②各作業間の**順序はおおむねわかる**。

③変化への**対応が容易**である。

④工程上の**問題点はおおむねわかる**。

⑤工事が複雑化すると**関連性を把握しにくい**。

⑥各作業の**工期に対する影響の度合いはわかりにくい**。

バーチャート工程表の例

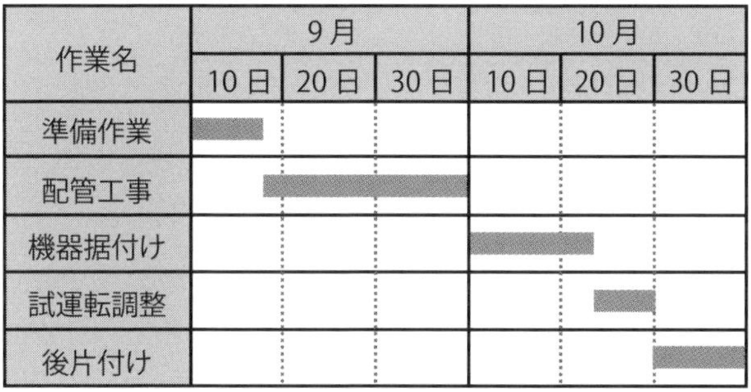

(6) ネットワーク工程表

工程の流れを矢線で示した工程表で、次のような特徴がある。

①工事の**総所要日数がわかる**。

②各作業の**余裕日数がわかる**。

③各作業の**順序や関連性がわかる**。

④作成に**知識が必要である**。

⑤変化に**対応しやすい**。

ネットワーク工程表の例

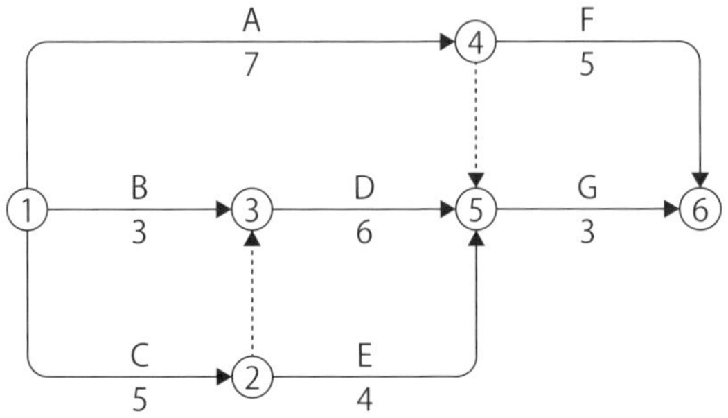

(7) 各種工程表の比較

各種工程表の比較は次のとおりである。

	ガントチャート	バーチャート	ネットワーク
作成の難易	**容易**	やや難しい	難しい
作業の手順	不明	**漠然**	判明
作業の日程・日数	不明	判明	判明
各作業の進行度	**判明**	**漠然**	**漠然**
全体進行度	不明	判明	判明
工程上の問題点	不明	**漠然**	判明

表中の**漠然**とは、**ぼんやりとしてはっきりしないさま**をいいます。不明ではないが、判明でもない状態です。

(8) タクト工程表

同一作業を工区ごとに**繰り返して行う**場合などに、**繰返し作業**を効率よく行うために作成される。

タクト工程表の例

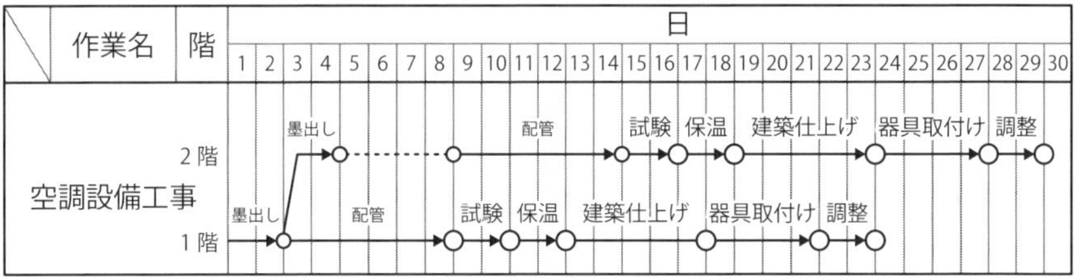

演習問題

工程管理に関する記述のうち、**適当でないもの**はどれか。

(1) ネットワーク工程表において、デュレイションとは所要時間のことで、アクティビティ（作業）に付された数字のことである。
(2) ガントチャート工程表は、各作業の完了時点を100%としたもので、作成は容易だが、各作業の開始日、所要日数が不明という欠点がある。
(3) 労務費、材料費、仮設費などの直接費が最小となる経済的な施工速度を臨界速度といい、このときの工期を最小工期という。
(4) バーチャート工程表で作成する予定進度曲線（Sカーブ）を実施進度曲線と比較し大幅に差がある場合は、原因を追究して工程を調整する必要がある。

正答（3）

総費用が最小となる施工速度を**経済速度**といい、そのときの工期を**最適工期**という。

ゴロ合わせで覚えよう！ 経済速度

直感で、
（直接費＋間接費）

経済を速く動かす
（経済速度）

直接費と**間接費**を合わせて最小となる施工速度を**経済速度**と呼ぶ。

頻出項目を覚えよう！

1 ■ バーチャート工程表は、縦軸に各作業名を記述し、各作業の着手日と終了日の間を棒線で示すもので、各作業の工期に対する影響の度合いは**わかりにくい**。

2 ■ ガントチャート工程表は、各作業の完了時点を100％としたもので、各作業の開始日、所要日数は**不明**である。

こんな選択肢は誤りだ！

予定進度曲線は、~~バスタブカーブ~~と呼ばれる。

予定進度曲線は、**Sカーブ**と呼ばれる。

労務費、材料費、仮設費などの~~直接費~~が最小となる経済的な施工速度を~~臨界~~速度といい、このときの工期を~~最小~~工期という。

労務費、材料費、仮設費などの**直接費と間接費の合計の総費用**が最小となる経済的な施工速度を**経済**速度といい、このときの工期を**最適**工期という。

バスタブカーブとは、**初期故障**と**摩耗故障**によって、浴槽の形状を呈する**故障率曲線**をいいます。

3 アロー形ネットワーク手法

(1) 基本ルール

①アクティビティ（作業）

作業の流れは**矢線**で表す。作業内容を矢線の上に、作業時間を矢線の下に表示する。矢の方向が作業の進行方向を示す。作業に必要な時間を所要時間（**デュレイション**）という。

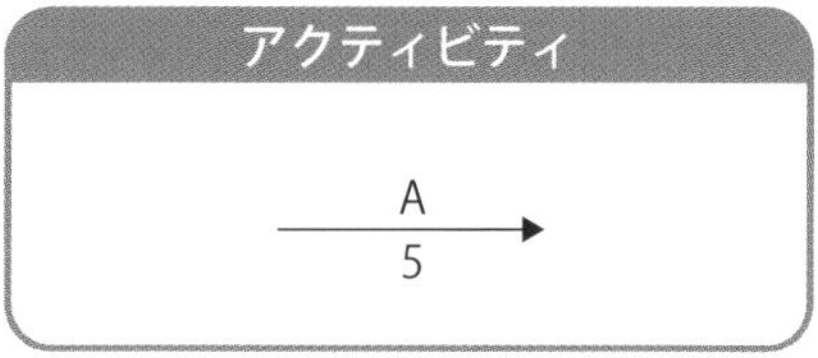

②イベント

作業と作業の結合点を○で示したものをイベントという。イベントには番号を表示し、これをイベント番号という。イベント番号は、**作業の進行方向（左から右）に向かって昇順の通し番号**をつける。

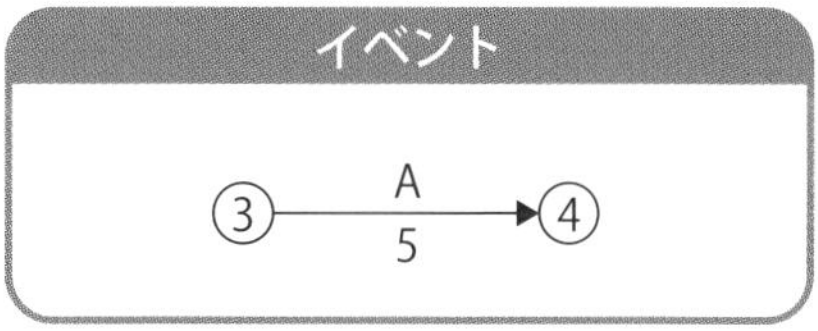

③ダミー

点線の矢線で示したものをダミーという。作業の**前後関係**のみを示し、作業及び時間の要素は含まない。

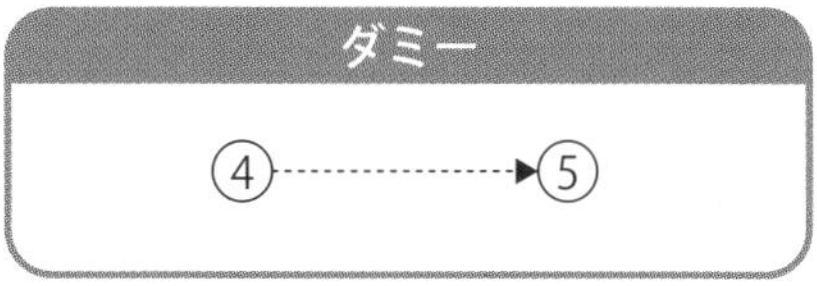

④先行作業と後続作業

イベントに入ってくる矢線がすべて完了した後でないと、イベントから出る矢線は開始できない。次ページの図では、Cの作業は、Aの作業及びBの作業が完了してからでないと開始できない。このとき、Aの作業及びBの作業を**先行作業**、Cの作業を**後続作業**という。

先行作業と後続作業

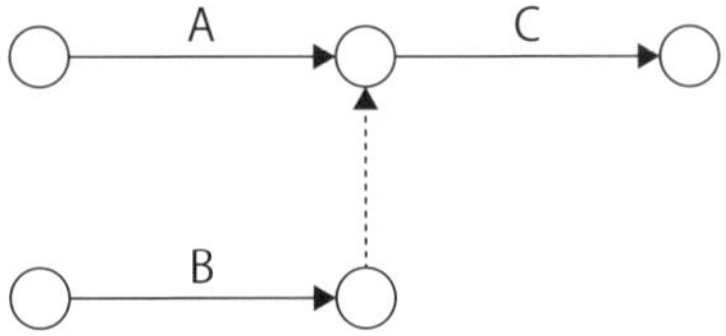

(2) 最早開始時刻と最遅完了時刻

①最早開始時刻

各イベントにおいて、作業が**最も早く開始できる時刻**をいう。

②最遅完了時刻

各イベントにおいて、作業が**遅くとも完了していなければならない時刻**をいう。

(3) フロート

各作業における**余裕時間**をフロートという。フロートには次のものがある。

①フリーフロート

後続作業の**最早開始時刻に対する余裕時間**をいう。この余裕時間を失っても、後続作業の開始時刻には影響を与えない。

②トータルフロート

当該作業の**最遅完了時刻に対する余裕時間**をいう。この余裕時間を失うと、後続作業の開始時刻には影響を与えるが、以降予定通り進捗すれば最終工期には間に合う時間である。

③ディペンデントフロート

トータルフロートから**フリーフロート**を**差し引いた**余裕時間をいう。

(4) クリティカルパス

ネットワーク工程上の開始点から終了点までの経路で、**最も時間の長い経路**をいう。クリティカルパスの特徴・性質等は次のとおりである。

①クリティカルパスは、**必ずしも 1 本ではない**。
②クリティカルパスを**重点に工程管理**する。
③**工程短縮**はクリティカルパスに着目する。
④クリティカルパス上の作業の**フロートは 0** である。
⑤クリティカルパス以外の作業でも、**フロート**を消化すれば**クリティカルパス**になる。
⑥クリティカルパスは**太線**で表す。

(5) 最早開始時刻と全所要日数の求め方

次に示すネットワーク工程表の最早開始時刻と全所要日数の求め方は、次のとおりである。

ネットワーク工程表

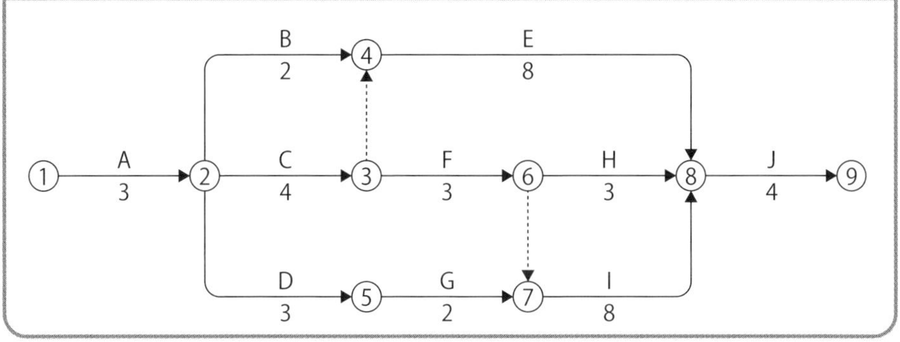

始点より、矢線の**進む**方向に従って、各作業の所要日数を**加算**して算出する。ルートが複数ある場合は、数字の**大きい**ほうを選択する。

①イベント①の最早開始時刻 ES_1
　＝ 0［日］
②イベント②の最早開始時刻 ES_2
　＝ **ES_1** ＋（**作業 A の所要日数**）＝ 0 ＋ 3 ＝ 3［日］
③イベント③の最早開始時刻 ES_3
　＝ **ES_2** ＋（**作業 C の所要日数**）＝ 3 ＋ 4 ＝ 7［日］

④イベント④の最早開始時刻 ES_4

＝ **ES_2** ＋（**作業 B の所要日数**）＝ 3 ＋ 2 ＝ 5［日］

＝ **ES_3** ＋（**ダミー**）＝ 7 ＋ 0 ＝ 7［日］

5 ＜ 7 より 7［日］

⑤イベント⑤の最早開始時刻 ES_5

＝ **ES_2** ＋（**作業 D の所要日数**）＝ 3 ＋ 3 ＝ 6［日］

⑥イベント⑥の最早開始時刻 ES_6

＝ **ES_3** ＋（**作業 F の所要日数**）＝ 7 ＋ 3 ＝ 10［日］

⑦イベント⑦の最早開始時刻 ES_7

＝ **ES_5** ＋（**作業 G の所要日数**）＝ 6 ＋ 2 ＝ 8［日］

＝ **ES_6** ＋（**ダミー**）＝ 10 ＋ 0 ＝ 10［日］

8 ＜ 10 より 10［日］

⑧イベント⑧の最早開始時刻 ES_8

＝ **ES_4** ＋（**作業 E の所要日数**）＝ 7 ＋ 8 ＝ 15［日］

＝ **ES_6** ＋（**作業 H の所要日数**）＝ 10 ＋ 3 ＝ 13［日］

＝ **ES_7** ＋（**作業 I の所要日数**）＝ 10 ＋ 8 ＝ 18［日］

13 ＜ 15 ＜ 18 より 18［日］

⑨イベント⑨の最早開始時刻 ES_9

＝ **ES_8** ＋（**作業 J の所要日数**）＝ 18 ＋ 4 ＝ 22［日］

⑩全所要日数

＝ **ES_9** ＝ 22［日］

算出した各イベント番号の最早開始時刻を、工程表上に図示すると次のとおりとなる。

最早開始時刻を図示したネットワーク工程表

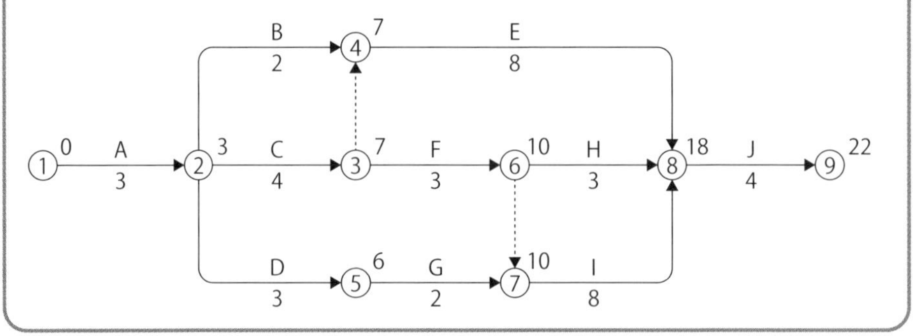

(6) 最遅完了時刻の求め方

先に示したネットワーク工程表の最遅完了時刻の求め方は、次のとおりである。

終点より、矢線の**戻る**方向に従って、各作業の所要日数を**減算**して算出する。ルートが複数ある場合は、数字の**小さい**ほうを選択する。

①イベント番号⑨の最遅完了時刻 LF_9

　＝ 22［日］

②イベント番号⑧の最遅完了時刻 LF_8

　＝ **LF_9** －（**作業 J の所要日数**）＝ 22 － 4 ＝ 18［日］

③イベント番号⑦の最遅完了時刻 LF_7

　＝ **LF_8** －（**作業 I の所要日数**）＝ 18 － 8 ＝ 10［日］

④イベント番号⑥の最遅完了時刻 LF_6

　＝ **LF_8** －（**作業 H の所要日数**）＝ 18 － 3 ＝ 15［日］

　＝ **LF_7** －（**ダミー**）＝ 10 － 0 ＝ 10［日］

　10 ＜ 15 より 10［日］

⑤イベント番号⑤の最遅完了時刻 LF_5

　＝ **LF_7** －（**作業 G の所要日数**）＝ 10 － 2 ＝ 8［日］

⑥イベント番号④の最遅完了時刻 LF_4

　＝ **LF_8** －（**作業 E の所要日数**）＝ 18 － 8 ＝ 10［日］

⑦イベント番号③の最遅完了時刻 LF_3

　＝ **LF_6** －（**作業 F の最遅完了時刻**）＝ 10 － 3 ＝ 7［日］

　＝ **LF_4** －（**ダミー**）＝ 10 － 0 ＝ 10［日］

　7 ＜ 10 より 7［日］

⑧イベント番号②の最遅完了時刻 LF_2

　＝ **LF_4** －（**作業 B の所要日数**）＝ 10 － 2 ＝ 8［日］

　＝ **LF_3** －（**作業 C の所要日数**）＝ 7 － 4 ＝ 3［日］

　＝ **LF_5** －（**作業 D の所要日数**）＝ 8 － 3 ＝ 5［日］

　3 ＜ 5 ＜ 8 より 3［日］

⑨イベント番号①の最遅完了時刻 LF_1

　＝ **LF_2** －（**作業 A の所要日数**）＝ 3 － 3 ＝ 0［日］

算出した各イベント番号の最遅完了時刻を、工程表上に図示すると次図のとおりとなる。

最早開始時刻と最遅完了時刻を図示したネットワーク工程表

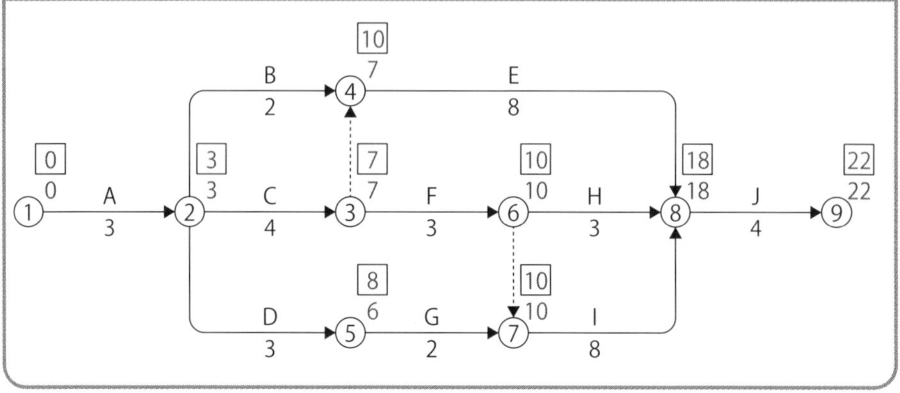

(7) フロートの求め方

先に示したネットワーク工程表のフロートの求め方は、次のとおりである。上図のネットワーク工程表の作業Bのフロートは、次のとおり算出される。

①作業Bのトータルフロート TF_B

＝ $\mathbf{LF_4}$ －（$\mathbf{ES_2}$ ＋**作業Bの所要日数**）＝ 10 －（3 ＋ 2）＝ 5［日］

②作業Bのフリーフロート FF_B

＝ $\mathbf{ES_4}$ －（$\mathbf{ES_2}$ ＋**作業Bの所要日数**）＝ 7 －（3 ＋ 2）＝ 2［日］

③作業Bのディペンデントフロート DF_B

＝ $\mathbf{TF_B}$ － $\mathbf{FF_B}$ ＝ 5 － 2 ＝ 3［日］

(8) クリティカルパスの求め方

クリティカルパス上の各フロートは0であるので、**最早開始時刻と最遅完了時刻の等しいイベント番号を通るルートがクリティカルパス**となる。先のネットワーク工程表において、最早開始時刻と最遅完了時刻の等しいイベント番号は①②③⑥⑦⑧⑨である。したがって、次ページの図の太線部がクリティカルパスとなる。ただし、クリティカルパスは1本とは限らないので、最早開始時刻と最遅完了時刻の等しいイベント番号を通るルートが、他にないか確認する必要がある。

クリティカルパスを図示したネットワーク工程表

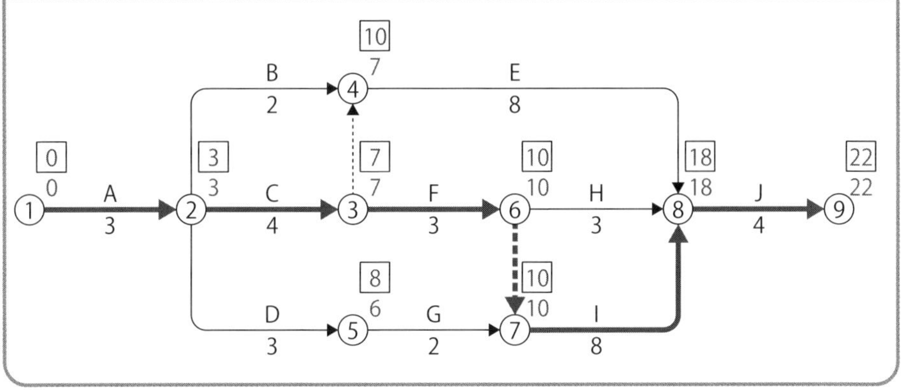

(9) 配員計画

①山積み図

下図のように、縦軸に人数、横軸に日程をとったものを**山積み図**という。先のネットワーク工程表の最早開始時刻を起点に作成した山積み図を次に示す。

山積み図

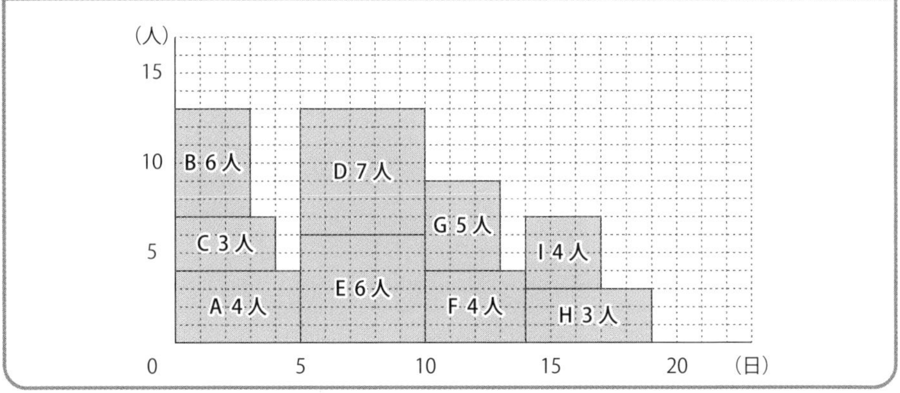

②マンパワースケジューリング（配員計画）

各作業を、**最早開始時刻と最遅完了時刻の可能な範囲内**で調整して、1日ごとの投入する**作業人数の平均化**を図ることをマンパワースケジューリング（配員計画）という。マンパワースケジューリング（配員計画）は、**工程短縮には寄与しない**。

演習問題

下図に示すネットワーク工程表に関する記述のうち、**適当でないもの**はどれか。ただし、図中のイベント間のＡ～Ｉは作業内容、日数は作業日数を表す。

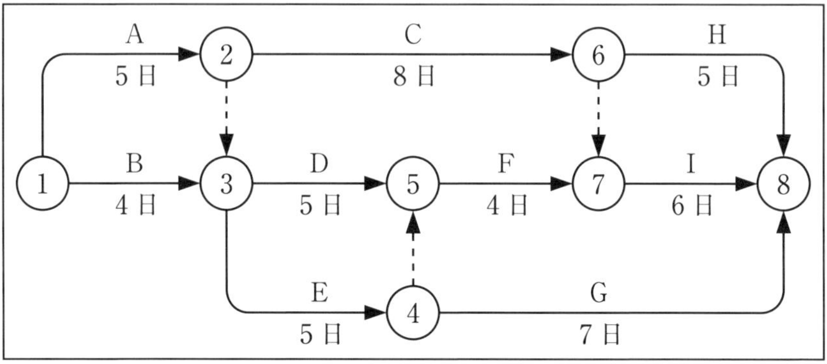

（1）クリティカルパスは 2 本あり、所要日数は 20 日である。

（2）作業Ｃの所要日数を 2 日短縮すれば、工期も 2 日間短縮できる。

（3）イベント⑦の最早開始時刻、最遅完了時刻はともに 14 日である。

（4）作業Ｇのトータルフロートは 3 日である。

正答（2）

設問のネットワーク工程表の各イベントの最早開始時刻と最遅完了時刻は、次のとおりである。

○：最早開始時刻、□：最遅完了時刻

（1）○　クリティカルパスは、①②③⑤⑦⑧と①②③④⑤⑦⑧の 2 本あり、所要日数は 20 日である。

（2）×　作業Ｃの所要日数を 2 日短縮すると、⑥のイベントの最早開始時刻は **13 日**から **11 日**に **2 日間**短縮されるが、⑦のイベントの最早開始時刻は **14 日**のまま変わらないので、所要日数は短縮されない。

（3）○　イベント⑦の最早開始時刻は 14 日、最遅完了時刻も 14 日である。

（4）○　作業Ｇのトータルフロートは、**20 −（10 ＋ 7）＝ 3**［日］と算定される。

短縮前の最早開始時刻と最遅完了時刻

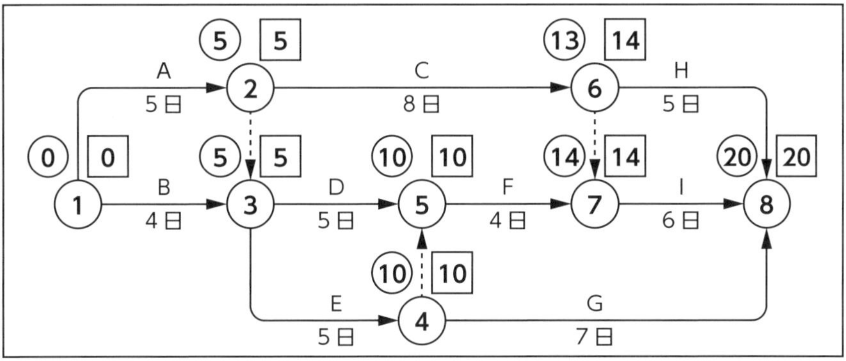

演習問題（応用能力）

工程管理に関する記述のうち、**適当でないもの**はどれか。**適当でないものは二つあるので、二つとも答えなさい。**

(1) ネットワーク工程表において、作業の出発結合点の最早開始時刻から到着結合点の最遅完了時刻までの時間から、当該作業の所要時間を引いた余裕時間をトータルフロートという。

(2) バーチャート工程表は、各作業の着手日と終了日の間を横線で結ぶもので、各作業の所要日数と施工日程が分かりやすい。

(3) ネットワーク工程表において、後続作業の最早開始時刻に影響を及ぼすことなく使用できる余裕時間をインターフェアリングフロートという。

(4) 総工事費が最少となる最も経済的な工期を最適工期といい、このときの施工速度を採算速度という。

正答と解説は次ページに掲載

正答（3）、（4）

（1）○ 設問のとおりである。トータルフロートは、**余裕時間**のことで、最早開始時刻で作業を始めて最遅完了時刻で終了したときの時間から当該作業の所要時間を引いたときに出てくるフロートのことをいう。

（2）○ 設問のとおりである。縦軸を作業名、横軸を月日としたグラフである。

（3）× 設問は**フリーフロート**のことである。インターフェアリングフロートとは、トータルフロートのうちの**フリーフロート部分以外**のフロートで、**ディペンデントフロート**ともいう。

（4）× 総工事費が最少となる最も経済的な工期を最適工期といい、このときの施工速度を**経済速度**という。なお、採算速度とは、損失より利益が上回り採算が取れる施工速度をいう。

頻出項目を覚えよう！

1 □ ネットワーク工程表において、クリティカルパス上の各イベントにおける最早開始時刻と最遅完了時刻は、**同時刻**である。

2 □ ネットワーク工程表において、クリティカルパス上のアクティビティのフロートは **0** である。

こんな選択肢は誤りだ！

ネットワーク工程表において、日程短縮のために検討を要する作業は、当初のクリティカルパス上の作業だけ~~である~~。

ネットワーク工程表において、日程短縮のために検討を要する作業は、当初のクリティカルパス上の作業だけ**とは限らない**。

ネットワーク工程表において、~~イベント~~とは所要時間のことで、アクティビティ（作業）に付された数字のことである。

ネットワーク工程表において、**デュレイション**とは所要時間のことで、アクティビティ（作業）に付された数字のことである。

4 品質管理

品質の目標や管理体制等を記載した品質計画に基づいて、問題点や改善方法を見出しながら、設計図書で要求された品質を確保する方法である。品質管理として行う内容には、**製作図や施工図の検討**、**機器の工場検査**、**搬入材料の受入れ検査**、**水圧試験**、**風量調整の確認**、**施工検査**、**試運転調整の確認**などが含まれる。管工事の品質に影響を与える要因としては、現場加工材料の良否、機器の据付け状況などがある。

(1) QC7つ道具

QCとはクオリティ・コントロールの略で、品質管理と訳される。QC7つ道具とは、**パレート図**、**特性要因図**、**ヒストグラム**、**チェックシート**、**管理図**、**散布図**及び**層別**のことである。QC7つ道具を駆使してデータを整理し、適切な品質管理を行う。

①パレート図

不良品、故障などの発生個数を原因別に分類し、**大きい順**に並べてその大きさを**棒グラフ**とし、さらに順次**累積した折れ線グラフ**で表した図で、以下のことがわかる。

- 大きな不良項目
- 不良項目の順位
- 不良項目の全体に占める割合
- 重点不良項目
- 不良対策の効果

パレート図の例

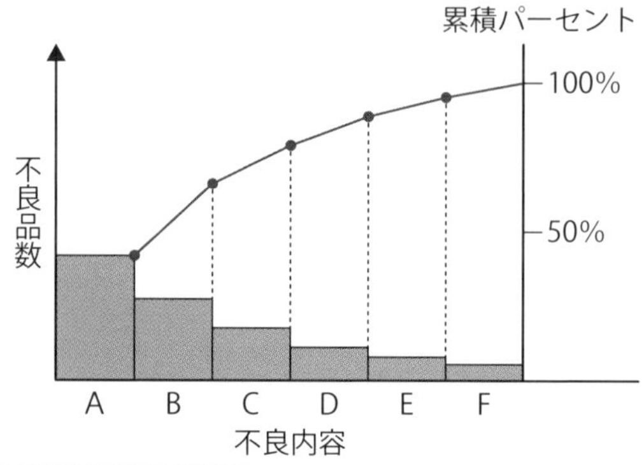

②特性要因図

　特性（**結果**）と、それに影響を与える**要因**（**原因**）との関係を一目でわかるように、体系的に整理した図で、「**魚の骨**」と呼ばれている。特性要因図の特徴は次のとおりである。

- 不良の原因を**体系的に整理**できる。
- **関係者の意見**を引き出しやすい。
- 原因を**深く追究**できる。
- 全員の**問題意識を統一**できる。
- **教育に用いる**ことができる。

特性要因図の例

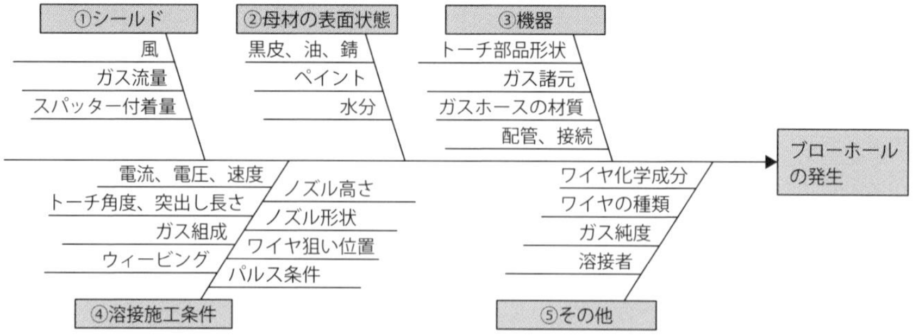

③ヒストグラム

データを適当な幅に分け、その中の度数を縦軸にとった**柱状図**。ヒストグラムからは次のことがわかる。

- データの**全体分布**や**ばらつき**の状況がわかる。
- データの概略の**平均値**がわかる。
- データの分布から**規則性**をつかんで不良原因の**追究**ができる。
- データの規格の**上限・下限**からはずれている度合いがわかる。

ヒストグラムの例

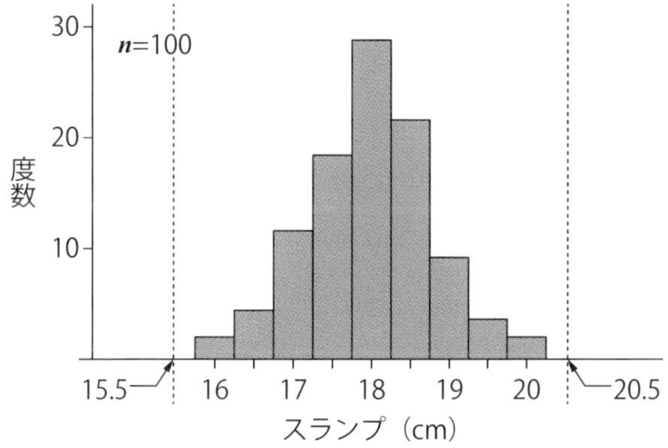

④チェックシート

データを分類項目別に集計・整理し、分布が判断しやすく記入できるようにした**記録用紙**のこと。

⑤管理図

データをプロットした点を直線で結んだ**折れ線グラフ**に、異常を知るための中心線や上方、下方管理限界線を記入したもの。管理図からは次のことがわかる。

- 異常なばらつきを**早期発見**できる。
- データの**時間的変化**がわかる。

管理図の例

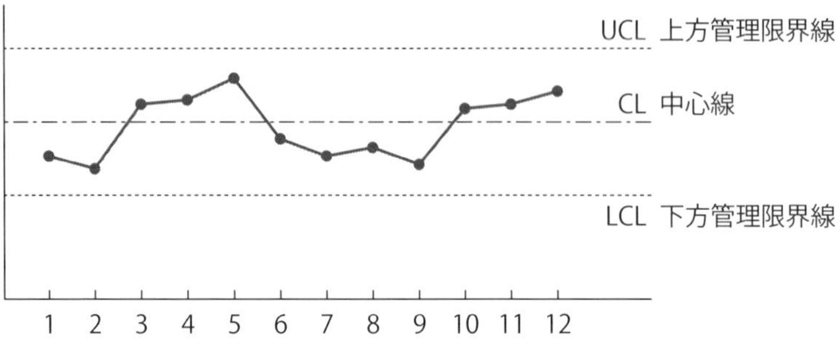

⑥散布図

2つの対になったデータを縦軸と横軸にとり、**点**をグラフに**プロット**した図。2つのデータに強い相関関係があれば、点の分布は直線または曲線に近づく。散布図でわかることは次のとおりである。

- **プロット**された**点**の分布の状態より、2つの特性の関係がわかる。
- **相関関係**がある場合の対処方法がわかる。

散布図の例

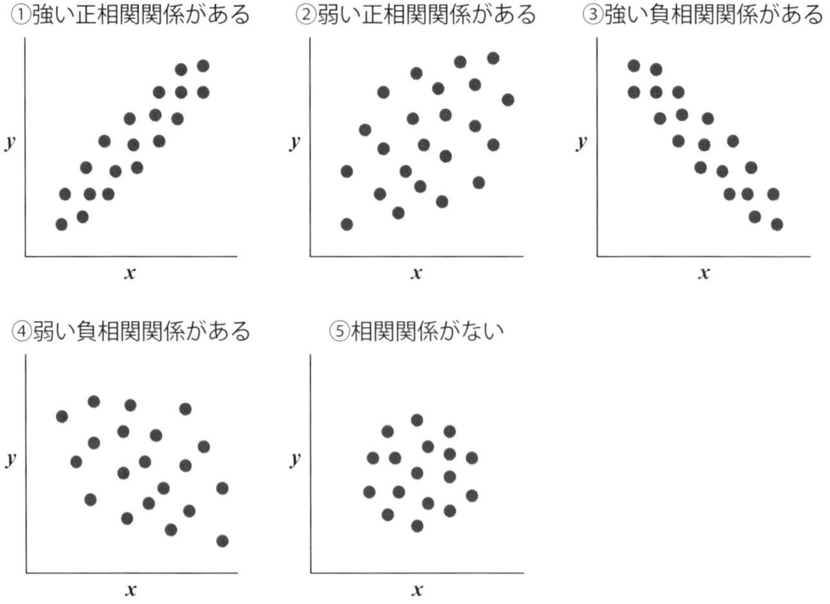

⑦層別

層別とは、多数のデータをある特性に従って、適当ないくつかの**グループに分ける**ことをいう。層別の利点は次のとおりである。

・データ全体の**傾向**が把握しやすい。
・**グループ間の違い**が明確になる。
・**管理対象範囲**が把握しやすい。

層別の例

層別の種類	例
時間別	時間、日、昼と夜、週、月、季節など
作業員別	組（ライン）、熟練度、新旧、男女、年齢、班、直（シフト）など
機械・装置別	機械、形式、新旧、構造、治具など
作業方法別	温度、圧力、作業条件、作業方法など
原料・材料別	納入業者、成分、原料・材料、ロット、メーカーなど
測定・検査別	試験機、計測器、測定者、検査員など

演習問題

品質管理に用いられる下図の名称として、適当なものはどれか。

（1）パレート図
（2）ヒストグラム
（3）散布図
（4）特性要因図

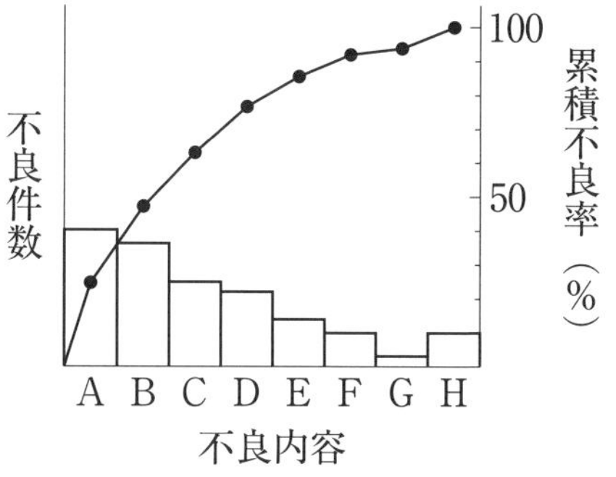

正答（1）

図の名称は**パレート図**である。

頻出項目を覚えよう！

1 ■ **管理図**は、データをプロットして結んだ折れ線と管理限界線により、データの時間的変化や異常なばらつきがわかる。

2 ■ **散布図**は、2つの変動要素をX軸とY軸とし、両者の対応する点をグラフ上にプロットすることにより、2つのデータ関係を把握することができる。

こんな選択肢は誤りだ！

特性要因図は「魚の骨」とも呼ばれ、データの時間的変化や異常なばらつき~~がわかる~~。

特性要因図は「魚の骨」とも呼ばれ、データの時間的変化や異常なばらつき**はわからない**。

~~特性要因図~~は、2つの変動要素をX軸とY軸とし、両者の対応する点をグラフ上にプロットすることにより、2つのデータ関係を把握することができる。

散布図は、2つの変動要素をX軸とY軸とし、両者の対応する点をグラフ上にプロットすることにより、2つのデータ関係を把握することができる。

(2) デミングサークル

デミングサークルとは、作業を**計画**（P）→**実施**（D）→**検討**（C）→**処置**（A）→**計画**（P）と繰り返すことによって、品質の改善を図ることである。デミングサークルを建築生産に当てはめると、**設計**（P）→**施工**（D）→**検査**（C）→**改善**（A）→**設計**（P）となる。

デミングサークル

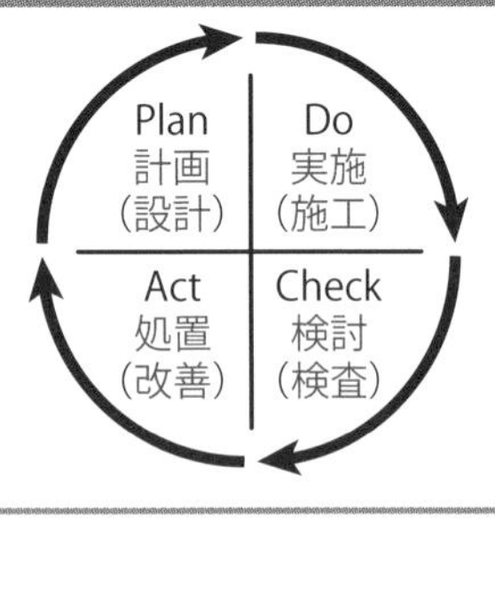

(3) 品質管理の効果

品質管理を行うことによる効果には、施工途中の不良発見による手戻り防止による**手直しの減少**、目的物完成後の**クレームの減少**、**工事原価の低減**、**品質の向上や均一化**などがある。

(4) 全数検査と抜取検査

検査には、検査対象により、全数を対象に検査する**全数検査**と、一部を抽出して検査を行う**抜取検査**に大別される。

全数検査、抜取検査に関する事項は、次のとおりである。

①全数検査

- 配管の**水圧試験**、空気調和機等の**試運転調整**などは全数検査を行う。
- **大型機器**、**防災機器**や**特注製品**で直ちに取替えがきかない機器などは全数検査を行う。
- **不良品の混入が許されない**場合は、全数検査を行う。

②抜取検査

- **品質基準が明確**であり、再現性が確保されている製品には、抜取検査を適用できる。
- 計量抜取検査を適用する場合は、特性値が**正規分布**をしていることが前提条件である。
- 品物を破壊しなければ**検査の目的を達し得ない**場合には、抜取検査を適用する。
- 不良品の混入が許されない場合は、**抜取検査**は適用できない。

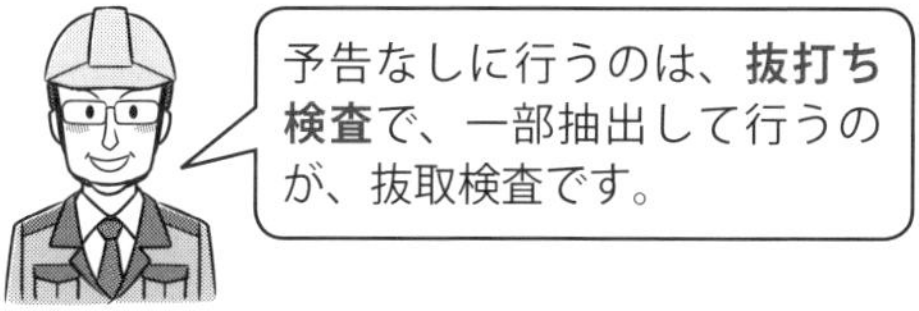

演習問題

品質管理に関する記述のうち、**適当でないもの**はどれか。

（1）品質管理とは、品質の目標や管理体制等を記載した品質計画に基づいて、設計図書で要求された品質を確保する方法である。
（2）品質管理には、施工図の検討、機器の工場検査、装置の試運転調整などがある。
（3）全数検査は、大型機器、防災機器の検査や配管の水圧試験、空気調和機等の試運転調整について実施する。
（4）抜取検査は、不良品の混入が許されない製品を、安価に検査する場合に適用する。

正答（4）

不良品の混入が許されない場合は、**全数検査**を行う。

頻出項目を覚えよう！

1 ■ デミングサークルの目的は、作業を**計画**（P）→**実施**（D）→**検討**（C）→**処置**（A）→**計画**（P）と繰り返すことによって、品質の改善を図ることである。

こんな選択肢は誤りだ！

品質管理を行うことによって工事費は~~増加するが~~、品質の向上や均一化に効果がある。

品質管理を行うことによって工事費は**減少し**、品質の向上や均一化に効果がある。

5 安全管理

ツールボックスミーティングやリスクアセスメントなどの安全管理手法を駆使しながら、**労働安全衛生法**などの関連法規を遵守し、**労働災害の防止を図る**一連の活動をいう。安全管理に関する主な事項は、次のとおりである。

(1) ツールボックスミーティング

関係する作業者が**作業開始前**に集まり、その日の作業、安全等について話合いを行うことで、**職場安全会議**とも呼ばれている。ツールボックス（道具箱）のそばで、ミーティング（打合せ）を行うことが多いので比喩された用語である。

(2) 安全施工サイクル

安全朝礼から始まり、**安全ミーティング**、**安全巡回**（**所長巡視**）、**安全工程打合せ**、**持ち場後片付け**までの１日の活動サイクルのことである。

安全施工サイクル

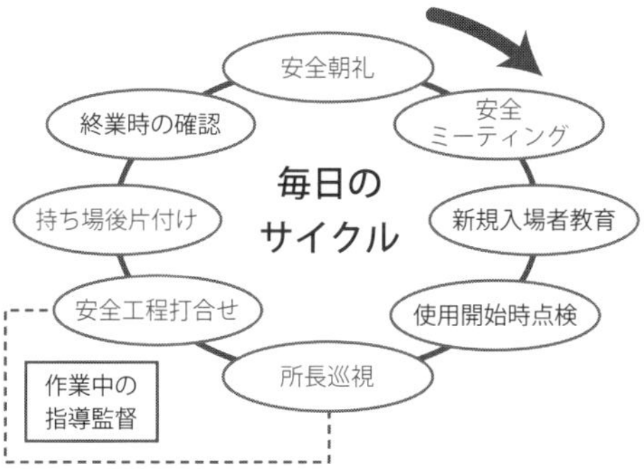

ツールボックスミーティングは、**作業開始前**に実施するもので、**TBM** と略されます。

(3) リスクアセスメント

建設現場に潜在する**危険性**または**有害性**を洗い出し、それによる**リスクを見積もり**、その**大きいものから優先**してリスクを除去、低減する手法である。

リスクアセスメントの標識

リスクアセスメントで
めざせ危険・有害性の除去・低減

ステップ 1　危険性または有害性の特定
ステップ 2　リスクの見積もり・評価
ステップ 3　リスク低減措置内容の検討
ステップ 4　リスク低減措置の実施
ステップ 5　実施内容の記録

(4) 重大災害

労働安全衛生法上、重大災害とは、業務上、一時に **3 人以上**の労働者が死亡または負傷をした災害事故で、労働基準監督署に速やかに報告しなければならない。

ゴロ合わせで覚えよう！　**重大災害**

残忍な　重大災害
(3 人)

労働安全衛生法上、重大災害とは、業務上、一時に 3 人以上の労働者が死亡または負傷をした災害事故である。

(5) 安全衛生管理体制

元請と下請が混在して**常時 50 人以上**の労働者が作業を行う建設現場の安全衛生管理体制において、労働安全衛生法上、各社が選任しなければならない者は、次のとおりである。

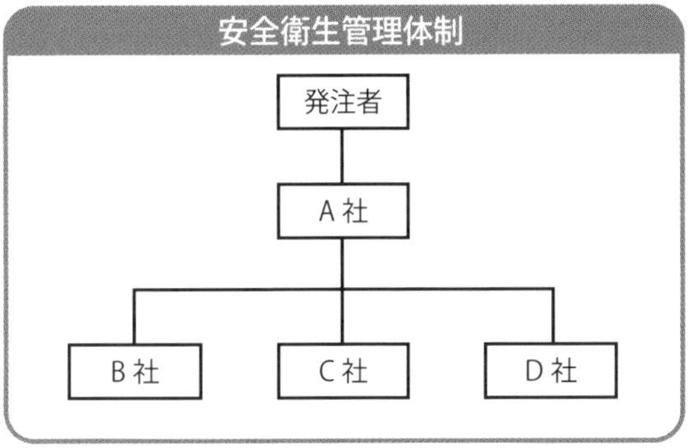

安全衛生管理体制

A社：**統括安全衛生責任者、元方安全衛生管理者**
B社：**安全衛生責任者**
C社：**安全衛生責任者**
D社：**安全衛生責任者**

(6) 安全または衛生のための教育

労働安全衛生法上、事業者は、労働者を**雇い入れたとき**または労働者の**作業内容を変更したとき**は、当該労働者に対し、その従事する業務に関する**安全または衛生のための教育**を行わなければならない。

(7) 特定元方事業者

労働安全衛生法上、建設業、造船業に属する事業において、一の場所において、請け負った仕事の一部を他の請負人に請け負わせている事業者をいう。特定元方事業者に関する事項は、次のとおりである。

- 労働災害を防止するために、作業場所を、**毎作業日**に少なくとも**1回巡視**しなければならない。
- 関係請負人が行う労働者の**安全**または**衛生のための教育に対する指導及び援助**を行う措置を講じなければならない。

(8) 高所作業

安全管理上の高所作業に関する事項は、次のとおりである。

- 高さが**2m以上**の作業床の端、**開口部**等で墜落により労働者に危険を及ぼすおそれのある箇所には、**囲い**、**手すり**、**覆い**等を設けなければならない。
- 枠組足場以外の高さ**2m以上**の作業床には、墜落のおそれがある箇所に、**高さ85cm以上の手すり**と中さんを取り付けなければならない。

※ゴロ合わせはP.230

ゴロ合わせで覚えよう！ **高所作業**

端っこ　から落ちない手すり
（85cm）

枠組足場以外の高さ **2m以上**の作業床には、墜落のおそれがある箇所に、高さ **85cm以上**の手すりと中さんを取り付けなければならない。

- 墜落防止のために労働者に墜落制止用器具を使用させるときは、墜落制止用器具及びその取付け設備等の異常の有無について、**随時点検**させなければならない。
- 高さが 2m 以上の箇所で作業を行うときは、作業を安全に行うため必要な**照度**を保持しなければならない。

(9) 高所作業車

安全管理上の高所作業車に関する事項は、次のとおりである。

- 作業床の高さが **10m以上**の高所作業車の運転（道路上を走行させる運転を除く）業務は、当該業務に係る**技能講習**を修了した者に行わせなければならない。
- 作業床の高さが **10m未満**の高所作業車の運転（道路上を走行させる運転を除く）業務は、当該業務に係る**技能講習**または**特別の教育を修了した者**に行わせなければならない。
- 高所作業車（作業床が接地面に対し垂直にのみ上昇し、または下降する構造のものを除く）を用いて作業を行うときは、作業床上では**墜落制止用器具を使用**しなければならない。

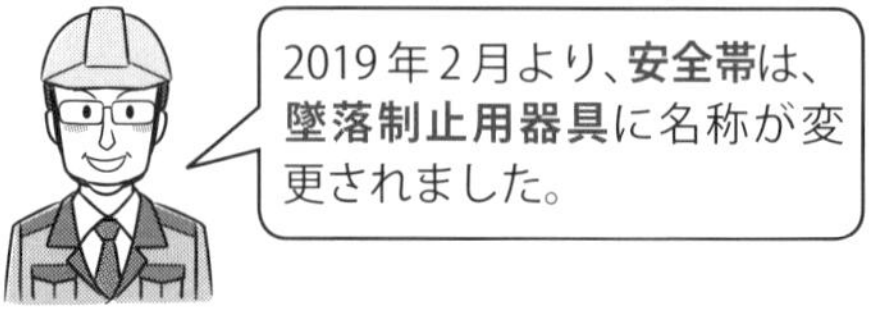

(10) 掘削

安全管理上の掘削に関する事項は、次のとおりである。

- 明り掘削の作業を行う場合、運搬機械等が転落するおそれのあるときは、**誘導者を配置**し、その者にこれらの機械を誘導させなければならない。
- 明り掘削作業を行う場合、運搬機械が労働者の作業箇所に後進して接近するときは、**誘導者を配置**し、その者に運搬機械を誘導させなければならない。
- 深さが **1.5m を超える**箇所で作業を行うときは、原則として、安全に**昇降するための設備**等を設けなければならない。

ゴロ合わせで覚えよう！　掘削

イチゴ　**ショートで**
(1.5m)　(昇降)

肥える
(超)

深さが 1.5m を超える場所での作業は、安全に昇降するための設備を設ける。

(11) 足場・通路・はしご道

安全管理上の足場・通路・はしご道に関する事項は、次のとおりである。

- 幅が 1m 以上の箇所において足場を使用するときは、原則として**本足場**を使用しなければならない。
- 鋼管足場において、鋼管の接続部または交さ部は、**適合した附属金具**で確実に接続または緊結し、**筋かい**で補強しなければならない。
- 屋内に設ける通路には、通路面から **1.8m 以内**の高さに**障害物**を置いてはならない。
- 架設通路のうち、高さ **8m 以上**の登りさん橋には、**7m 以内ごとに踊場**を設けなければならない。
- はしご道は、はしごの転位防止のための措置を行い、はしごの上端を床から **60cm 以上突出**させなければならない。

※ゴロ合わせは P.232

ゴロ合わせで覚えよう！　足場・通路・はしご道

障害物はいや　花踊り
（1.8m）（8m）（7m 踊場）

ろくでなしの　はしご酒
（60cm）

屋内通路は、通路面から **1.8m** 以内の高さに障害物を置いてはいけない。
架設通路で高さ **8m** 以上の登りさん橋は、**7m** 以内ごとに**踊場**を設ける。
はしご道は、はしごの転位防止の措置を行い、上端を床から **60cm** 以上突出させる。

(12) 溶接

安全管理上の溶接に関する事項は、次のとおりである。

・アーク溶接の作業者に使用させるために、保護衣、保護眼鏡等適切な保護具を備えておかなければならない。

・交流アーク溶接機の**自動電撃防止装置**（自動で感電を防止する装置）は、**その日の使用を開始する前**に、作動状態を**点検**しなければならない。

(13) 重量物・揚重

安全管理上の重量物・揚重に関する事項は、次のとおりである。

・1つの荷物で重量が **100kg 以上**のものを、貨物自動車に積む作業または貨物自動車から卸す作業を行うときは、当該**作業を指揮する者**を定めなければならない。

移動式クレーンの就業制限

移動式クレーンのつり上げ荷重	運転者の資格
5t 以上	運転士免許（※1）
1t 以上～ 5t 未満	技能講習（※2）
1t 未満	特別教育（※3）

（※1）移動式クレーン運転士免許を受けた者
（※2）小型移動式クレーン運転技能講習を修了した者
（※3）移動式クレーンの運転の業務に係る特別の教育を修了した者

(14) 熱中症

安全管理上の熱中症に関する事項は、次のとおりである。

・**暑さ指数**（WBGT（湿球黒球温度）：Wet Bulb Globe Temperature）は、熱中症を予防することを目的として1954年にアメリカで提案された人体の熱収支に与える影響の大きい①**気温**、②**湿度**、③**輻射**《ふくしゃ》**熱**の３つを取り入れた指標である。

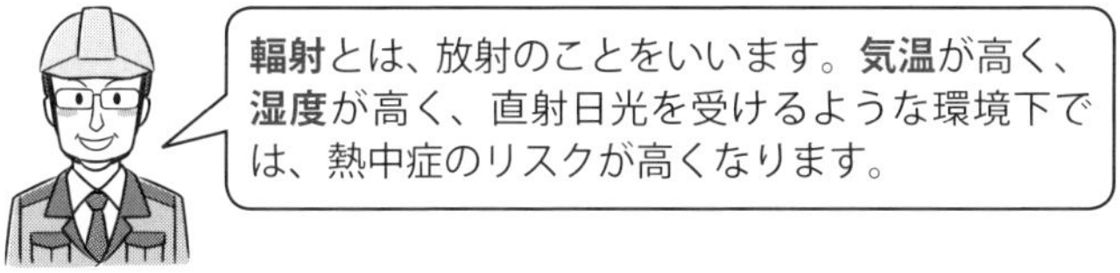

(15) 酸欠・石綿

安全管理上の酸欠・石綿に関する事項は、次のとおりである。

・し尿や汚水を入れたことのあるタンク内において作業を行う場合は、**その日の作業を開始する前**に、当該作業場の空気中の**酸素**及び**硫化水素**の**濃度**を測定しなければならない。また、作業中、作業場所の空気中の酸素濃度が**18%以上**に保たれるように換気を行わなければならない。

・事業者は、建築物の解体を行う場合、石綿等による労働者の健康障害を防止するために、**石綿等の使用の有無**を目視、設計図書などにより**調査**し、**記録**しなければならない。

(16) 高齢者

安全管理上の高齢者に関する事項は、次のとおりである。

・高年齢労働者に対しては、**加齢による心身機能の変化**を十分に考慮して、作業方法、機械・設備などの**改善**、**健康の保持・増進**を行うことが必要である。

演習問題

建設工事現場における安全管理に関する記述のうち、**適当でないもの**はどれか。

（1）作業床の高さが 10m 以上の高所作業車の運転（道路上を走行させる運転を除く）業務は、事業者が行う当該業務に関わる特別の教育を修了した者に行わせなければならない。
（2）暑さ指数（WBGT）は、気温、湿度及び輻射熱に関係する値により算出される指数で、熱中症予防のための指標である。
（3）事業者は、建築物の解体を行う場合、石綿等による労働者の健康障害を防止するために、石綿等の使用の有無を目視、設計図書などにより調査し、記録しなければならない。
（4）リスクアセスメントとは、建設現場に潜在する危険性又は有害性を洗い出し、それによるリスクを見積もり、その大きいものから優先してリスクを除去、低減する手法である。

正答（1）

作業床の高さが 10m 以上の高所作業車の運転（道路上を走行させる運転を除く）業務は、**技能講習**を修了した者に行わせなければならない。

頻出項目を覚えよう！

1 □ 重大災害とは、業務上、一時に **3 人以上**の労働者が死亡または負傷をした災害事故で、労働基準監督署に速報しなければならない。

こんな選択肢は誤りだ！

~~安全衛生責任者~~は、関係請負人が行う労働者の安全または衛生のための教育に対する指導及び援助を行う措置を講じなければならない。

特定元方事業者は、関係請負人が行う労働者の安全または衛生のための教育に対する指導及び援助を行う措置を講じなければならない。

演習問題

建設工事現場における危険防止に関する記述のうち、**適当でないもの**はどれか。

(1) 屋外で金属をアーク溶接する作業者に使用させるため、呼吸用保護具等の適切な保護具を備える。
(2) 枠組足場以外の高さ 2m の作業床には、墜落のおそれがある箇所に、高さ 65cm の手すりと中さんを取り付ける。
(3) 作業場所の空気中の酸素濃度が 18%以上に保たれるように換気を行う。
(4) 墜落防止のために労働者に墜落制止用器具を使用させるときは、墜落制止用器具及びその取付け設備等の異常の有無について、随時点検する。

正答 (2)

枠組足場以外の高さ 2m 以上の作業床には、墜落のおそれがある箇所に、**高さ 85cm 以上**の手すりと中さんを取り付ける必要がある。

頻出項目を覚えよう！

1 □ 高さが **2m 以上**の箇所で作業を行うときは、作業を安全に行うため必要な照度を保持しなければならない。

こんな選択肢は誤りだ！

鋼管足場において、鋼管の接続部または交さ部は、~~鉄線その他の丈夫な材料~~で確実に接続または緊結し、筋かいで補強しなければならない。

鋼管足場において、鋼管の接続部または交さ部は、**適合した附属金具**で確実に接続または緊結し、筋かいで補強しなければならない。

第2章　施工管理法

Lesson 2　工事施工

一次　二次

ここが Point！　　重要度 ★★★

工事施工の分野からは、機器の据付け、配管・ダクトの施工に関する事項が出題される。特にこの工事施工の分野の内容は、第二次検定を解くのに必要な知識でもあるので、しっかり学習しよう。

1　機器の据付け

(1) 基礎

設備機器は、コンクリートの基礎にアンカーボルトで堅固に据え付ける必要がある。機器を据え付けるためのコンクリート基礎とアンカーボルトに関する事項は、次のとおりである。

①コンクリート

基礎のコンクリートに関する事項は、次のとおりである。

- 基礎に多量のコンクリートを打設する場合は、あらかじめ工場でセメント、砂、砂利、水が調合されたレディーミクストコンクリートを使用し、**呼び強度は $21N/mm^2$ 以上**とする。
- コンクリートを現場練りとする場合の調合（容積比）は、**セメント1、砂2、砂利4**程度とする。

②埋込みアンカーボルト

フレッシュコンクリートに埋め込んで施工するアンカーボルトを埋込みアンカーボルトという。埋込みアンカーボルトに関する事項は、次のとおりである。

- アンカーボルトの**径及び埋込み長さ**は、アンカーボルトに加わる**引抜き力**、**せん断力**及びアンカーボルトの**本数**などから決定する。
- アンカーボルトの**埋込み位置**と**基礎縁**の距離が**不十分**な場合、**地震時**に基礎が**破損**することがあるので、埋込み位置と基礎縁の距離を十分確保する。

・**L形**アンカーボルトは、J形アンカーボルトに比べて、許容引抜き荷重が**小さい**。

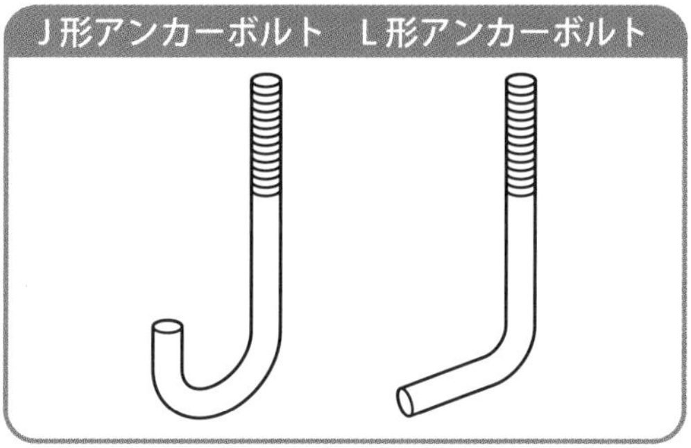

③あと施工アンカーボルト

硬化後の基礎コンクリートに打設するアンカーボルトを、**あと施工アンカーボルト**という。あと施工アンカーボルトは、硬化後のコンクリートに穿孔《せんこう》して、アンカーボルトを打設する。あと施工アンカーボルトは、金属がくさびのように拡張して固定されるメカニカルアンカーボルトの一種である**金属拡張アンカーボルト**と、接着剤により固定される**接着系アンカーボルト**に大別される。あと施工アンカーボルトに関する事項は、次のとおりである。

・あと施工アンカーボルトは、基礎コンクリートの強度が、規定以上であることを確認してから打設する。
・あと施工のメカニカルアンカーボルトは、**おねじ形**のほうが、めねじ形よりも**許容引抜き力**が**大きい**。

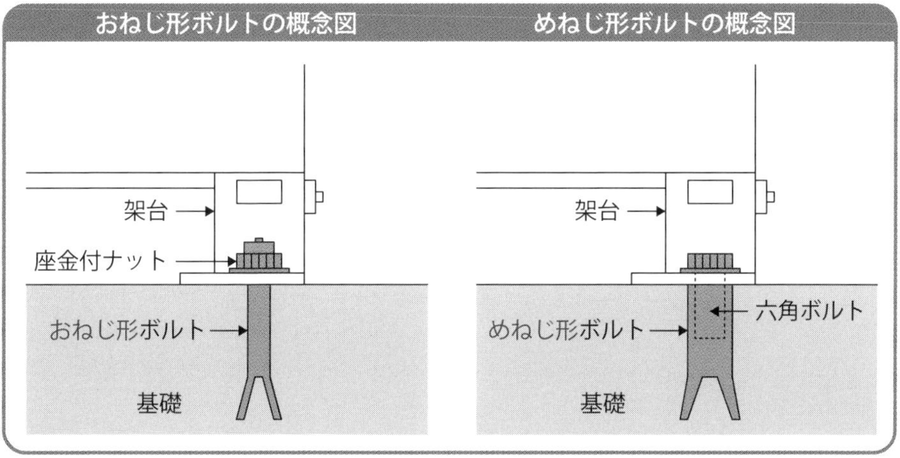

・あと施工アンカーボルトにおいては、**接着系アンカーボルト**は、下向き取付けの場合、金属拡張アンカーボルトに比べて、**許容引抜き荷重が大きい**。
・ガラス管式接着系アンカーボルトの施工は、躯体穿孔、切粉《きりこ》等除去（孔内清掃）、カプセル挿入、アンカーボルト打込みの順序で行う。
・カプセル方式の接着系アンカーボルトを施工する場合、マーキング位置までアンカーボルトを埋込み後、接着剤が**硬化**するまでアンカーボルトを**静置させる**。

ガラス管式接着系アンカーボルトの施工

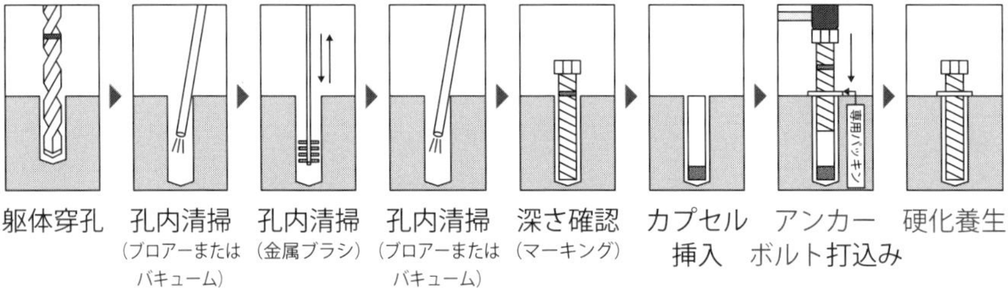

演習問題

アンカーボルトに関する記述のうち、**適当でないもの**はどれか。

（1）あと施工のアンカーボルトにおいては、下向き取付けの場合、金属拡張アンカーに比べて、接着系アンカーの許容引抜き力は小さい。
（2）あと施工のメカニカルアンカーボルトは、めねじ形よりおねじ形のほうが許容引抜き力が大きい。
（3）アンカーボルトの径及び埋込み長さは、アンカーボルトに加わる引抜き力、せん断力及びアンカーボルトの本数などから決定する。
（4）アンカーボルトの埋込み位置と基礎縁の距離が不十分な場合、地震時に基礎が破損することがある。

正答（1）

下向き取付けの場合、金属拡張アンカーに比べて接着系アンカーのほうが、許容引抜き力が**大きい**。

頻出項目を覚えよう！

1 ■ ガラス管式接着系アンカーボルトの施工は、**躯体穿孔**、**切粉等除去**（孔内清掃）、**カプセル挿入**、**アンカーボルト打込み**の順序で行う。

こんな選択肢は誤りだ！

L 形アンカーボルトは、J 形及びヘッド付アンカーボルトに比べて、許容引抜き荷重が~~大きい~~。

L 形アンカーボルトは、J 形及びヘッド付アンカーボルトに比べて、許容引抜き荷重が**小さい**。

(2) 機器の据付け

設備機器の据付けに関する事項は、次のとおりである。

①一般事項

- 冷凍機、ボイラー、冷却塔などの大型機器は、運転時における全体質量の **3 倍以上**の長期荷重に耐えられる**鉄筋**コンクリート基礎に据え付ける。
- 冷凍機、ボイラー、冷却塔などの大型機器の基礎は、コンクリートの打込み後、適切な養生を行い、**10 日**経過した後に機器を据え付ける。

ゴロ合わせで覚えよう！　**機器の据付け**

ちょっと待とうか
（10 日）

機器の据付け

大型機器の基礎は、コンクリート打込み後、適切な養生を行い **10 日**経過した後に機器を据え付ける。

- 冷凍機、ボイラー、冷却塔などの大型機器は、構造体と一体となった**鉄筋**コンクリート基礎上に鋼製架台を取り付けて、堅固に据え付ける。
- 振動を伴う機器の基礎は、**防振基礎**とし、地震時に大きな変位を生じるおそれがあるので、**耐震ストッパー**を設ける。

耐震ストッパーの例

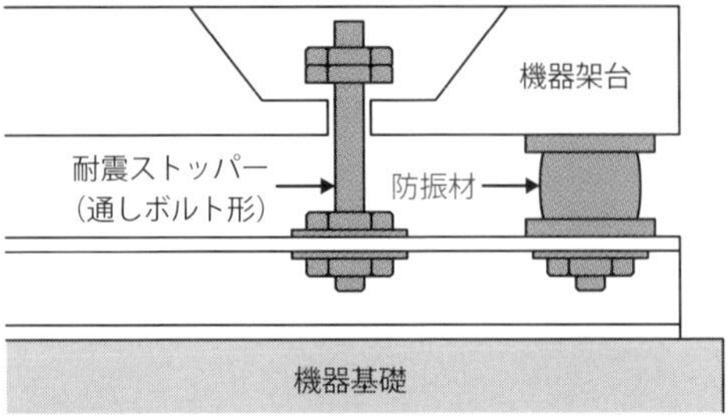

- 振動を伴う機器の固定は、ナットが緩まないように**ダブルナット**とし、頂部にねじ山が**3山**程度出るように増し締め後、確認の**マーキング**を行う。

②冷凍機

- 冷凍機は、凝縮器のチューブ引出し用として有効な空間を確保するとともに、周囲に保守点検スペースを**1m以上**確保して据え付ける。
- 真空または窒素加圧の状態で分割搬入された冷凍機は、**機内を大気に開放せず**に、組立て、据付け、配管の接続を行う。
- 吸収冷温水機は、脚部の振動の振幅値が小さいため、屋上や中間階設置の場合、**防振ゴムパッド**（ゴム板）上に据え付けることが多い。

③冷却塔

- 冷却塔は、隣接建物及び周囲の**外気取入れガラリやボイラー用煙突から十分離して**据え付ける。
- 冷却塔の補給水口の高さは、ボールタップを作動させるため、高置タンクの低水位より**3m以上の落差**が確保できる位置とする。

④ボイラー

- **ボイラー側面**と壁・配管等の構造物との離隔を**0.45m以上**確保する。
- **ボイラー最上部**と天井・配管等の構造物との離隔を**1.2m以上**確保する。

⑤ユニット形空気調和機

- ユニット形空気調和機は、コンクリート基礎の上に**防振ゴムパッド**を敷き、水平に据え付ける。

⑥送風機

・**呼び番号**（羽根外径 150mm を 1 単位としたもの）**2 未満**の送風機を天吊りする場合は、天井より**吊ボルト**にてつり下げ、振れ防止のためターンバックルをつけた斜材を 4 方向に設けて据え付けることができる。

・**呼び番号 2 以上**の送風機は床置きとするが、やむを得ず天吊りとする場合は、**形鋼**《かたこう》でかご形に溶接した架台上に据え付ける。

・送風機は、V ベルト（断面が V 字の駆動用ベルト）の回転方向が、ベルトの**下側が引張り**となるように設置する。

送風機の V ベルト

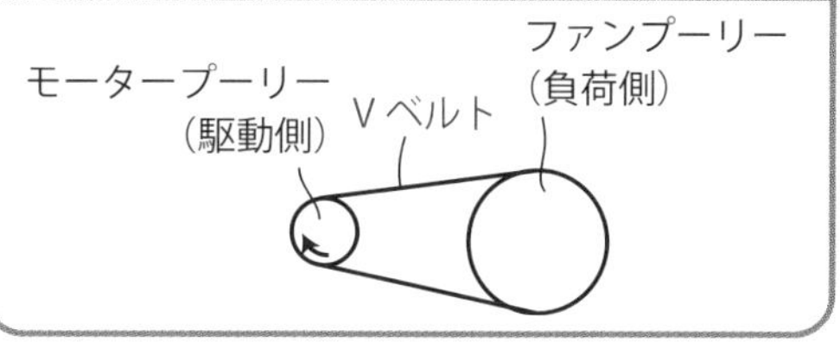

・送風機とモーターの**プーリー**（滑車）の**心出し**は、外側面に**定規**や**水糸**《みずいと》などを当てて調整する。

・送風機における V ベルトの張りは、指で押して V ベルトの**厚さ程度たわむ**ように調整する。

・送風機吐出口とダクトの接続は、吐出口断面からダクト断面への変形を傾斜角 **15 度以下の漸**《ぜん》**拡大**とする。

⑦貯水タンク

・飲料用の貯水タンクは、コンクリート製の独立基礎の上に鋼製架台を介して、水平、かつ、底面の高さが **600mm 以上**になるよう堅固に固定する。

⑧ポンプ

・渦巻ポンプの吸込み管内が**負圧**になるおそれがある場合は、**連成計**（負圧と正圧を計測できる圧力計）を取り付ける。

・排水用水中モーターポンプの据付け位置は、排水槽への**排水流入口から離れた場所**とする。

連成計の例

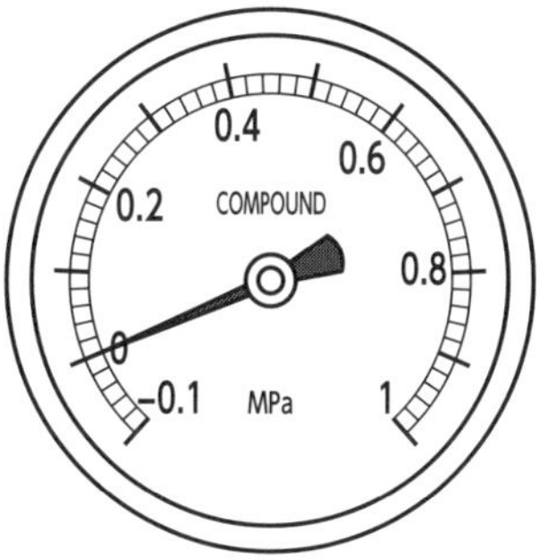

演習問題

機器の据付けに関する記述のうち、**適当でないもの**はどれか。

(1) 吸収冷温水機は、脚部の振動の振幅値が小さいため、屋上や中間階設置の場合、防振パッド上に据え付けることが多い。
(2) 送風機の防振基礎には、地震による横ずれや、転倒防止のためのストッパーを設ける。
(3) 送風機とモーターのプーリーの心出しは、外側面に定規や水糸などを当てて調整する。
(4) 真空又は窒素加圧の状態で据え付けられた冷凍機は、機内を大気に開放した後、配管を接続する。

正答 (4)

真空又は窒素加圧の状態で据え付けられた冷凍機は、機内を**大気に開放せず**に、配管を接続する。

頻出項目を覚えよう！

1 □ 冷却塔の補給水口の高さは、ボールタップを作動させるため、高置タンクの低水位より **3m 以上**の落差が確保できる位置とする。

2 □ 飲料用貯水タンクは、コンクリート製の独立基礎の上に鋼製架台を介して、水平、かつ、底面の高さが **600mm 以上**になるよう堅固に固定する。

こんな選択肢は誤りだ！

呼び番号 ~~3~~ の送風機は、天井より吊ボルトにてつり下げ、振れ防止のためターンバックルをつけた斜材を 4 方向に設けた。

呼び番号 **2 未満**の送風機は、天井より吊ボルトにてつり下げ、振れ防止のためターンバックルをつけた斜材を 4 方向に設けた。

2 配管・ダクトの施工

(1) 配管の施工

配管の施工に関する事項は、切断・接合、継手、支持、試験などがあり、それぞれ次のとおりである。

①配管の切断・接合

配管の切断、接合に関する事項は、次のとおりである。

- 硬質塩化ビニルライニング鋼管の切断には、**ガス切断**のような発熱するものや、刃が円盤状の**チップソーカッター**のような切粉の発生するものや、**パイプカッター**などの応力のかかるものは**使用せず**、帯のこ（**バンドソー**）などの金のこを用いて切断する。

パイプカッターの例

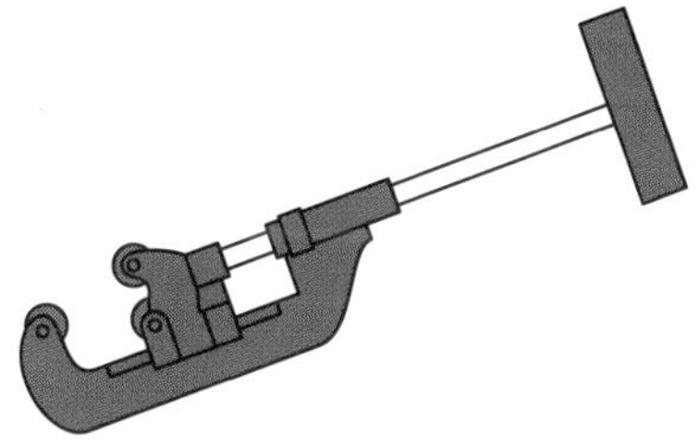

- 肉厚 **4mm 以上**の配管用炭素鋼鋼管の突合せ溶接接合は、開先《かいさき》を **V 形開先**とする。
- 肉厚 **3mm を超える**ステンレス鋼管の突合せ溶接接合は、開先を **V 形開先**とし、**3mm 以下**の場合は **I 形開先**とする。

I 形開先と V 形開先の例

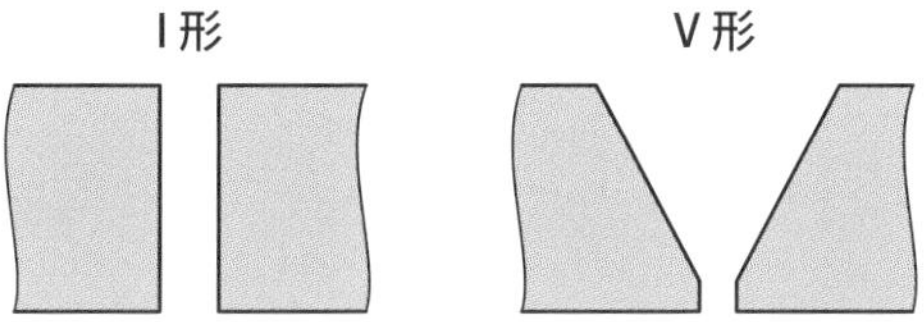

- 水道用硬質塩化ビニルライニング鋼管の**ねじ接合**には、**管端《かんたん》防食管継手**を使用し、**ペーストシール剤**を使用して接合する。
- 冷媒配管を差込接合する際には、配管内に**不活性ガス**を流しながら接合する。

②管種と接合

配管の種類と主に適用される接合方法の組み合わせは、次のとおりである。

- 鋼管：**ねじ接合**、**溶接接合**、**フランジ接合**、ハウジング形接合
- 水道用樹脂ライニング鋼管：**ねじ接合**（呼び径 100 以下）、**フランジ接合**（呼び径 100 以上）
- 排水用樹脂ライニング鋼管：**メカニカル接合（MD ジョイント）**
- ステンレス鋼鋼管：**溶接接合**、**フランジ接合**、ハウジング形接合、**メカニカル接合**
- 水配管用銅管：**差込接合、メカニカル接合**
- 塩化ビニル管：**接着（TS）接合、ゴム輪接合**
- ポリエチレン管：**メカニカル接合**
- 架橋ポリエチレン管：**メカニカル接合、電気融着接合**
- ポリブテン管：**メカニカル接合、電気融着接合、熱融着接合**
- 耐火二層管（塩ビ管の外面に繊維モルタルによる耐火被覆を施したもの）：**接着（TS）接合、ゴム輪接合**

フランジ接合、接着接合、電気融着接合

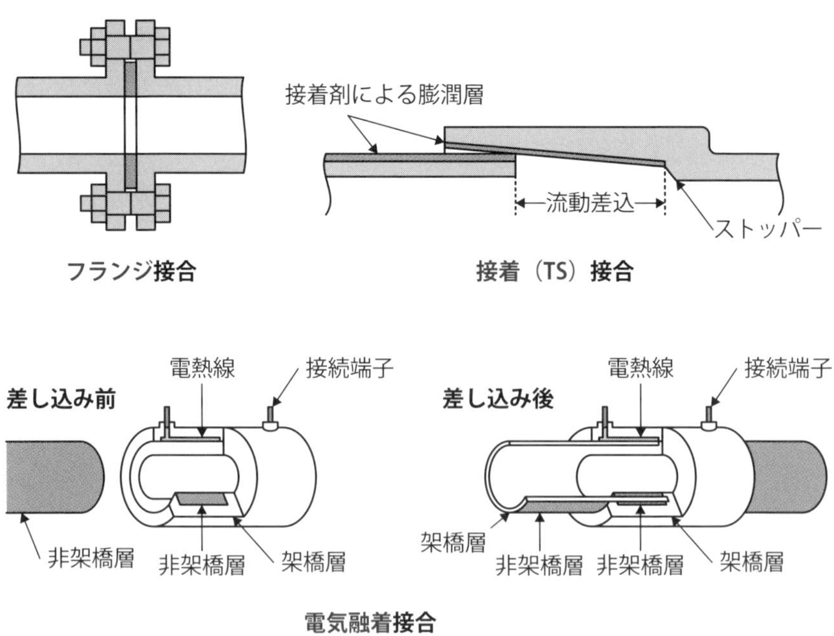

③継手の施工

継手の施工に関する事項は、次のとおりである。

- 屋内主配管や設備機器近傍の配管などには、**保守**及び**改修**を考慮して、**着脱可能**な**フランジ継手**を設ける。
- 蒸気管や冷温水管などは、**熱による伸縮**を考慮して、**伸縮管継手**を用いて接続する。
- 単式伸縮管継手を設ける場合は、**配管**を**固定**して、**片方**の配管に**ガイド**を設ける。

単式伸縮管継手

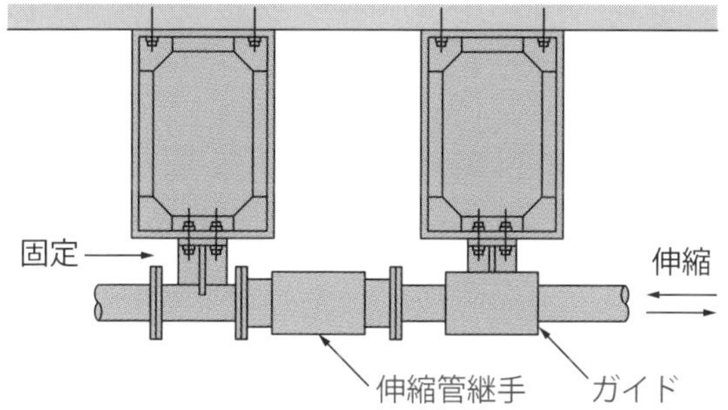

- 複式伸縮管継手を設ける場合は、**継手本体**を**固定**支持して、継手の近傍の**両側**の配管に**ガイド**を設ける。

複式伸縮管継手

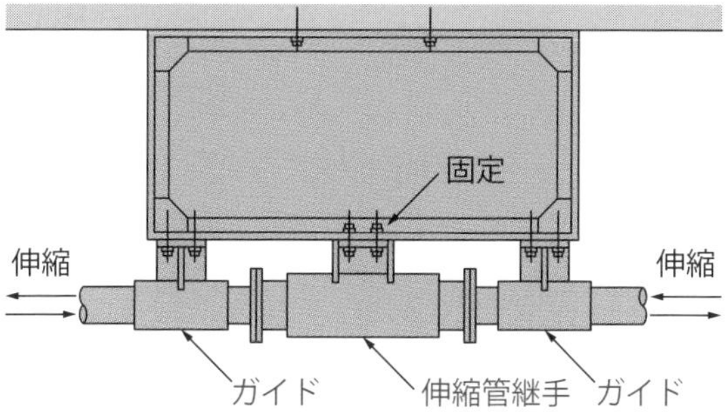

- 建物の**エキスパンションジョイント部**（建物の連結部）を通過する配管などには、地震時の変位を吸収するために、フレキシブルジョイントなどの**変位吸収管継手**を設ける。

④配管の支持

配管の支持に関する事項は、次のとおりである。

- 吊りもとの配管に荷重がかかり、破損、損傷する可能性があるため、他の配管から吊り支持をする**共吊《ともづ》りとしてはならない**。

共吊りの例（悪い例）

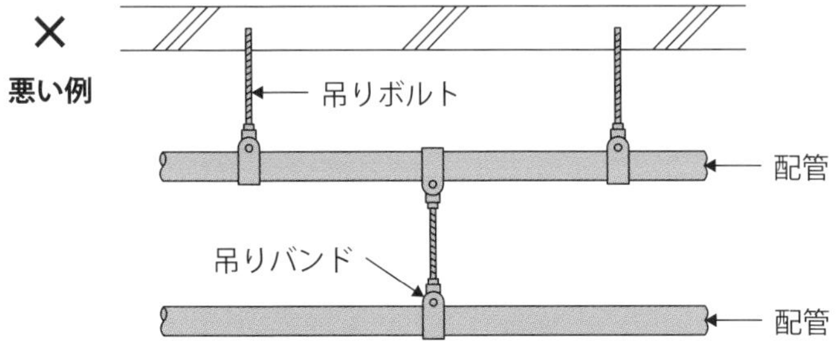

- 立て管に鋼管を用いる場合、**各階1箇所**に形鋼**振れ止め**支持をする。
- 伸縮する立て管を**振れ止め**支持する場合、支持点は管が**上下方向に動く**ように軽く締め付ける。
- 建物のエキスパンションジョイント部の配管にフレキシブルジョイントなどの**変位吸収管継手**を設ける場合は、**継手の近傍で支持**する。

エキスパンションジョイント部の配管例

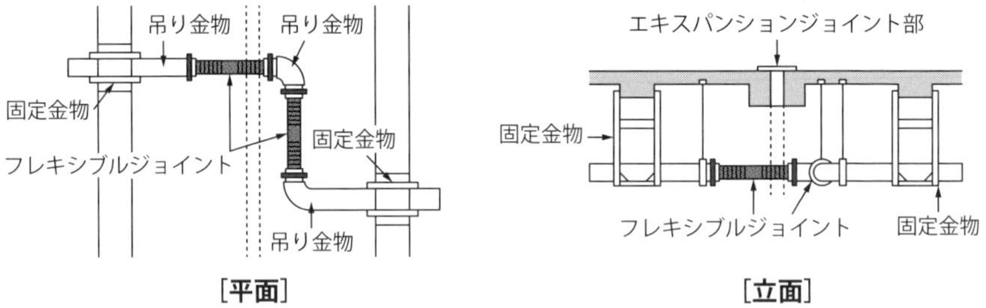

- **土間スラブ下に配管**する場合は、不等沈下による配管の不具合が起きないよう**建築構造体から支持**する。

ローラ金物の例

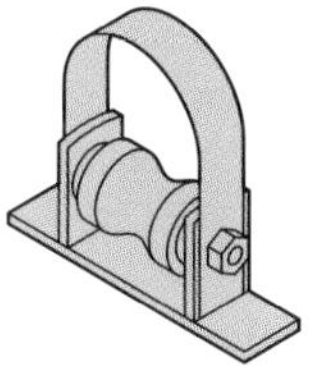

- 蒸気管の横走り管を下方より形鋼振れ止め支持により支持する場合、**熱による伸縮**を考慮して、管軸方向を拘束しない**ローラ**支持とし、保温材の一部を**切り欠いて**、伸縮スペースを確保する。
- **U ボルト**は、特に温水管、蒸気管等の熱伸縮の大きい配管では、配管軸方向の滑りに対する拘束力が小さいため、配管の固定支持には**使用しない**。
- **銅管**を**鋼製**金物で支持する場合は、合成樹脂を被覆した支持金具を用いるなどの**絶縁**措置を講ずる。

⑤配管内の空気

配管内の空気に関する事項は、次のとおりである。

- 冷温水管などの横走り管の径違い管は、**レジューサ**を用いて管の**天端**《てんば》が**水平に**なるように接続し、天端に空気が溜まらないようにする。

横走り管の径違い管の接続

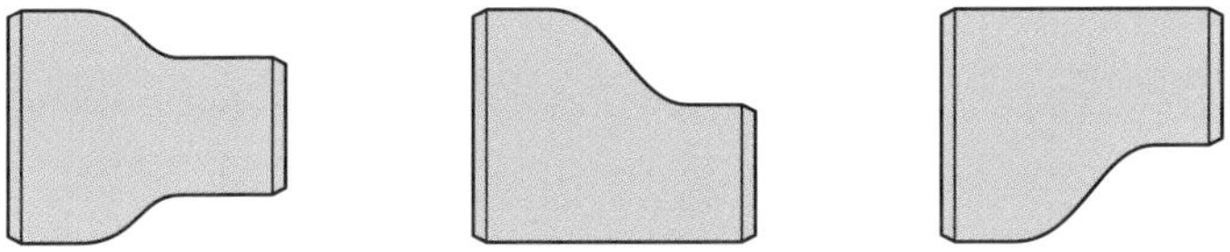

同心異径継手（悪い例）　偏心異径継手（悪い例）　偏心異径継手（良い例）

左、中：天端が水平でないので、天端に空気が溜まるおそれがある。
右：天端が水平なので、天端に空気が溜まりにくい。

- 自動空気抜き弁は、管内が**正圧**になる部分に設ける。
- ポンプの吸込み管は、吸込み管の途中に空気が溜まらないように、**ポンプに向かって** 1/50 から 1/100 の**上り勾配**とする（次ページの図参照）。

ポンプ吸込み管の勾配

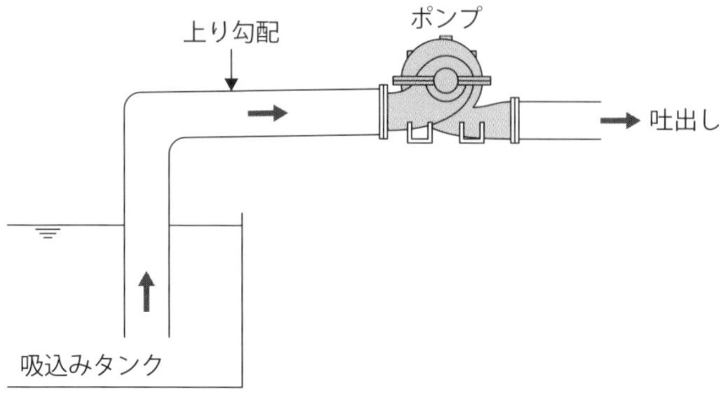

⑥空気調和機の配管

空気調和機の配管に関する事項は、次のとおりである。

・空気調和機の冷温水配管は、コイル内の空気が抜けやすいように、冷温水が**コイル下部より流入**し、**コイル上部より流出**するようにする。

・空気調和機の冷温水量を調節する**電動三方弁**は、**返り管側**に設ける。

・空気調和機のドレンパンからの排水管（ドレン管）には、機内静圧以上に相当する排水トラップの深さ（封水深）が必要であり、**機内静圧以上**または余裕をみて**送風機の全圧以上**に相当する排水**トラップの深さ**（封水深）をもった空気調和機用トラップを設ける。

空気調和機の送風機の吸込み側の静圧、すなわち空気調和機内の静圧を**機内静圧**といいます。
また、吐出し側の静圧、すなわち空気調和機外の静圧を**機外静圧**といいます。

冷温水コイル廻り配管図

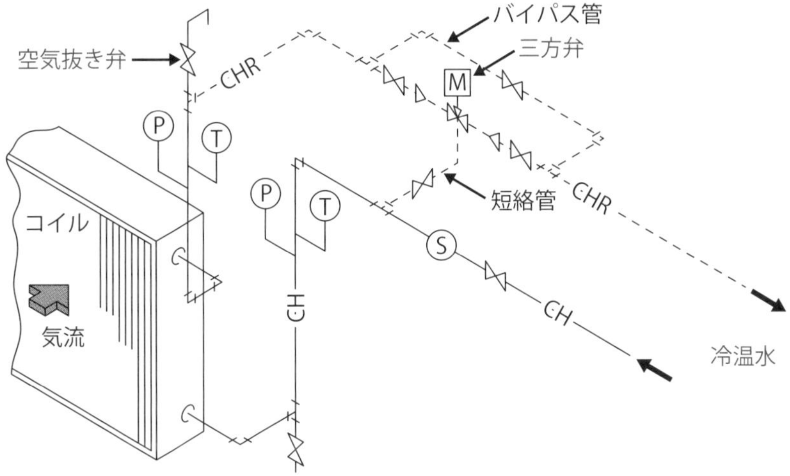

⑦リバースリターン方式

リバースリターン方式とは、循環配管において、返り管をいったん返還方向と逆向きにすることで、各機器の往き管と返り管の経路の長さを同等にし、各機器の流量を均等にしようとする配管方式である。中央式の強制循環**冷温水配管**などにおいて**有効**である。一方、中央式の強制循環**給湯配管**は、給湯栓で湯を吐出させて使用するので、**リバースリターン方式**による効果が**乏しく**、**リバースリターン方式**とする必要はない。

ダイレクトリターン方式

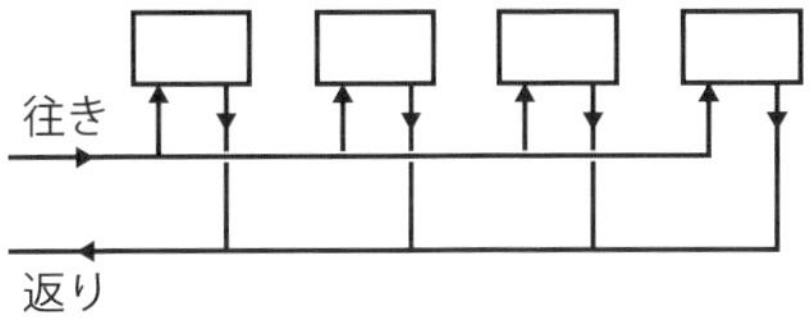

リバースリターン方式

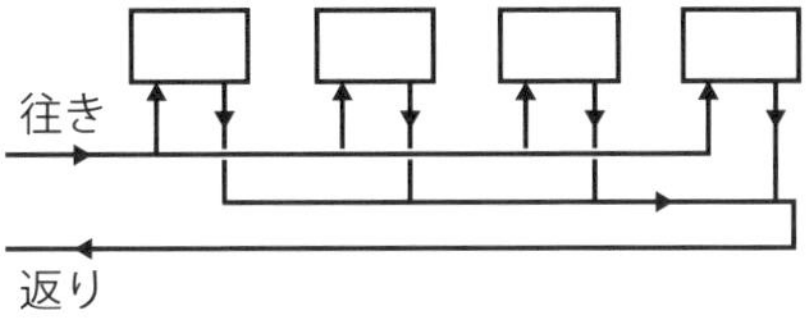

⑧排水ますの施工

排水ますの施工に関する事項は、次のとおりである。

- 排水ますは、敷地排水管の延長が、排水管の管径の **120倍を超えない**範囲内に設ける。

⑨配管の試験

配管の試験に関する事項は、次のとおりである。

- パッケージ形空気調和機の冷媒管のフラッシング及び気密試験には、**窒素ガス**などを使用する。
- 揚水管の試験圧力は、揚水ポンプの**全揚程の2倍**に相当する圧力とする。
- 3階以上にわたる排水立て管には、**階ごとに満水試験用の継手**を取り付ける。
- 排水管の満水試験において、**満水後30分以上放置**してから減水がないことを確認する。

演習問題

給水管及び排水管の施工に関する記述のうち、**適当でないもの**はどれか。

（1）屋内給水主配管の適当な箇所に、保守及び改修を考慮してフランジ継手を設けた。
（2）管径が100mmの屋内排水管の直管部に、15m間隔で掃除口を設けた。
（3）揚水管の試験圧力は、揚水ポンプの全揚程に相当する圧力とした。
（4）排水管の満水試験において、満水後30分放置してから減水がないことを確認した。

正答（3）

揚水管の試験圧力は、揚水ポンプの**全揚程の2倍**に相当する圧力とする。

配管の施工に関する記述のうち、**適当でないもの**はどれか。

(1) ポンプの吸込み管は、ポンプに向かって 1/50 から 1/100 の上り勾配とする。
(2) 中央式の強制循環給湯配管は、リバースリターン方式とする必要はない。
(3) パッケージ形空気調和機の冷媒配管は、勾配を設ける必要はない。
(4) 呼び径 65A 以下の排水管は、床からの高さが 2m 以内の場合、共吊りしてもよい。

正答 (4)

呼び径 65A 以下の排水管であっても、床からの高さが 2m 以内の場合は、**共吊りしてはならない**。

頻出項目を覚えよう！

1 □ 蒸気配管に圧力配管用炭素鋼鋼管を使用する場合でも、蒸気環水管は、蒸気給気管に**共吊りしてはならない**。

2 □ 建物のエキスパンションジョイント部の配管に**変位吸収管継手**を設ける場合は、**継手の近傍で支持**する。

3 □ 蒸気管の横走り管を下方より形鋼振れ止め支持により支持する場合、保温材を**切り欠いて**ローラの上に載せて取り付ける。

4 □ 自動空気抜き弁は、管内が**正圧**になる部分に設ける。

5 □ 空気調和機のドレン管には、空気調和機の**機内静圧**以上の封水深をもつ排水トラップを設ける。

こんな選択肢は誤りだ！

~~単式~~伸縮管継手を設ける場合は、継手本体を固定して、継手両側の近傍に配管ガイドを設ける。

複式伸縮管継手を設ける場合は、継手本体を固定して、継手両側の近傍に配管ガイドを設ける。

空気調和機の冷温水管の接続は、流入はコイル~~上部~~、流出はコイル~~下部~~となるようにした。

空気調和機の冷温水管の接続は、流入はコイル**下部**、流出はコイル**上部**となるようにした。

冷温水管は、熱による伸縮を考慮して、~~フレキシブルジョイント~~を用いて接続した。

冷温水管は、熱による伸縮を考慮して、**伸縮管継手**を用いて接続した。

(2) ダクトの施工

ダクトの施工に関する事項には、ダクトの加工、ダクトの板厚《いたあつ》、ダクトの支持、ダンパーなどがあり、それぞれ次のとおりである。

①ダクトの加工

ダクトの加工に関する事項は、次のとおりである。

・長辺が **750mm** を超えるダクトの角の継目は、ダクトの強度を保持するため **2** 箇所以上とする。

・長辺が **450mm** を超える保温を施さないダクトには、板振動の騒音を防止するため、300mm 以下のピッチで**補強リブ**を入れて補強する。

補強リブの例

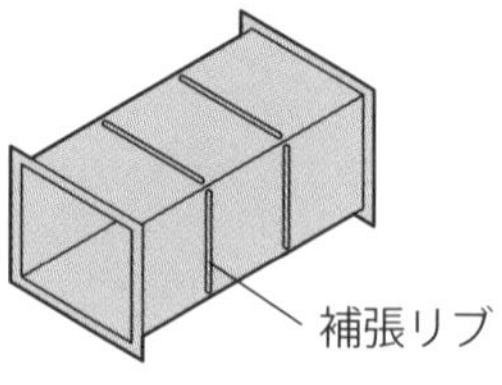

・鉄板製の**排煙ダクト**の角の継目は、強度の大きな**ピッツバーグはぜ**とし、ボタンパンチはぜなどにしてはならない。

ピッツバーグはぜとボタンパンチはぜ

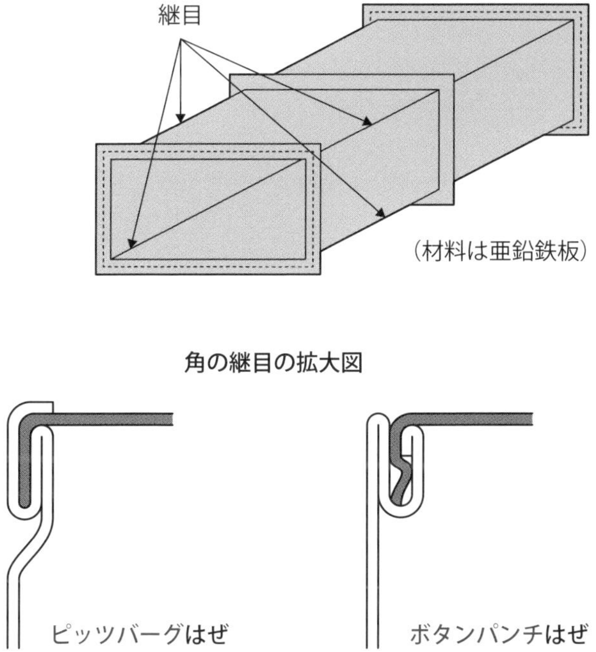

- ダクトのフランジ部の鉄板の**折返しは 5mm 以上**確保する。
- ダクトのフランジ部の**四隅部にはシール**を施す。

ダクトのフランジ部のシール

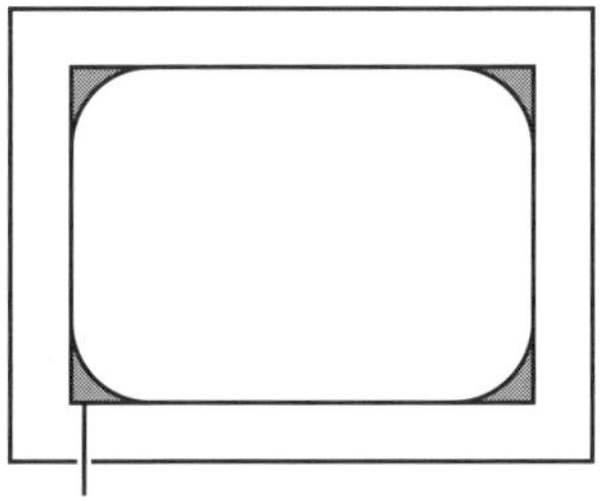

※すき間が生じやすいのでシールを施す

- コーナーボルト工法ダクトの**フランジ押さえ金具**（クリップなど）は**再使用しない**。

・コーナーボルト工法ダクトの**フランジ押さえ金具**（クリップなど）は、**ダクト寸法により**、四隅のボルトの間に**複数**取り付ける。

フランジ押さえ金具の例

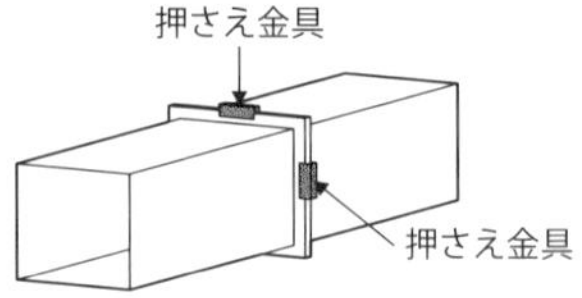

②ダクトの板厚

ダクトの板厚に関する事項は、次のとおりである。

・内径 450mm 以下の**排煙**用亜鉛鉄板製**円形**ダクトの**板厚**の適用表示厚さは **0.8mm** である。

・防火壁の貫通部分と貫通部から**防火ダンパー**までのダクトは、**厚さ 1.5mm 以上**の**鉄板**とし､防火壁とダクトの**すき間**をモルタルなどの**不燃材**で埋める。

・厨房排気フードの板厚は、**亜鉛鉄板**製のほうがステンレス鋼板製より**厚く**する必要がある。

・直角エルボ（曲がり）に取り付ける**案内羽根**（ガイドベーン）の板厚は、**ダクト**の板厚と同じ**厚さ**とする。

③ダクトの支持

ダクトの支持に関する事項は、次のとおりである。

・共板フランジ工法ダクトなどのコーナーボルト工法ダクトは、アングルフランジ工法ダクトに比べて接合締付力が小さいので、横走りダクトの**吊り間隔**を**アングルフランジ工法ダクト**より短くする必要がある。

・アングルフランジ工法では、**低圧ダクト**（**500Pa 以下**）**･高圧ダクト**（**500Pa 超**）にかかわらず、同じサイズの場合、ダクトの**吊り間隔**は同じである。

・最上階、屋上等を横走りする主ダクトに**耐震支持**を必要とする場合は、**12m 以下**ごとに 1 箇所、**形鋼振れ止め**支持を設ける。 ※ゴロ合わせは P.255

④送風機回りのダクト

送風機回りのダクトに関する事項は、次のとおりである。

・送風機の吐出口直後にエルボを取り付ける場合、**送風機**の**羽根径**の **1.5 倍**以上、吐出口からエルボまでの距離を確保する。

ゴロ合わせで覚えよう！　**ダクトの支持**

主ダクトの耐震支持は

十二分に行おう
(12m)

最上階、屋上等の主ダクトに耐震支持をする場合、**12m** 以下ごとに1箇所、形鋼振れ止め支持を設ける。

・送風機の振動をダクトに伝播させないために、吸込み側・吐出し側の**送風機**と**ダクト**の**接続部分**には、**たわみ継手**を設ける。

たわみ継手の例

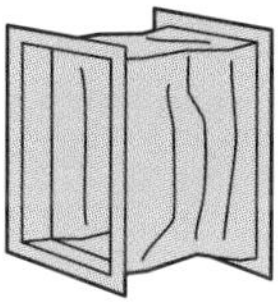

⑤スパイラルダクト

スパイラルダクトに関する事項は、次のとおりである。

・スパイラルダクトは、亜鉛鉄板をら旋状に**甲はぜ**機械掛けしたもので、甲はぜが補強の役目を果たすので、保温を施さない場合でも**補強は不要**であり、**高圧ダクト**にも使用できる。
・スパイラルダクトの接合には、**差込継手接合**と**フランジ接合**があるが、口径が **600mm 以上**のスパイラルダクトは**フランジ接合**とする。
・口径 **300mm 以下**の小口径のスパイラルダクトの吊り金物は、棒鋼に替えて**亜鉛鉄板**を**帯状**に加工した**バンド**（**巻バンド**）を使用してもよい。

⑥風量調整ダンパー・VAV ユニット・点検口・測定口

風量調整ダンパー、VAV ユニット、点検口、測定口に関する事項は、次のとおりである。

・風量調整ダンパーは、エルボ部より**ダクト幅**の **8** 倍程度**離れた直管**部分に設ける。
・風量調整ダンパーは、**対向翼ダンパー**のほうが平行翼ダンパーより**風量調整機能**が優れている。

- 変風量（VAV）ユニットは、原則として、ユニット入口**長辺寸法**の **2** 倍以上の長さの**直管**が上流側にある位置に取り付ける。
- **負圧**となるチャンバーに設ける点検口の開閉方向は、負圧（吸込み圧）によって開かないように、原則として、**外開き**とする。
- 長方形ダクトに取り付ける風量**測定口**は、ダクト辺に対して **200mm から 300mm** 程度の間隔で取り付ける。
- 送風機の吐出し口直後に風量調節ダンパーを取り付ける場合、風量調節ダンパーの羽根の回転軸が送風機の羽根車の回転軸に対し**垂直**となるようにする。

⑦吹出口

吹出口に関する事項は、次のとおりである。

- ノズル形吹出口は、発生**騒音**が**比較的小さい**ので吹出し**風速**を**大きく**できる。
- 線状吹出口は、**風向調整ベーン**を動かすことによって吹出し気流方向を変えることができる。
- パンカルーバーは、手動で気流の**吹出し方向**を**自由に変える**ことができる。

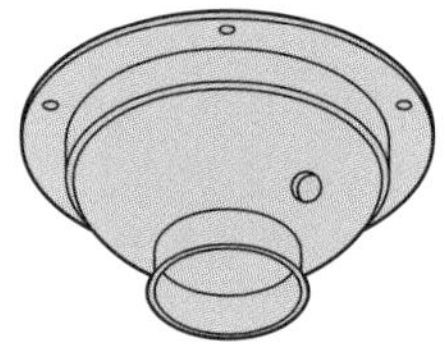
パンカルーバーの例

- シーリングディフューザー形吹出口は、**中コーン**を**下げる**と気流が水平に吹き出すので、比重の重い冷気に有利に作用し、**冷房効果**が上がる。
- シーリングディフューザー形吹出口は、**中コーン**を**上げる**と気流が下向きに吹き出すので、比重の軽い暖気に有利に作用し、**暖房効果**が上がる。
- 居住域に空調空気を行き渡らせるために、シーリングディフューザー形吹出口は、**最大**拡散半径（残風速 0.25m/s の区域）が**重なる**ように配置する。
- ドラフト（不快な気流）を防止するために、シーリングディフューザー形吹出口は、**最小**拡散半径（残風速 0.5m/s の区域）が**重ならない**ように配置する。

演習問題

ダクト及びダクト付属品の施工に関する記述のうち、**適当でないもの**はどれか。

(1) アングルフランジ工法ダクトの角の継目は、長辺が800mmの長方形ダクトの場合、1か所とする。
(2) 共板フランジ工法ダクトのフランジ押さえ金具（クリップなど）は再使用しない。
(3) 風量調整ダンパーは、対向翼ダンパーの方が平行翼ダンパーより風量調整機能が優れている。
(4) アングルフランジ工法ダクトは、フランジ接続部分の鉄板の折返しを5mm以上とする。

正答（1）

長辺が**750mmを超える**ダクトの角の**継目**は、**2か所以上**とする。

演習問題（応用能力）

ダクト及びダクト附属品の施工に関する記述のうち、**適当でないもの**はどれか。**適当でないものは二つあるので、二つとも答えなさい。**

(1) 送風機吐出し口とダクトを接続する場合、吐出し口断面からダクト断面への変形における拡大角は15°以下とする。
(2) 排煙ダクトを亜鉛鉄板製長方形ダクトとする場合、かどの継目にピッツバーグはぜを用いてはならない。
(3) 横走りする主ダクトには、振れを防止するため、形鋼振れ止め支持を15m以下の間隔で設ける。
(4) 給気ダクトに消音エルボを使用する場合、風量調整ダンパーの取付け位置は、消音エルボの上流側とする。

正答（2）、（3）

（2）かどの継目は**ピッツバーグはぜ**を用いる。（3）形鋼振れ止め支持を**12m 以下**の間隔で設ける。

頻出項目を覚えよう！

1 □ 亜鉛鉄板製の排煙ダクトは、角の継目に**ピッツバーグはぜ**を用いる。

2 □ 最上階等を横走りする主ダクトに設ける耐震支持は、**12m 以下ごと**に1箇所、形鋼振れ止め支持とする。

3 □ 風量調整ダンパーの取付け位置は、エルボ部よりダクト幅の**8倍**程度離れた直管部分とする。

4 □ 風量調整ダンパーは、**対向翼**ダンパーのほうが**平行翼**ダンパーより風量調整機能が優れている。

こんな選択肢は誤りだ！

長辺が 750mm を超える長方形ダクトの角の継目は、~~1箇所~~とした。

長辺が 750mm を超える長方形ダクトの角の継目は、**2箇所以上**とした。

換気用の低圧ダクトは、アングルフランジ工法を採用したので、ダクト接合部の四隅のシール~~を不要とした~~。

換気用の低圧ダクトは、アングルフランジ工法を採用したので、ダクト接合部の四隅のシール**が必要である**。

口径 400mm のスパイラルダクトの吊り金物は、棒鋼に替えて亜鉛鉄板を帯状に加工したバンドを使用~~した~~。

口径 400mm のスパイラルダクトの吊り金物は、棒鋼に替えて亜鉛鉄板を帯状に加工したバンドを使用**することはできない**。

シーリングディフューザー形吹出口は、~~最小~~拡散半径が重なるように配置する。

シーリングディフューザー形吹出口は、**最大**拡散半径が重なるように配置する。

第3章
法規

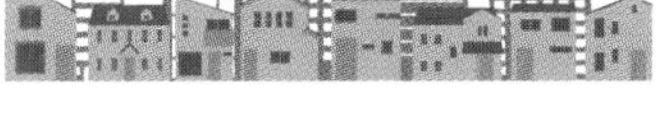

第３章　法規

Lesson 1　労働関係法

一次　二次

ここが Point！

重要度 ★★★

法規の分野は、第二次検定でも出題されるので、しっかり学習しよう。労働関係法の分野からは、労働安全衛生法、労働基準法に関する事項が出題される。

1　労働安全衛生法

労働安全衛生法とは、同法第 1 条に定められているとおりである。「この法律は、労働基準法と相まって、労働災害の防止のための危害防止基準の確立、責任体制の明確化及び自主的活動の促進の措置を講ずる等その防止に関する総合的計画的な対策を推進することにより職場における労働者の安全と健康を確保するとともに、快適な職場環境の形成を促進することを目的とする。」

労働安全衛生法に関する事項は、次のとおりである。

(1) 安全管理体制

下請け混在の建設工事現場の安全管理体制図（労働者の数は、元請け・下請け含め常時 **50 人**以上）を下に示す。

安全管理体制図

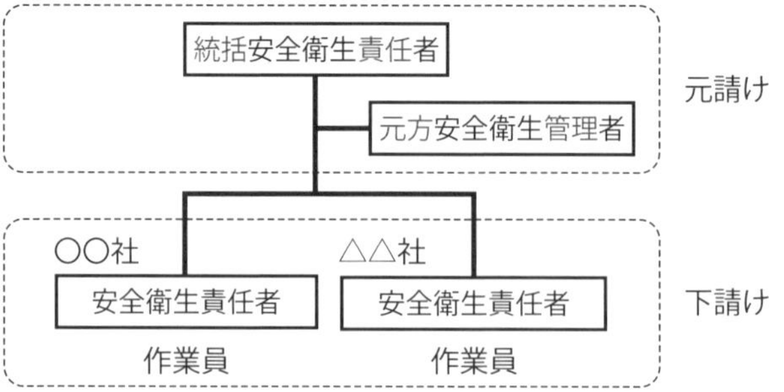

(2) 特定元方事業者

特定元方事業者とは、**労働安全衛生法**において、「事業者で、一の場所において行う事業の仕事の一部を請負人に請け負わせているもの（当該事業の仕事の一部を請け負わせる契約が二以上あるため、その者が二以上あることとなるときは、当該請負契約のうちの最も先次の請負契約における注文者とする。以下「元方事業者」という）のうち、**建設業その他政令で定める業種に属する事業**（以下「特定事業」という）を行う者」と定義されている。特定元方事業者に関する事項は、次のとおりである。

- 下請けも含めた作業場の労働者が常時**50人**以上となる場合には、**統括安全衛生責任者**を選任し、元方安全衛生管理者の指揮をさせるとともに、統括管理させなければならない。
- 下請けも含めた作業場の労働者が常時**20人以上50人未満**となる場合は、**店社安全衛生管理者**を選任しなければならない。
- 統括安全衛生責任者を選任した事業者で、建設業等政令で定める業種に属する事業を行うものは、省令で定める資格を有する者のうちから**元方安全衛生管理者**を選任し、その者に**技術的事項**を管理させなければならない。
- 元方安全衛生管理者は、その事業場に**専属の者**を選任して行わなければならない。
- 特定元方事業者は、**毎作業日に少なくとも１回**、作業場所の**巡視**を行わなければならない。

(3) 関係請負人

統括安全衛生責任者を選任すべき事業者**以外の請負人**で、仕事を自ら行うものは、**安全衛生責任者**を選任しなければならない。

(4) 特定元方事業者等の講ずべき措置

特定元方事業者は、その労働者及び関係請負人の労働者の作業が同一の場所において行われることによって生ずる労働災害を防止するため、次の事項に関する必要な措置を講じなければならない。

一　**協議組織の設置及び運営**を行うこと。
二　**作業間の連絡及び調整**を行うこと。
三　作業場所を**巡視**すること。

四　関係請負人が行う労働者の安全又は衛生のための**教育に対する指導及び援助**を行うこと。

五　仕事を行う場所が仕事ごとに異なることを常態とする業種で、厚生労働省令で定めるものに属する事業を行う特定元方事業者にあっては、仕事の工程に関する計画及び作業場所における機械、設備等の配置に関する計画を作成するとともに、当該機械、設備等を使用する作業に関し関係請負人がこの法律又はこれに基づく命令の規定に基づき講ずべき措置についての**指導**を行うこと。

六　前各号に掲げるもののほか、当該労働災害を防止するため**必要な事項**。

(5) 作業主任者

事業者は、労働災害を防止するための管理を必要とする作業で、政令で定めるものについては、都道府県労働局長の**免許を受けた者**又は都道府県労働局長の登録を受けた者が行う**技能講習を修了した者**のうちから、**作業主任者**を選任し、労働者の指揮その他定める事項を行わせなければならない。また、作業主任者を選任したときは、その者の氏名及びその者に行わせる事項を作業場の見やすい箇所に**掲示**することにより関係労働者に**周知**しなければならない。作業主任者の選任が必要な主な作業は、次のとおりである。

- **アセチレン溶接**装置又は**ガス集合溶接**装置を用いて行う金属の溶接、溶断又は加熱の作業
- **ボイラー**（小型ボイラーを除く）の取扱いの作業
- 掘削面の高さが **2m 以上となる地山の掘削**（ずい道及びたて坑以外の坑の掘削を除く）の作業
- **土止め支保工**の切りばり又は腹起こしの取付け又は取り外しの作業
- **型枠支保工**の組立て又は解体の作業
- つり足場（ゴンドラのつり足場を除く。以下同じ）、張出し足場又は高さが **5m 以上の構造の足場**の組立て、解体又は変更の作業
- **建築物の骨組み**又は塔であって、金属製の部材により構成されるもの（その高さが **5m 以上**であるものに限る）の**組立て、解体又は変更**の作業
- 軒の高さが **5m 以上の木造建築物**の構造部材の**組立て**又はこれに伴う屋根下地若しくは外壁下地の取付けの作業
- **コンクリート造**の工作物（その高さが **5m 以上**であるものに限る）の**解体**

又は破壊の作業
- **第一種圧力容器**（小型圧力容器等を除く）の取扱いの作業
- **酸素欠乏危険場所**における作業
- **有機溶剤**を製造し、又は取り扱う業務で、厚生労働省令で定めるものに係る作業
- **石綿**等を取り扱う作業（試験研究のため取り扱う作業を除く）又は石綿等を試験研究のため製造する作業

(6) 特別の教育

事業者は、危険又は有害な業務に労働者をつかせるときは、安全又は衛生のための特別の教育を行わなければならない。特別の教育が必要な主な業務は、次のとおりである。

- **研削といし**の取替え又は取替え時の試運転の業務
- **アーク溶接**等の業務
- **高圧若しくは特別高圧の充電電路**若しくは当該充電電路の支持物の敷設、点検、修理若しくは操作の業務、**低圧の充電電路**（対地電圧が 50V 以下であるもの等を除く）の敷設若しくは修理の業務又は配電盤室、変電室等区画された場所に設置する低圧の電路のうち充電部分が露出している開閉器の操作の業務
- 最大荷重 **1t 未満のフォークリフト**の運転（道路上を走行させる運転を除く）の業務
- 作業床の高さが **10m 未満の高所作業車**の運転（道路上を走行させる運転を除く）の業務
- 動力により駆動される**巻上げ機**（電気ホイスト、エヤーホイスト及びこれら以外の巻上げ機でゴンドラに係るものを除く）の運転の業務
- **小型ボイラー**の取扱いの業務
- つり上げ荷重が **1t 未満の移動式クレーン**の運転（道路上を走行させる運転を除く）の業務
- つり上げ荷重が **5t 未満のデリック**の運転の業務
- **建設用リフト**の運転の業務
- つり上げ荷重が **1t 未満のクレーン、移動式クレーン**又は**デリックの玉掛け**の業務

・**ゴンドラ**の操作の業務
・**酸素欠乏危険場所**における作業に係る業務
・**石綿**障害予防規則に掲げる作業に係る業務
・**足場**の組立て、解体又は変更の作業に係る業務（地上又は堅固な床上における補助作業の業務を除く）
・高さが **2m 以上のロープ高所作業**に係る業務
・**墜落制止用器具（フルハーネス型）**を用いて行う作業に係る業務

(7) 職長教育

事業者は、業種が政令で定めるものに該当するときは、新たに職務につく職長等、労働者を直接指導又は監督する者（作業主任者を除く）に対し、次の安全又は衛生のための教育を行わなければならない。

・**作業方法の決定**及び**労働者の配置**に関すること。
・労働者に対する**指導又は監督**の方法に関すること。
・**労働災害を防止**するため必要な事項。

(8) 就業制限

事業者は、定める業務については、免許を受けた者又は技能講習を修了した者等でなければ、当該業務に就かせてはならない。就業制限のある主な業務は、次のとおりである。

○：就業可

業　務	免許を受けた者	技能講習修了者	特別の教育
アーク溶接			○
ガス溶接	○	○	
小型ボイラーの取扱い	○	○	○
ボイラーの取扱い	○	○	
移動式クレーンの運転（1t 未満）	○	○	○
移動式クレーンの運転（1t 以上 5t 未満）	○	○	
移動式クレーンの運転（5t 以上）	○		
玉掛け（1t 未満）		○	○
玉掛け（1t 以上）		○	
高所作業車（2m 以上 10m 未満）		○	○
高所作業車（10m 以上）		○	

(9) 高所作業車

高所作業車の安全管理に関する事項は、次のとおりである。

- 事業者は、高所作業車を用いて作業を行うときは、あらかじめ、場所の状況、当該高所作業車の種類及び能力等に適応する**作業計画**を定め、かつ、**作業計画**により作業を行わなければならない。
- 事業者は、高所作業車を用いて作業を行うときは、**作業指揮者**を定め、その者に作業計画に基づき作業の指揮を行わせなければならない。
- 事業者は、高所作業車について、点検事項ごとに、1年以内ごとに1回、または、1月以内ごとに1回、**定期に自主検査**を行わなければならない。

(10) 掘削作業

掘削作業の安全管理に関する事項は、次のとおりである。

- **砂**からなる地山にあっては、掘削面の**勾配を 35 度以下**とし、又は掘削面の**高さを 5m 未満**とすること。
- 事業者は、土止め支保工を設けたときは、その後 **7 日を超えない期間**ごと、中震以上の地震の後及び大雨等により地山が急激に軟弱化するおそれのある事態が生じた後に、**点検**し、異常を認めたときは、直ちに、補強し、又は補修しなければならない。

ゴロ合わせで覚えよう！　掘削作業

サンゴの砂
(35 度)

土止めは大丈夫なのか
(7 日)

点検しよう

砂からなる地山は、掘削面の勾配を35度以下とする。土止め支保工を設けたときは、その後7日を超えない期間ごと、地震や大雨等で地山が急激に軟弱化するおそれのある事態が生じた後、点検、補強、補修しなければならない。

(11) 高所作業

床材と建地のすき間

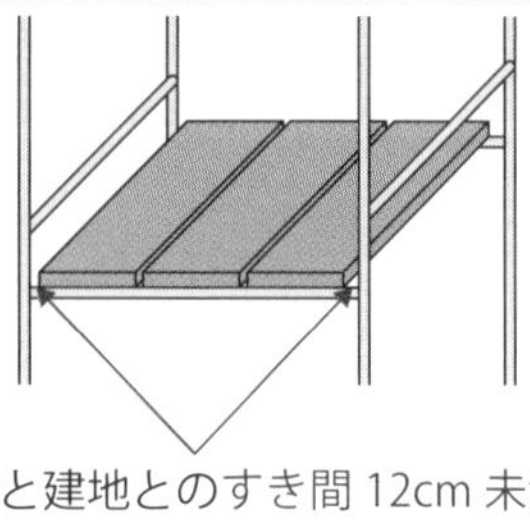

事業者は、高さが **2m 以上**の箇所で作業を行う場合において、墜落により労働者に危険を及ぼすおそれのあるときは、次の措置をしなければならない。

- 足場を組み立てる等の方法により**作業床**（**幅 40cm 以上**、**すき間 3cm 以下**、床材と建地との**すき間 12cm 未満**）を設けなければならない。
- 開口部等に、**囲い**等を設けなければならない。
- 作業床、囲い等を設けることが著しく困難なときは、**防網**を張らなければならない。
- **墜落制止用器具**等を安全に取り付けるための設備等を設けなければならない。
- **悪天候**のため危険が予想されるときは、労働者を従事させてはならない。
- 安全に行うため必要な**照度**を保持しなければならない。

(12) 昇降するための設備の設置等

事業者は、高さ又は深さが **1.5m を超える**箇所で作業を行うときは、労働者が安全に**昇降するための設備**等を設けなければならない。

ゴロ合わせで覚えよう！ 昇降するための設備の設置等

焼香に　**行こう**
（昇降）　（1.5m）

高さ又は深さが 1.5m を超える所で作業するときは、労働者が安全に昇降できる設備等を設けなければならない。

(13) 移動はしごと脚立《きゃたつ》の構造

移動はしごと脚立の構造は、次のとおりである。

・移動はしごの幅は、**30cm 以上**とすること。
・脚立の脚と水平面との角度を **75 度以下**とすること。

(14) 高所からの物体投下による危険の防止

事業者は、**3m 以上**の高所から物体を投下するときは、**投下設備**を設け、監視人を置く等の措置を講じなければならない。

(15) 通路

通路の安全管理に関する事項は、次のとおりである。

・通路面から高さ **1.8m 以内**に障害物を置かないこと。
・勾配は **30 度以下**とすること。ただし、階段を設けたもの又は高さが 2m 未満で丈夫な手掛を設けたものはこの限りでない。
・勾配が **15 度を超える**ものには、踏桟《ふみさん》その他の**滑り止め**を設けること。
・高さ **85cm 以上**の**手すり**等を設けること。
・高さ **8m 以上**の登り桟橋《さんばし》には、**7m 以内**ごとに**踊場**を設けること。

(16) 移動式クレーン

移動式クレーンの安全管理に関する事項は、次のとおりである。

・移動式クレーンにその**定格荷重**を超える荷重をかけて使用してはならない。
・移動式クレーン明細書に記載されている**ジブの傾斜角**の範囲を超えて使用してはならない。
・移動式クレーンの運転者及び玉掛けをする者が当該移動式クレーンの**定格荷重**を常時知ることができるよう、表示その他の措置を講じなければならない。
・**地盤が軟弱**であること、埋設物その他地下に存する工作物が損壊するおそれがあること等により移動式クレーンが転倒するおそれのある場所においては、移動式クレーンを用いて作業を行ってはならない。ただし、当該場所において、移動式クレーンの転倒を防止するため必要な広さ及び強度を有する**鉄板**等が敷設され、その上に移動式クレーンを設置しているときは、この限りでない。

- **アウトリガー**を使用する移動式クレーンを用いて作業を行うときは、当該アウトリガーを当該**鉄板**等の上で当該移動式クレーンが転倒するおそれのない位置に設置しなければならない。
- **アウトリガー**を有する移動式クレーン又は拡幅式のクローラを有する移動式クレーンを用いて作業を行うときは、当該アウトリガー又はクローラを**最大限に張り出さ**なければならない。ただし、アウトリガー又はクローラを最大限に張り出すことができない場合であって、当該移動式クレーンに掛ける荷重が当該移動式クレーンのアウトリガー又はクローラの張り出し幅に応じた定格荷重を下回ることが確実に見込まれるときは、この限りでない。
- 移動式クレーンの運転について一定の**合図**を定め、合図を行う者を指名して、その者に合図を行わせなければならない。ただし、移動式クレーンの運転者に単独で作業を行わせるときは、この限りでない。
- 移動式クレーンにより、労働者を運搬し、又は**労働者**を**つり上げて**作業させてはならない。
- 移動式クレーンの上部旋回体と接触することにより労働者に危険が生ずるおそれのある箇所に**労働者**を**立ち入らせて**はならない。
- 強風のため、移動式クレーンに係る作業の実施について危険が予想されるときは、当該**作業**を**中止**しなければならない。
- 移動式クレーンが**転倒するおそれ**のあるときは、当該移動式クレーンのジブの位置を固定させる等により移動式クレーンの**転倒**による**労働者の危険**を**防止**するための措置を講じなければならない。
- 移動式クレーンの運転者を、荷を**つったままで**、**運転位置**から離れさせてはならない。運転者は、荷をつったままで、運転位置を離れてはならない。
- 移動式クレーンを用いて作業を行うときは、**当該移動式クレーン**に、その**移動式クレーン検査証**を備え付けておかなければならない。
- 事業者は、自主検査の結果を記録し、これを**3年間**保存しなければならない。

(17) 酸素欠乏危険作業

酸素欠乏危険作業に関する事項は、次のとおりである。

- 酸素欠乏とは、空気中の酸素の濃度が **18%未満**である状態をいう。
- 酸素欠乏等とは、酸素欠乏又は空気中の硫化水素の濃度が **100 万分の 10** を超える状態をいう。
- 第一種酸素欠乏危険作業とは、酸素欠乏危険作業のうち、**第二種酸素欠乏危険作業**以外の作業をいう。
- 第二種酸素欠乏危険作業とは、酸素欠乏危険場所のうち、**酸素欠乏症及び硫化水素中毒**のおそれがあると定める場所における作業をいう。
- **その日の作業を開始する前**に、作業場における空気中の酸素（第二種酸素欠乏危険作業は酸素及び硫化水素）の**濃度を測定**しなければならない。その記録を **3 年間保存**しなければならない。
- 労働者を作業場所に入場させ、及び退場させる時に、**人員を点検**しなければならない。
- 酸素欠乏危険作業に従事する者以外の者が酸素欠乏危険場所に**立ち入ること**について、禁止する旨を見やすい箇所に表示すること等の方法により禁止する。表示以外の方法で禁止したときは、当該酸素欠乏危険場所が立入禁止である旨を見やすい箇所に表示しなければならない。
- **技能講習を修了した者**のうちから、酸素欠乏危険**作業主任者**を選任しなければならない。
- 労働者に対し、**特別の教育**を行わなければならない。

酸素欠乏危険作業の安全管理体制

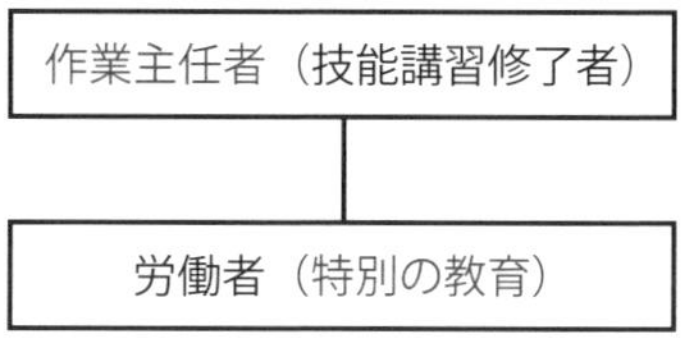

演習問題

建設工事現場における安全管理体制に関する記述のうち、「労働安全衛生法」上、**誤っているもの**はどれか。

(1) 特定元方事業者は、下請けも含めた作業場の労働者が 50 人以上となる場合は、統括安全衛生責任者を選任しなければならない。
(2) 統括安全衛生責任者を選任すべき事業者以外の請負人で、仕事を自ら行うものは、総括安全衛生管理者を選任しなければならない。
(3) 特定元方事業者による元方安全衛生管理者の選任は、その事業場に専属の者を選任して行わなければならない。
(4) 特定元方事業者は、毎作業日に少なくとも 1 回、作業場所の巡視を行わなければならない。

正答（2）

統括安全衛生責任者を選任すべき事業者**以外の請負人**で、仕事を自ら行うものは、**安全衛生責任者**を選任しなければならない。

頻出項目を覚えよう！

1 ■	架設通路で墜落の危険のある箇所には、高さ **85cm 以上**の手すり等を設けなければならない。

こんな選択肢は誤りだ！

移動式クレーンを用いて作業を行うときは、移動式クレーン検査証を、当該~~作業の現場事務所~~に備え付けておいた。

移動式クレーンを用いて作業を行うときは、移動式クレーン検査証を、当該**移動式クレーン**に備え付けておいた。

2 労働基準法

労働基準法とは、同法第１条に定められているとおりである。「労働条件は、労働者が**人たるに値する生活を営むための必要を充たすべき**ものでなければならない。この法律で定める**労働条件の基準は最低**のものであるから、労働関係の当事者は、この基準を理由として労働条件を低下させてはならないことはもとより、その向上を図るように努めなければならない。」

労働基準法に関する事項は、次のとおりである。

(1) 労働者と使用者

労働者と使用者の定義は、次のとおりである。

・この法律で**労働者**とは、**職業の種類を問わず**、事業又は事務所（以下「事業」という）に**使用される者**で、**賃金を支払われる者**をいう。

・この法律で**使用者**とは、事業主又は事業の経営担当者その他その事業の労働者に関する事項について、**事業主のために行為をするすべての者**をいう。

(2) 労働契約

労働契約に関する事項は、次のとおりである。

・この**法律で定める基準に達しない労働条件**を定める労働契約は、その部分については**無効**とする。この場合において、無効となった部分は、この法律で定める基準による。

・使用者は、労働契約に附随して**貯蓄の契約**をさせ、又は**貯蓄金を管理する契約**をしてはならない。ただし、労働者の貯蓄金をその委託を受けて管理しようとする場合にはこの限りではない。

(3) 労働時間、休憩、休日

労働時間、休憩、休日に関する事項は、次のとおりである。

・使用者は、労働者に、休憩時間を除き**１週間**について**40時間**を超えて、労働させてはならない。使用者は、１週間の各日については、労働者に、休憩時間を除き**１日**について**８時間**を超えて、労働させてはならない。

・使用者は、労働時間が**６時間を超える**場合においては少なくとも**45分**、**８時間を超える**場合においては少なくとも**１時間**の休憩時間を労働時間の途中に与えなければならない。

- 使用者は、労働者に対して、**毎週**少なくとも **1 回**の休日を与えなければならない。ただし、**4 週間**を通じ **4 日以上**の休日を与える使用者については適用しない。

ゴロ合わせで覚えよう！　労働時間と休憩時間

記録を超えたら祝杯はしご
（6 時間を超える）　（45 分）

やけっぱちなら 1 軒だけ
（8 時間）　（1 時間）

使用者は、労働時間が 6 時間を超える場合は少なくとも **45 分**、8 時間を超える場合は少なくとも **1 時間**の休憩時間を与えなければならない。

(4) 時間外、休日及び深夜の割増賃金

使用者が、**労働時間**を**延長**し、又は**休日**に労働させた場合においては、その時間又はその日の労働については、通常の労働時間又は労働日の賃金の計算額の **2 割 5 分以上 5 割以下**の範囲内で政令で定める率以上の率で計算した割増賃金を支払わなければならない。ただし、当該延長して労働させた時間が **1 か月**について **60 時間**を超えた場合においては、その超えた時間の労働については、通常の労働時間の賃金の計算額の **5 割以上**の率で計算した割増賃金を支払わなければならない。

(5) 年次有給休暇

使用者は、その雇入れの日から起算して **6 か月**間継続勤務し全労働日の **8 割**以上出勤した労働者に対して、継続し、又は分割した **10 労働日**の有給休暇を与えなければならない。

(6) 年少者・未成年者

年少者、未成年者に関する事項は、次のとおりである。

・使用者は、児童が**満 15 歳に達した日以後の最初の 3 月 31 日**が終了するまで、これを使用してはならない。
・使用者は、**満 18 歳に満たない者**について、その年齢を証明する**戸籍証明書**を事業場に備え付けなければならない。
・親権者又は後見人は、**未成年者**に代わって**労働契約**を**締結**してはならない。
・未成年者は、独立して賃金を請求することができる。親権者又は後見人は、**未成年者**の**賃金**を代わって**受け取って**はならない。
・使用者は、**満 18 歳に満たない者**を**午後 10 時**から**午前 5 時**までの間において使用してはならない。ただし、**交替制**によって使用する**満 16 歳以上の男性**については、この限りでない。

(7) 年少者に対する危険有害業務の就業制限

使用者は、**満 18 歳に満たない者**に、省令で定める**危険または有害な業務**に就かせてはならない。省令で定める主な業務は、次のとおりである。

・**ボイラーの取扱い**の業務
・**ボイラーの溶接**の業務
・**クレーン、デリック**又は**揚貨装置**の**運転**の業務
・最大積載荷重が **2t 以上の人荷共用若しくは荷物用のエレベーター**又は高さが 15m 以上のコンクリート用エレベーターの運転の業務
・動力により駆動される**巻上げ機（電気ホイスト及びエアホイストを除く）**、運搬機又は索道の運転の業務
・直流にあっては 750V を、交流にあっては 300V を超える電圧の**充電電路**又はその支持物の点検、修理又は操作の業務
・運転中の原動機又は原動機から中間軸までの**動力伝導装置の掃除**、**給油**、**検査**、**修理**又は**ベルトの掛換え**の業務
・クレーン、デリック又は揚貨装置の**玉掛け**の業務（2 人以上の者によって行う玉掛けの業務における**補助作業の業務を除く**）
・最大消費量が毎時 400L 以上の**液体燃焼器の点火**の業務
・動力により駆動される**土木建築用機械又は船舶荷扱用機械の運転**の業務
・土砂が**崩壊するおそれのある場所**又は**深さが 5m 以上の地穴**における業務

・**高さが 5m 以上**の場所で、墜落により労働者が危害を受けるおそれのあるところにおける業務
・**足場**の組立、解体又は変更の業務（地上又は床上における**補助作業の業務を除く**）

(8) 災害補償

災害補償に関する事項は、次のとおりである。

・療養補償
労働者が業務上負傷し、又は疾病にかかった場合に**使用者**は、その費用で必要な療養を行い、又は必要な療養の**費用を負担**しなければならない。

・休業補償
労働者が規定による療養のため、労働することができないために賃金を受けない場合においては、使用者は、労働者の療養中平均賃金の **100 分の 60** の休業補償を行わなければならない。

・遺族補償
労働者が業務上死亡した場合においては、使用者は、遺族に対して、**平均賃金の 1,000 日分**の遺族補償を行わなければならない。

・葬祭料
労働者が業務上死亡した場合においては、使用者は、葬祭を行う者に対して、**平均賃金の 60 日分**の葬祭料を支払わなければならない。

・打切補償
補償を受ける労働者が、療養開始後 **3 年**を経過しても負傷又は疾病がなおらない場合においては、使用者は、**平均賃金の 1,200 日分**の打切補償を行い、その後はこの法律の規定による補償を行わなくてもよい。

(9) 就業規則

常時 **10 人以上**の労働者を使用する使用者は、就業規則を作成し、行政官庁に届け出なければならない。

(10) 記録の保存

使用者は、労働者名簿、賃金台帳及び雇入、解雇、災害補償、賃金その他労働関係に関する重要な書類を**5年間**（当分の間**3**年間）保存しなければならない。

演習問題

次の記述のうち、「労働基準法」上、**誤っているもの**はどれか。

（1）使用者とは、事業主又は事業の経営担当者その他その事業の労働者に関する事項について、事業主のために行為をするすべての者をいう。
（2）使用者は、労働者が業務上負傷し、労働することができないために賃金を受けない場合、労働者の療養中、平均賃金の 100 分の 50 の休業補償を行わなければならない。
（3）使用者は、満 18 歳に満たない者に、最大積載荷重 2t 以上の人荷共用のエレベーターの運転業務を行わせてはならない。
（4）使用者は、満 18 歳に満たない者を使用する場合、その年齢を証明する戸籍証明書を事業場に備え付けなければならない。

正答（2）

使用者は、労働者が業務上負傷し、労働することができないために賃金を受けない場合、労働者の療養中、平均賃金の **100 分の 60** の休業補償を行わなければならない。

頻出項目を覚えよう！

1 ■ 使用者は、その雇入れの日から起算して **6 か月**間継続勤務し全労働日の **8 割**以上出勤した労働者に対して、原則として、継続し、又は分割した **10 労働日**の有給休暇を与えなければならない。

こんな選択肢は誤りだ！

使用者は、満 ~~20~~ 歳に満たない者について、その年齢を証明する戸籍証明書を事業場に備え付けなければならない。

使用者は、満 18 歳に満たない者について、その年齢を証明する戸籍証明書を事業場に備え付けなければならない。

Lesson 2 建築基準法

一次

ここが Point！　重要度 ★★★

建築基準法の分野からは、建築一般、建築設備に関する事項が出題される。建築基準法の内容をよく理解して、しっかり学習しよう。

建築基準法とは、次の目的により定められている。「この法律は、建築物の敷地、構造、設備及び用途に関する**最低の基準**を定めて、国民の生命、健康及び財産の保護を図り、もって公共の福祉の増進に資することを目的とする。」

1 建築一般

建築基準法における建築一般に関する事項は、次のとおりである。

(1) 用語の定義

建築基準法に定める主な用語の定義は、次のとおりである。

- 特殊建築物
  学校（専修学校及び各種学校を含む。以下同様とする）、**体育館**、**病院**、**劇場**、**観覧場**、**集会場**、**展示場**、**百貨店**、**市場**、**ダンスホール**、**遊技場**、**公衆浴場**、**旅館**、**共同住宅**、**寄宿舎**、**下宿**、**工場**、**倉庫**、**自動車車庫**、**危険物の貯蔵場**、**と畜場**、**火葬場**、**汚物処理場**その他これらに類する用途に供する建築物をいう。
- 建築設備
  建築物に設ける**電気**、**ガス**、**給水**、**排水**、**換気**、**暖房**、**冷房**、**消火**、**排煙**若しくは**汚物処理**の設備又は**煙突**、**昇降機**若しくは**避雷針**をいう。
- 居室
  居住、執務、作業、集会、娯楽その他これらに類する目的のために**継続的に使用する室**をいう。

- 主要構造部

壁、**柱**、**床**、**はり**、**屋根**又は**階段**をいい、建築物の構造上重要でない間仕切壁、間柱、付け柱、揚げ床、最下階の床、回り舞台の床、小ばり、ひさし、局部的な小階段、屋外階段その他これらに類する建築物の部分を除くものとする。

- 延焼のおそれのある部分

隣地境界線、道路中心線又は同一敷地内の二以上の建築物（延べ面積の合計が 500m^2 以内の建築物は、一の建築物とみなす）相互の外壁間の中心線から、1 階にあっては **3m 以下**、2 階以上にあっては **5m 以下**の距離にある建築物の部分をいう。ただし、①防火上有効な公園、広場、川その他の空地又は水面、耐火構造の壁その他これらに類するものに面する部分②建築物の外壁面と隣地境界線等との角度に応じて、当該建築物の周囲において発生する通常の火災時における火熱により燃焼するおそれのないものとして国土交通大臣が定める部分を除く。

- 大規模の修繕

建築物の**主要構造部の一種以上**について行う過半の修繕をいう。

- 大規模の模様替

建築物の**主要構造部の一種以上**について行う過半の模様替をいう。

- 地階

床が地盤面下にある階で、床面から地盤面までの高さがその階の天井の高さの **1/3 以上**のものをいう。

地階

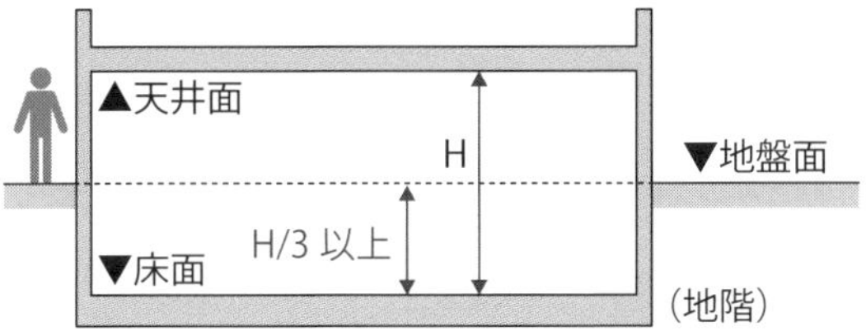

(2) 建築確認

建築確認について、建築基準法では次のように定められている。

建築主は、法第６条に定める建築物を建築しようとする場合においては、当該**工事に着手する前**に、その計画が建築基準関係規定に適合するものであることについて、確認の申請書を提出して**建築主事等の確認**を受け、確認済証の交付を受けなければならない。当該確認を受けた建築物の**計画の変更**をして、建築物を建築しようとする場合、これらの建築物の**大規模の修繕若しくは大規模の模様替え**をしようとする場合なども、同様とする。

建築確認に関する事項は、次のとおりである。

- 建築物でない工作物として設ける**高さ 8m を超える高架水槽**は、建築の確認の申請をしなければならない。
- 工事現場に**仮設として設ける事務所**については、建築の確認の申請をしなくてもよい。
- **エレベーター**については、建築の確認の申請をしなければならない。

(3) 違反建築物に対する措置

建築基準法上、違反建築物に対する措置について、次のように規定されている。

「**特定行政庁**は、建築基準法令の規定又はこの法律の規定に基づく許可に付した条件に違反した建築物又は建築物の敷地については、当該建築物の**建築主**、当該建築物に関する工事の**請負人**（請負工事の下請人を含む）若しくは**現場管理者**又は当該建築物若しくは建築物の敷地の**所有者**、**管理者**若しくは**占有者**に対して、当該工事の**施工の停止**を命じ、又は、相当の猶予期限を付けて、当該建築物の除却、移転、改築、増築、修繕、模様替、使用禁止、使用制限その他これらの規定又は条件に対する違反を是正するために必要な措置をとることを命ずることができる。」

(4) 面積、高さ等の算定方法

建築物の面積、高さ等の算定方法に関する事項は、次のとおりである。

- 延べ面積

建築物の**各階の床面積の合計**による。

- 階数

昇降機塔、**装飾塔**、**物見塔**その他これらに類する建築物の**屋上部分**または**地階の倉庫**、**機械室**その他これらに類する建築物の部分で、水平投影面積の合計がそれぞれ当該建築物の建築面積の**1/8以下**のものは、当該建築物の階数に算入しない。また、建築物の一部が**吹抜き**となっている場合、建築物の敷地が**斜面**または**段地**である場合その他建築物の部分によって階数を異にする場合においては、これらの階数のうち**最大**なものによる。

(5) 特殊建築物等の避難及び消火に関する技術的基準

特殊建築物等の避難及び消火に関する技術的基準に関する事項は、次のとおりである。

- 定める用途に供する特殊建築物、**階数が3以上**である建築物、政令で定める窓その他の開口部を有しない居室を有する建築物または**延べ面積が1,000m^{2}を超える**建築物については、政令で定める**技術的基準**に従って、**避難上及び消火上支障がない**ようにしなければならない。

(6) 居室の換気

居室の換気に関する事項は、次のとおりである。

- 住宅、学校、病院、診療所、寄宿舎、下宿その他これらに類する建築物で政令に定めるものの居室には、**採光**のための**窓**その他**開口部**を設け、その採光に有効な部分の面積は、その居室の**床面積**に対して**1/5**から**1/10**までの間において居室の**種類**に応じ政令で定める割合以上としなければならない。
- 居室には換気のための窓その他の開口部を設け、その換気に有効な部分の面積は、その居室の床面積に対して、**1/20以上**としなければならない。**ただし**、政令で定める**技術的基準に従って換気設備**を設けた場合においては、**この限りでない**。
- 定める用途に供する特殊建築物の居室又は建築物の調理室、浴室その他の室でかまど、こんろその他火を使用する設備若しくは器具を設けたもの（**政令で定めるものを除く**）には、政令で定める技術的基準に従って、**換気設備**を設けなければならない。
- **ふすま**、**障子**その他随時開放することができるもので仕切られた二室は、前2項の規定の適用については、**一室とみなす**。

演習問題

建築物の階及び階数に関する記述のうち、「建築基準法」上、**誤っているもの**はどれか。

（1）各階に居室のある地上 2 階地下 1 階の建築物は、政令で定める技術的基準に従い、避難上及び消火上支障がないようにしなければならない。
（2）建築物の 1 階の隣地境界線より 3m 以下の距離にある部分であっても、防火上有効な公園、広場、川その他の空地又は水面、耐火構造の壁その他これらに類するものに面する場合は、延焼のおそれのある部分ではない。
（3）建築物の敷地が斜面又は段地である場合その他建築物の部分によって階数が異なる場合は、これらの階数のうち最大のものを当該建築物の階数とする。
（4）地階の居室の水平投影面積の合計が、当該建築物の建築面積の 1/8 以下である場合は、階数に算入しない。

正答（4）

居室の場合は、地階にあって水平投影面積の合計が当該建築物の建築面積の 1/8 以下であっても、階数に**算入する**。

頻出項目を覚えよう！

1 □ 工事現場に**仮設として設ける** 2 階建ての**事務所**については、建築の確認の申請をしなくてもよい。

こんな選択肢は誤りだ！

建築物でない工作物として設ける高さ ~~6m の~~高架水槽については、建築の確認の申請をしなければならない。

建築物でない工作物として設ける高さ **8m を超える**高架水槽については、建築の確認の申請をしなければならない。

2 建築設備

建築基準法上の建築設備に関する事項は、次のとおりである。

(1) 換気設備

換気設備に関する事項は、次のとおりである。

- **給気口**は、居室の**天井の高さの 1/2 以下**の高さの位置に設け、常時外気に開放された構造とすること。
- **排気口**（排気筒の居室に面する開口部をいう）は、**給気口より高い位置**に設け、常時開放された構造とし、かつ、排気筒の立上り部分に直結すること。
- 地階を除く**階数が 3 以上**である建築物、地階に居室を有する建築物又は**延べ面積が 3,000m² を超える**建築物に設ける換気、暖房又は冷房の設備の風道及びダストシュート、メールシュート、リネンシュートその他これらに類するもの（屋外に面する部分その他防火上支障がないものとして**国土交通大臣が定める部分を除く**）は、**不燃材料**で造ること。
- 風道が**防火区画を貫通**する部分に設ける防火ダンパーと防火区画の間の鉄板の厚さは **1.5mm 以上**とすること。
- 建築物に設ける**中央管理方式の空気調和設備**の構造は、下欄に掲げる**基準に適合**するように空気を浄化し、その温度、湿度又は流量を調節して供給（排出を含む）することができる性能を有し、かつ、安全上、防火上及び衛生上支障がないものとして国土交通大臣が定めた構造方法を用いるものとすること。

1. 浮遊粉じんの量	空気 1m³ につき **0.15**mg 以下
2. 一酸化炭素の含有率	100 万分の **6** 以下
3. 炭酸ガスの含有率	100 万分の **1,000** 以下
4. 温　　度	**18** 度以上 **28** 度以下（居室における温度を外気の温度より低くする場合は、その差を著しくしないものであること）
5. 相対湿度	**40**%以上 **70**%以下
6. 気　　流	1 秒間につき **0.5**m 以下

※ゴロ合わせは P.282

ゴロ合わせで覚えよう！　中央管理方式の空気調和設備の基準

1. 冬の大イチゴ　2. 遺産がろくにない、
（浮遊）（0.15mg）（一酸化炭素）(6)

3. 炭酸泉　4. 温度がいいや　二八そば、
（1,000）（18）（28）

5. 出動しな　6. 桐のレゴ
（湿度）(40)(70)（気流）(0.5m)

浮遊粉じんの量は **$0.15mg/m^3$** 以下、**一酸化炭素**の含有率は **6/1,000,000** 以下、炭酸ガスの含有率は **1,000/1,000,000** 以下、温度は **18 ～ 28 度**以下、相対湿度は **40 ～ 70%**以下、気流は **0.5m/ 秒** 以下。

(2) 給水管

給水管に関する事項は、次のとおりである。

- ウォーターハンマーが生ずるおそれがある場合においては、**エアチャンバー**を設ける等有効なウォーターハンマー防止のための措置を講ずること。
- 給水立て主管からの各階への分岐管等主要な分岐管には、**分岐点に近接した部分**で、かつ、操作を容易に行うことができる部分に**止水弁**を設けること。

(3) 給水タンク及び貯水タンク

給水タンク及び貯水タンクに関する事項は、次のとおりである。

- 外部から給水タンク等の天井、底又は周壁の**保守点検**を容易かつ安全に行うことができるように設けること。
- 給水タンク等の天井、底又は周壁は、**建築物**の他の部分と**兼用**しないこと。
- 内部には、**飲料水**の**配管設備**以外の**配管設備**を設けないこと。
- 内部の保守点検を容易かつ安全に行うことができる位置に、次に定める構造とした**マンホール**を設けること。ただし、給水タンク等の天井が蓋を兼ねる場合においては、この限りでない。

①圧力タンク等に設ける場合を除き、ほこりその他衛生上有害なものが入らないように有効に**立ち上げる**こと。

②**直径 60cm 以上**の円が内接することができるものとすること。ただし、

外部から内部の保守点検を容易かつ安全に行うことができる小規模な給水タンク等にあっては、この限りでない。

・**水抜管**を設ける等内部の保守点検を容易に行うことができる構造とすること。
・圧力タンク等を除き、ほこりその他衛生上有害なものが入らない構造の**オーバーフロー管**を有効に設けること。
・最下階の床下その他浸水によりオーバーフロー管から水が逆流するおそれのある場所に給水タンク等を設置する場合にあっては、浸水を容易に覚知することができるよう**浸水を検知し警報**する装置の設置その他の措置を講ずること。
・圧力タンク等を除き、ほこりその他衛生上有害なものが入らない構造の**通気のための装置**を有効に設けること。ただし、有効容量が **$2m^3$ 未満**の給水タンク等については、この限りでない。
・**給水タンク等の上**にポンプ、ボイラー、空気調和機等の機器を設ける場合においては、飲料水を汚染することのないように**衛生上必要な措置**を講ずること。

(4) 排水設備

排水設備に関する事項は、次のとおりである。

・排水のための配管設備で、汚水に接する部分は不浸透質の耐水材料で造ること。
・排水トラップの深さ（封水深）は、**5cm 以上 10cm 以下**（阻集器を兼ねる排水トラップについては 5cm 以上）とすること。　※ゴロ合わせはP.284
・通気管は、**直接外気**に衛生上有効に開放しなければならない。ただし、配管内の空気が屋内に漏れることを防止する装置が設けられている場合にあっては、この限りでない。
・排水槽の底の勾配は吸い込みピットに向かって **1/15 以上 1/10 以下**とする等内部の保守点検を容易かつ安全に行うことができる構造とすること。
・**雨水排水管（雨水排水立て管を除く）**を**汚水排水のための配管設備に連結**する場合においては、当該雨水排水管に排水トラップを設けること。
※雨水排水立て管は、汚水排水のための配管設備に連結してはならない。

ゴロ合わせで覚えよう！　排水設備

トラップに　強盗
(5cm)(10cm)

排水トラップの深さは、**5cm** 以上 **10cm** 以下とすること。

(5) 排水再利用設備

排水再利用設備に関する事項は、次のとおりである。

- 他の配管設備（排水再利用設備その他これに類する配管設備を除く）と**兼用しない**こと。
- 排水再利用水の配管設備であることを示す**表示**を見やすい方法で水栓及び配管にするか、又は他の配管設備と容易に**判別できる色**とすること。
- **洗面器**、**手洗器**その他誤飲、誤用のおそれのある衛生器具に**連結しない**こと。
- **水栓**に排水再利用水であることを示す**表示**をすること。
- **塩素消毒**その他これに類する措置を講ずること。

(6) 非常用エレベーター

非常用エレベーターに関する事項は、次のとおりである。

- 非常用エレベーターの**乗降ロビー**は、**屋内消火栓**、**連結送水管の放水口**、**非常コンセント設備**等の**消火設備**を設置できるものとすること。

非常用エレベーターは、消防隊による消火活動のために設置されています。したがって、**乗降ロビー**には、消火活動に必要な設備の設置が規定されています。

演習問題

建築設備に関する記述のうち、建築基準法上、**誤っているもの**はどれか。

（1）非常用エレベーターの乗降ロビーは、屋内消火栓、連結送水管の放水口、非常コンセント設備等の消火設備を設置できる構造としなければならない。

（2）建築物（換気設備を設けるべき調理室等を除く）に設ける自然換気設備の排気口は、給気口より高い位置に設け、常時開放された構造とし、かつ、排気筒の立上り部分に直結しなければならない。

（3）階数が２で、かつ、延べ面積が 500m^2 の事務所に排水槽を設ける場合、排水槽の底の勾配は吸い込みピットに向かって 10 分の 1 以上 5 分の 1 以下としなければならない。

（4）階数が２で、かつ、延べ面積が 500m^2 の事務所において、有効容量が 5m^3 を超える給水タンク等の上にポンプ、ボイラー、空気調和機等の機器を設ける場合、飲料水を汚染することのないように衛生上必要な措置を講じなければならない。

正答（3）

排水槽の底の勾配は吸い込みピットに向かって **15 分の 1 以上 10 分の 1 以下**としなければならない。

頻出項目を覚えよう！

1 □ 浮遊粉じんの量は、空気 1m^3 につき **0.15**mg 以下とする。

こんな選択肢は誤りだ！

空気調和設備の風道が防火区画を貫通する部分に設ける防火ダンパーと防火区画の間の鉄板の厚さは ~~1.0~~mm 以上としなければならない。

空気調和設備の風道が防火区画を貫通する部分に設ける防火ダンパーと防火区画の間の鉄板の厚さは **1.5**mm 以上としなければならない。

Lesson 3　建設業法

一次

ここが Point！

重要度 ★★★

建設業法の分野からは、建設業の許可、建設工事の請負契約、元請負人の義務、施工体制台帳及び施工体系図等に関する事項が出題される。

建設業法は、次の目的のために定められている。「この法律は、建設業を営む者の資質の向上、建設工事の**請負契約の適正化**等を図ることによって、建設工事の適正な施工を確保し、**発注者を保護**するとともに、建設業の健全な発達を促進し、もって**公共の福祉の増進に寄与**することを目的とする。」

建設業法に関する事項は、次のとおりである。

1　建設業の許可

建設業の許可に関する事項は、次のとおりである。

(1) 大臣の許可と知事の許可

2 以上の都道府県の区域内に**営業所**を設けて営業をしようとする場合にあっては**国土交通大臣**の、**1 の都道府県**の区域内にのみ**営業所**を設けて営業をしようとする場合にあっては当該営業所の所在地を管轄する**都道府県知事**の**許可**を受けなければならない。

(2) 軽微な建設工事

次の軽微な建設工事のみを請け負うことを営業とする者は、許可を受ける必要はない。

- **建築一式工事**にあっては **1,500 万**円に満たない工事
- 延べ面積が **150**$\mathbf{m^2}$ に満たない木造住宅工事
- **建築一式工事以外**の建設工事にあっては **500 万**円に満たない工事

(3) 特定建設業者

発注者から直接請け負う1件の建設工事につき、**下請代金の額**が**4,500万**円（建築工事業である場合は7,000万円）以上となる下請契約を締結して施工しようとするもの。

(4) 許可の有効期間

建設業の許可は、**5年**ごとにその更新を受けなければ、その期間の経過によって、その効力を失う。

(5) 一般建設業者が特定建設業者になった場合の許可

一般建設業の許可を受けた者が、特定建設業の許可を受けたときは、**一般建設業の許可**は、その**効力を失う**。

(6) 附帯工事

建設業者は、許可を受けた建設業に係る建設工事を請け負う場合においては、当該建設工事に附帯する他の**建設業**に係る**建設工事**を**請け負う**ことができる。

(7) 指定建設業

建設業法上の**指定建設業**とは、**土木**工事業、**建築**工事業、**電気**工事業、**管**工事業、**鋼構造物**工事業、**舗装**工事業、**造園**工事業の7業種をいう。

2　建設工事の請負契約

建設工事の請負契約に関する事項は、次のとおりである。

(1) 建設工事の請負契約の原則

建設工事の請負契約の当事者は、各々の**対等な立場における合意**に基づいて公正な契約を締結し、信義に従って誠実にこれを履行しなければならない。

(2) 建設工事の請負契約の内容

建設工事の請負契約の当事者は、契約の締結に際して次に掲げる事項を**書面に記載**し、**署名**又は**記名押印**をして**相互に交付**しなければならない。

一　**工事内容**

二　**請負代金**の額

三　**工事着手**の時期及び**工事完成**の時期

四　工事を**施工しない日**又は**時間帯**の定めをするときは、その内容

五　請負代金の全部又は一部の**前金払**又は出来形部分に対する支払の定めをするときは、その支払の時期及び方法

六　当事者の一方から**設計**変更又は工事着手の**延期**若しくは工事の全部若しくは一部の**中止**の申出があった場合における**工期**の変更、**請負代金の額**の変更又は損害の負担及びそれらの額の**算定方法**に関する定め

七　**天災**その他**不可抗力**による工期の変更又は損害の負担及びその額の算定方法に関する定め

八　**価格**等の**変動**若しくは**変更**に基づく請負代金の額又は工事内容の変更

九　工事の施工により第三者が損害を受けた場合における**賠償金の負担**に関する定め

十　注文者が工事に使用する**資材**を**提供**し、又は**建設機械**その他の**機械**を**貸与**するときは、その内容及び方法に関する定め

十一　注文者が工事の全部又は一部の完成を確認するための**検査**の時期及び方法並びに**引渡し**の時期

十二　**工事完成後**における請負代金の支払の時期及び方法

十三　工事の目的物が種類又は品質に関して契約の内容に適合しない場合におけるその不適合を**担保**すべき責任又は当該責任の履行に関して講ずべき**保証保険契約**の締結その他の措置に関する定めをするときは、その内容

十四　各当事者の履行の**遅滞**その他債務の**不履行**の場合における**遅延利息**、**違約金**その他の**損害金**

十五　契約に関する**紛争**の解決方法

十六　その他国土交通省令で定める事項

(3) 不当に低い請負代金の禁止

注文者は、自己の取引上の**地位を不当に利用**して、その注文した建設工事を施工するために通常必要と認められる**原価に満たない金額**を請負代金の額とする請負契約を締結してはならない。

(4) 不当な使用資材等の購入強制の禁止

注文者は、請負契約の締結後、自己の取引上の**地位を不当に利用**して、その注文した建設工事に使用する資材若しくは機械器具又はこれらの**購入先を指定**し、これらを請負人に購入させて、その利益を害してはならない。

(5) 建設工事の見積り等

- 建設業者は、建設工事の請負契約を締結するに際して、工事内容に応じ、工事の種別ごとの材料費、労務費その他の経費の**内訳並びに工事の工程ごとの作業及びその準備に必要な日数を明らかにして**、建設工事の見積りを行うよう努めなければならない。
- 建設業者は、建設工事の注文者から請求があったときは、**請負契約が成立**するまでの間に、建設工事の見積書を交付しなければならない。

(6) 一括下請負の禁止

- 建設業者は、その請け負った建設工事を、いかなる方法をもってするかを問わず、**一括して他人に請け負わせて**はならない。
- 建設業を営む者は、建設業者から当該建設業者の請け負った建設工事を**一括して請け負って**はならない。
- 前２項の建設工事が**多数の者が利用する施設**又は工作物に関する重要な建設工事で**政令で定めるもの以外**の建設工事である場合において、当該建設工事の元請負人があらかじめ**発注者の書面による承諾**を得たときは、これらの規定は、適用しない。

※一括して他人に請け負わせても、請け負ってもならない。**共同住宅**など政令で定めるもの以外の場合は、**発注者の書面による承諾**を得たときは、一括して他人に請け負わせても、請け負ってもよい。

3 元請負人の義務

元請負人の義務に関する事項は、次のとおりである。

(1) 下請負人の意見の聴取

元請負人は、その請け負った建設工事を施工するために必要な工程の細目、作業方法その他元請負人において定めるべき事項を定めようとするときは、あらかじめ、**下請負人の意見**を聞かなければならない。

(2) 下請代金の支払

- 元請負人は、請負代金の出来形部分に対する支払又は工事完成後における支払を受けたときは、当該支払の対象となった建設工事を施工した下請負人に対して、当該元請負人が支払を受けた金額の出来形に対する割合及び当該下請負人が施工した出来形部分に相応する**下請代金**を、当該支払を受けた日から**1月以内**で、かつ、できる限り短い期間内に支払わなければならない。
- 元請負人は、**前払金**の支払を受けたときは、下請負人に対して、資材の購入、労働者の募集その他建設工事の着手に必要な費用を前払金として支払うよう適切な配慮をしなければならない。

(3) 検査及び引渡し

- 元請負人は、下請負人からその請け負った建設工事が完成した旨の通知を受けたときは、当該通知を受けた日から**20日以内**で、かつ、できる限り短い期間内に、その完成を確認するための**検査**を完了しなければならない。
- 元請負人は、前項の検査によって建設工事の完成を確認した後、下請負人が申し出たときは、**直ちに**、当該建設工事の目的物の**引渡し**を受けなければならない。ただし、下請契約において定められた工事完成の時期から20日を経過した日以前の一定の日に引渡しを受ける旨の特約がされている場合には、この限りでない。

4 施工体制台帳及び施工体系図

施工体制台帳及び施工体系図に関する事項は、次のとおりである。

①特定建設業者は、発注者から直接建設工事を請け負った場合において、当該建設工事を施工するために締結した下請契約の請負代金の総額が**4,500万円以上**（建築一式工事の場合は 7,000 万円以上）になるときは、建設工事の適正な施工を確保するために、下請負人の商号又は名称、建設工事の内容及び工期などを記載した**施工体制台帳**を作成し、**工事現場**ごとに備え置かなければならない。

②前項の特定建設業者は当該建設工事における各下請負人の施工の分担関係を表示した**施工体系図**を作成し、これを当該**工事現場**の見やすい場所に掲げなければならない。

5 監理技術者及び主任技術者

監理技術者及び主任技術者に関する事項は、次のとおりである。

(1) 主任技術者

建設業者は、その請け負った建設工事を施工するときは、原則として、**主任技術者**を置かなければならない。

(2) 監理技術者

発注者から直接建設工事を請け負った特定建設業者は、当該建設工事を施工するために締結した下請契約の請負代金の総額が **4,500 万円以上**（建築一式工事の場合は 7,000 万円以上）になる場合においては、**監理技術者**を置かなければならない。

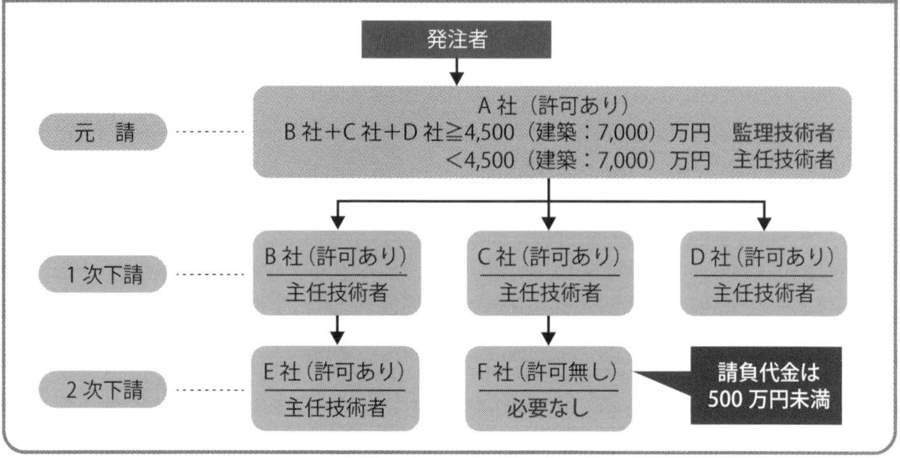

施工体制の例

(3) 専任の主任技術者、監理技術者

・公共性のある施設若しくは工作物又は多数の者が利用する施設若しくは工作物に関する重要な建設工事で政令で定めるもの（請負代金の額が**4,000万円以上**（建築一式工事の場合は8,000万円以上））については、主任技術者又は監理技術者は、工事現場ごとに、原則として、**専任**の者でなければならない。

・前項に規定する建設工事のうち**密接**な関係のある**2以上**の建設工事を同一の**建設業者**が**同一**の場所又は**近接**した場所において施工するものについては、**同一**の専任の**主任技術者**がこれらの建設工事を管理することができる。

(4) 管工事業の監理技術者の要件

管工事業の許可を受けた建設業者が管工事を施工するときに、工事現場に置く監理技術者の要件に該当する者は、次のとおりである。

・**1級管工事施工管理技術検定**に合格した者

・技術士法による**技術士**の免許を受けた者（**該当部門に限る**）

・国土交通大臣が**1級管工事施工管理技術検定**に合格した者等と**同等以上**の能力を有するものと**認定**した者

6 経営事項審査

公共性のある施設又は工作物に関する建設工事で政令で定めるものを**発注者**から直接**請け負おう**とする**建設業者**は、国土交通省令で定めるところにより、その**経営**に関する**客観的**事項について**審査**を受けなければならない。

演習問題

元請負人の義務に関する記述のうち、「建設業法」上、**誤っているもの**はどれか。

(1) 元請負人は、工事完成後に請負代金の支払を受けた日から１か月以内で、かつ、できる限り短い期間内に、下請負人に下請代金を支払わなければならない。
(2) 元請負人は、前払金の支払を受けたときは、資材の購入、その他建設工事の着手に必要な費用を、下請負人に前払金として支払うよう適切な配慮をしなければならない。
(3) 元請負人は、下請負人からその請け負った建設工事が完成した旨の通知を受けた日から20日以内で、かつ、できる限り短い期間内に、その完成を確認するための検査を完了しなければならない。
(4) 元請負人は、その請け負った建設工事を施工するために必要な工程の細目、作業方法その他元請負人において定めるべき事項を定めようとするときは、あらかじめ、発注者の意見を聞かなければならない。

正答（4）

元請負人は、その請け負った建設工事を施工するために必要な工程の細目、作業方法その他元請負人において定めるべき事項を定めようとするときは、あらかじめ、**下請負人の意見**を聞かなければならない。

図に示す施工体系の管工事の現場における技術者に関する記述のうち、「建設業法」上、**誤っているもの**はどれか。

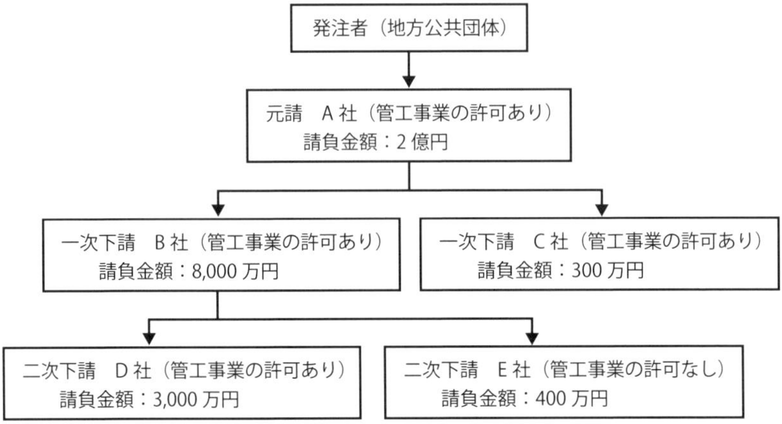

（1）A社は、原則として、当該工事現場に専任の監理技術者を置かなければならない。
（2）B社は、当該工事現場に専任の主任技術者を置かなければならない。
（3）C社は、当該工事現場に主任技術者を置く必要はない。
（4）E社は、当該工事現場に主任技術者を置く必要はない。

正答（3）

A社は、発注者から直接請け負い、下請金額の総額がB社8,000万円＋C社300万円＝8,300万円≧4,500万円なので、**監理**技術者を置**かなければなら**ない。また、請負金額2億円≧4,000万円なので、**監理**技術者は、原則として、**専任**でなければならない。

B社は、建設業の許可業者なので**主任**技術者を置**かなければなら**ない。また、請負金額8,000万円≧4,000万円なので、**主任**技術者は**専任**でなければならない。

C社は、建設業の許可業者なので**主任**技術者を置**かなければなら**ない。なお、請負金額300万円＜4,000万円なので、**主任**技術者は専任である必要**はない**。

D社は、建設業の許可業者なので**主任**技術者を置**かなければなら**ない。なお、請負金額3,000万円＜4,000万円なので、**主任**技術者は専任である必要**はない**。

E 社は、建設業の許可業者ではないので、**主任**技術者を置**く必要はない**。なお、E 社は請負金額 **500 万**円以上の管工事を請け負うことはできない。

頻出項目を覚えよう！

1 ■ 発注者と請負人との請負契約は、その内容が**対等**となるように締結しなければならない。

2 ■ 発注者から直接請け負った 1 件の管工事につき、**下請代金の総額が政令で定める額以上**となる工事を施工しようとする者は、特定建設業の許可を受けなければならない。

こんな選択肢は誤りだ！

~~国、地方公共団体又はこれらに準ずるものとして国土交通省令で定める法人が発注者である管工事を施工しようとする~~者は、特定建設業の許可を受けていなければならない。

発注者から直接請け負った 1 件の管工事につき、下請代金の総額が政令で定める額以上となる工事を施工しようとする者は、特定建設業の許可を受けていなければならない。

地方公共団体が発注者の工事で、下請負人として~~請負代金の額が 8,000 万円の~~管工事を施工する場合は、~~監理技術者~~を置かなければならない。

地方公共団体が発注者の工事で、下請負人として**請負代金の額にかかわらず**管工事を施工する場合は、**主任技術者**を置かなければならない。

発注者から直接建設工事を請け負った特定建設業者は、当該建設工事を施工するために締結した下請契約の請負代金の総額~~にかかわらず~~、監理技術者を配置しなければならない。

発注者から直接建設工事を請け負った特定建設業者は、当該建設工事を施工するために締結した下請契約の請負代金の総額**が政令で定める額以上の場合は**、監理技術者を配置しなければならない。

Lesson 4 消防法

一次

ここが Point！　重要度 ★★★

消防法の分野からは、消防設備の種類、1 号消火栓、スプリンクラー設備、不活性ガス消火設備、消防設備士に関する事項が出題される。

消防法の目的は、次のとおりである。「この法律は、火災を**予防**し、**警戒**し及び**鎮圧**し、国民の生命、身体及び財産を火災から保護するとともに、火災又は地震等の災害による**被害を軽減**するほか、災害等による**傷病者の搬送**を適切に行い、もって安寧《あんねい》秩序を保持し、社会公共の福祉の増進に資することを目的とする。」

1　消防設備の種類

消防設備には、**消防の用に供する設備**、**消防用水**、**消火活動上必要な施設**があり、さらに、**消防の用に供する設備**は、消火設備、警報設備、避難設備に分類される。**消防の用に供する設備**のうちの消火設備と**消火活動上必要な施設**は、次のとおりである。

(1) 消防の用に供する設備（消火設備）

下記の消火設備は、建築物の入居者等が初期消火のために使用する設備である。

- 消火器及び消火用具
- **屋内消火栓**設備
- **スプリンクラー**設備
- **水噴霧消火**設備
- **泡消火**設備
- **不活性ガス消火**設備
- **ハロゲン化物消火**設備

- 粉末消火設備
- 屋外消火栓設備
- 動力消防ポンプ設備

(2) 消火活動上必要な施設

ここでいう消火活動は、消防士で構成される消防隊による消火活動をいう。

- 排煙設備
- **連結散水設備**

  連結散水設備は、散水ヘッド、配管・弁類及び送水口等から構成され、火災の際には**消防ポンプ自動車**から送水口を通じて送水し、散水ヘッドから放水するもので、地下街や地下階での消火活動のための設備である。
- **連結送水管**

  連結送水管は、送水口、放水口、放水用器具格納箱等から構成され、火災の際には**消防ポンプ自動車**から送水口を通じて送水し、消防隊が放水口にホースを接続して放水するもので、高層建築物等での消火活動のための設備である。
- 非常コンセント設備
- 無線通信補助設備

連結散水設備の例

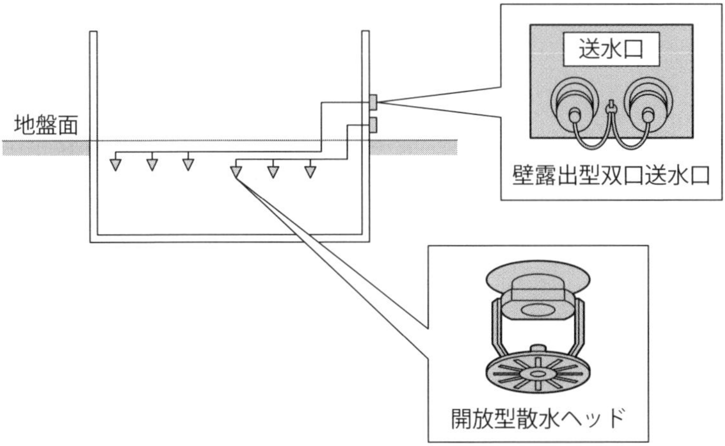

連結送水管、**連結散水設備**の送水口は、**消防ポンプ自動車**が容易に接近できる箇所に、口が2つある双口形のものを設ける必要があります。

演習問題

　次の消防用設備等のうち、「消防法」上、**消火活動上必要な施設として定められていないもの**はどれか。

（1）排煙設備
（2）連結送水管
（3）屋内消火栓設備
（4）連結散水設備

正答（3）

　屋内消火栓設備は、消火活動上必要な施設ではなく、**消防の用に供する設備**のうちの消火設備に該当する。

頻出項目を覚えよう！

1 □	屋内消火栓設備は**消防の用に供する設備**である。連結送水管、連結散水設備は**消火活動上必要な施設**である。

こんな**選択肢**は誤りだ！

消防ポンプ自動車が容易に接近できる位置に専用の~~単口形~~送水口を設置する。
消防ポンプ自動車が容易に接近できる位置に専用の**双口形**送水口を設置する。

2 1号消火栓

屋内消火栓設備のうち、１号消火栓に関する事項は、次のとおりである。

①**工場**又は**作業場**に設置する消火栓は、**1号消火栓**でなければならない。
②消火栓の主配管のうち、**立上がり管**は管の呼び径 **50mm 以上**のものとする。
③加圧送水装置
- ポンプの吐出量は、屋内消火栓の設置個数が最も多い階における設置個数（設置個数が２を超える場合は２とする）に **150L/min** を乗じて得た量以上の量とする。
- 定格負荷運転時のポンプの性能を**試験するための配管**設備（試験配管）を設ける。
- 消火栓のノズルの先端における放水圧力が **0.7MPa** を超えないための措置を講ずる。
- ポンプ起動から消火栓開放までは**締切運転**となるため、**水温上昇防止**のための**逃し配管**を設ける。
- ポンプの吐出側に**圧力計**、吸込み側に**連成計**（負圧も計測できる圧力計）を設ける。

3 スプリンクラー設備

スプリンクラー設備とは、水源、加圧送水装置（ポンプ）、自動警報装置、スプリンクラーヘッド、配管等で構成され、天井等に配置されたスプリンクラーヘッドより散水する消火設備である。スプリンクラーヘッドには、常時閉鎖されており火災時に熱を感知して開放・散水する**閉鎖型**と、常時開放されている**開放型**がある。また、閉鎖型には、スプリンクラーヘッドだけで火災を感知して散水するものと、スプリンクラーヘッドと火災感知器の組み合わせで火災を感知して散水するもの（**予作動式**）がある。スプリンクラー設備に関する事項は、次のとおりである。

①急激な火災の拡大が懸念されるため、劇場の**舞台**に設けるスプリンクラーヘッドは、一斉散水できるよう、**開放型**としなければならない。

ゴロ合わせで覚えよう！　スプリンクラー設備

開かれた舞台
（開放型）　（舞台）

火災の拡大防止のため、劇場の**舞台**に設けるスプリンクラーヘッドは、一斉散水できる**開放型**としなければならない。

②閉鎖型スプリンクラーヘッドのうち標準型ヘッドは、給排気用ダクト等でその幅又は奥行が **1.2m を超える**ものがある場合には、当該ダクト等の下面にも設けなければならない。

③未警戒となる部分に設ける**補助散水栓**は、防火対象物の階ごとに、その階の未警戒となる各部分からホース接続口までの**水平距離が 15m 以下**となるように設けなければならない。

④消防ポンプ自動車が容易に接近することができる位置に、**双口形**の送水口を設置しなければならない。

⑤閉鎖型スプリンクラーヘッドを用いるスプリンクラー設備の配管の末端には、流水検知装置又は圧力検知装置の作動を試験する、**末端試験弁**を設ける。

⑥**予作動式**の流水検知装置が設けられている設備は、スプリンクラーヘッドが開放した場合に **1 分以内**に当該ヘッドから放水できるものとする。

⑦加圧送水装置にはスプリンクラーヘッドにおける放水圧力が **1MPa** を超えない措置を講じなければならない。

⑧ポンプによる加圧送水装置には、**締切**運転時における**水温上昇防止**のための**逃し配管**を設ける。

4　不活性ガス消火設備

不活性ガス消火設備は、不活性ガスを放射することにより空気中の酸素濃度を一定の濃度まで下げて、酸素の容積比を低下させる窒息効果によって消火させる設備である。

不活性ガス消火設備に関する事項は、次のとおりである。

①駐車の用に供される部分及び通信機器室であって**常時人がいない部分**は、**全域**放出方式としなければならない。

②手動式の起動装置は、**1**の**防護区画**または**防護対象物**ごとに設けなければならない。

③貯蔵容器は、**防護区画以外**の場所に設けなければならない。

④非常電源は、当該設備を有効に**1時間**作動できる容量以上としなければならない。

⑤防護区画の換気装置は、消火剤の**放射前に停止**できる構造としなければならない。

⑥防護区画が２以上あり、貯蔵容器を共用するときは、**防護区画ごとに選択弁**を設けなければならない。

不活性ガス消火設備は、常時人がいない部分以外の部分には、全域放出方式、局所放出方式どちらであっても**設けることができません**。

5　消防設備士

消防用設備等の工事、整備等を行うには、消防設備士の資格が必要であり、その資格は甲種と乙種に分類される。

甲種消防設備士は、消防用設備等の**工事**、**整備**、**点検**を行うことができる資格である。**乙種**消防設備士は、消防用設備等の**整備**、**点検**を行うことができる（**工事はできない**）資格である。

演習問題

スプリンクラー設備に関する記述のうち、「消防法」上、**誤っているもの**はどれか。ただし、特定施設水道連結型スプリンクラー設備は除く。

(1) 消防ポンプ自動車が容易に接近することのできる位置に、双口形の送水口を設置しなければならない。
(2) 劇場の舞台に設けるスプリンクラーヘッドは、閉鎖型としなければならない。
(3) ポンプによる加圧送水装置には、締切運転時における水温上昇防止のための逃し配管を設ける。
(4) 末端試験弁は、閉鎖型スプリンクラーヘッドを用いるスプリンクラー設備の流水検知装置又は圧力検知装置の作動を試験するために設ける。

正答（2）

劇場の舞台に設けるスプリンクラーヘッドは、**開放型**としなければならない。

頻出項目を覚えよう！

1 ■ 屋内消火栓のノズルの先端における放水圧力が **0.7MPa** を超えないための措置を講ずる。

2 ■ 手動式の起動装置は、**1 の**防護区画ごとに設けなければならない。

3 ■ 劇場の舞台に設けるスプリンクラーヘッドは、**開放型**としなければならない。

こんな選択肢は誤りだ！

手動式の起動装置は、~~2 以下~~の防護区画ごとに設けなければならない。

手動式の起動装置は、1 の防護区画ごとに設けなければならない。

第３章　法規

Lesson 5

関係法規

一次

ここが Point！

重要度 ★★☆

関係法規の分野からは、建設工事に係る資材の再資源化等に関する法律、廃棄物の処理及び清掃に関する法律、騒音規制法などの法律に関する事項が出題される。

1　建設工事に係る資材の再資源化等に関する法律

この法律の目的は、次のとおりである。「この法律は、特定の建設資材について、その**分別解体**等及び**再資源化**等を促進するための措置を講ずるとともに、**解体工事業者**について**登録制度**を実施すること等により、再生資源の十分な利用及び廃棄物の減量等を通じて、資源の有効な利用の確保及び廃棄物の適正な処理を図り、もって生活環境の保全及び国民経済の健全な発展に寄与することを目的とする。」

建設工事に係る資材の再資源化等に関する法律に関する事項は、次のとおりである。

①建設業法上の管工事業のみの許可を受けた者が解体工事業を営もうとする場合は、当該業を行おうとする区域を管轄する**都道府県知事の登録**を受けなければならない。

②対象建設工事（他の者から請け負ったものを除く）を発注しようとする者から直接当該工事を請け負おうとする**建設業を営む者**は、当該発注しようとする者に対し、分別解体等の計画等の事項を記載した**書面を交付して説明**しなければならない。

③対象建設工事の請負契約の**当事者**は、建設業法で定めるもののほか、**分別解体等の方法**、**解体工事に要する費用**その他の事項を書面に記載しなければならない。

④対象建設工事受注者は、その一部を下請けに出す場合においては、当該**下請業者**に対して対象建設工事を着手するに当たり**都道府県知事等**に**届け出られた事項**を告げなければならない。

⑤対象建設工事の**発注者**又は**自主施工者**は、工事に着手する**7日前までに、**解体する建築物等の構造、工事着手の時期、分別解体等の計画等の必要事項について、**都道府県知事に届け出**なければならない。

⑥特定建設資材が使われている建築物の解体工事で、当該解体工事に係る部分の床面積の合計が**$80m^2$以上**の場合は、**分別解体**をしなければならない。

ゴロ合わせで覚えよう！ **解体工事の床面積**

解体は分別でやれ
($80m^2$)

特定建設資材使用建築物の解体工事で、床面積が$80m^2$以上の場合は、分別解体をしなければならない。

⑦解体工事業者は、その請け負った解体工事の施工の技術上の管理をつかさどる**技術管理者を選任**しなければならない。

⑧対象建設工事受注者は、分別解体等に伴って生じた**特定建設資材廃棄物**に該当する**コンクリート**は、**再資源化**をしなければならない。

⑨対象建設工事の受注者は、分別解体等に伴って生じた、特定建設資材である木材は、再資源化施設が工事現場から**50km以内**にない場合には、再資源化に代えて**縮減**をすれば足りる。

⑩対象建設工事現場で用いるリースの木製コンクリート型枠は、使用後、**リース会社**により**引き取られる**場合は、**建設資材廃棄物**とはならない。

⑪対象建設工事の**元請業者**は、当該工事に係る特定建設資材廃棄物の**再資源化等**が完了したときは、完了した年月日、要した費用等について発注者に**報告**しなければならない。

演習問題

分別解体等に関する記述のうち、「建設工事に係る資材の再資源化等に関する法律」上、**誤っているもの**はどれか。

（1）対象建設工事の元請業者は、工事着手の時期及び工程の概要、分別解体等の計画等の事項を都道府県知事に届け出なければならない。
（2）対象建設工事受注者は、分別解体等に伴って生じた特定建設資材廃棄物に該当するコンクリートは、再資源化をしなければならない。
（3）「建設業法」上の管工事業のみの許可を受けた者が解体工事業を営もうとする場合は、当該業を行おうとする区域を管轄する都道府県知事の登録を受けなければならない。
（4）対象建設工事（他の者から請け負ったものを除く。）を発注しようとする者から直接当該工事を請け負おうとする建設業を営む者は、当該発注しようとする者に対し、分別解体等の計画等の事項を記載した書面を交付して説明しなければならない。

正答（1）

対象建設工事の**発注者又は自主施工者**が、都道府県知事に届け出なければならない。

頻出項目を覚えよう！

1 □ 分別解体等に伴って生じた木材については、再資源化施設が工事現場から**50km 以内**にない場合には、再資源化に代えて縮減をすれば足りる。

2 □ 特定建設資材が使われている建築物の解体工事で、当該解体工事に係る部分の床面積の合計が**80m² 以上**の場合は、分別解体をしなければならない。

こんな選択肢は誤りだ！

対象建設工事現場で用いるリースの木製コンクリート型枠は、使用後、リース会社により引き取られる場合は、建設資材廃棄物~~となる~~。

対象建設工事現場で用いるリースの木製コンクリート型枠は、使用後、リース会社により引き取られる場合は、建設資材廃棄物**となならない**。

2 廃棄物の処理及び清掃に関する法律

この法律の目的は、次のとおりである。「この法律は、廃棄物の**排出**を抑制し、及び廃棄物の適正な**分別**、**保管**、**収集**、**運搬**、**再生**、**処分**等の処理をし、並びに生活環境を清潔にすることにより、生活環境の**保全**及び**公衆衛生の向上**を図ることを目的とする。」

廃棄物の処理及び清掃に関する法律に関する事項は、次のとおりである。

(1) 用語

- 廃棄物とは、ごみ、粗大ごみ、燃え殻、汚泥、ふん尿、廃油、廃酸、廃アルカリ、動物の死体その他の**汚物**又は**不要物**であって、**固形**状又は**液**状のもの（放射性物質及びこれによって汚染された物を除く）をいう。
- 一般廃棄物とは、**産業廃棄物**以外の廃棄物をいう。
- 特別管理一般廃棄物とは、一般廃棄物のうち、爆発性、毒性、感染性その他の人の**健康**又は**生活環境**に係る**被害**を生ずるおそれがある性状を有するものとして政令で定めるものをいう。
- 産業廃棄物とは、①**事業活動**に伴って生じた**廃棄物**のうち、燃え殻、汚泥、廃油、廃酸、廃アルカリ、廃プラスチック類その他政令で定める廃棄物、②輸入された廃棄物（①に掲げる廃棄物、船舶及び航空機の航行に伴い生ずる廃棄物（政令で定めるものに限る）並びに本邦に入国する者が携帯する廃棄物（政令で定めるものに限る）を除く）をいう。
- 特別管理産業廃棄物とは、産業廃棄物のうち、爆発性、毒性、感染性その他の人の**健康**又は**生活環境**に係る**被害**を生ずるおそれがある性状を有するものとして政令で定めるものをいう。

(2) 許可

- 産業廃棄物の**収集**又は**運搬**を業として行おうとする者は、当該業を行おうとする区域を管轄する**都道府県知事の許可**を受けなければならない。
  ただし、事業者（自らその**産業廃棄物**を**運搬**する場合に限る）、専ら**再生利用の目的**となる産業廃棄物のみの収集又は運搬を業として行う者その他環境省令で定める者については、**この限り**でない。
- 産業廃棄物の**処分**を業として行おうとする者は、当該業を行おうとする区域を管轄する**都道府県知事の許可**を受けなければならない。ただし、事業者（自らその**産業廃棄物**を**処分**する場合に限る）、専ら**再生利用の目的**となる産業廃棄物のみの処分を業として行う者その他環境省令で定める者については、**この限り**でない。
- 事業者が自ら**処理施設**へ**運搬**する場合においては、産業廃棄物運搬の業の**許可**は要しない。

(3) 委託契約

- 産業廃棄物の**運搬を委託**する場合は、産業廃棄物の種類及び数量、運搬の最終目的地の所在地等が記載された**書面**により委託契約をしなければならない。
- 事業者は、排出した**特別管理産業廃棄物**の**運搬**又は**処分**を委託する場合、あらかじめ、**特別管理産業廃棄物の種類**、**数量**、**性状**等を、委託しようとする者に**文書で通知**しなければならない。
- 事業者は、排出した産業廃棄物の**運搬又は処分**を委託する場合には、**契約は書面**で行い、委託契約書を契約の終了の日から**5 年間保存**しなければならない。
- 事業者は、電子情報処理組織を使用して産業廃棄物の運搬又は処分を委託する場合、委託者に産業廃棄物を引き渡した後、**3 日以内**に**情報処理センター**に登録する必要がある。
- 産業廃棄物の**運搬**及び**処分**を、一括して**委託・受託**することはできない。

(4) 廃棄物の処理

- 建設工事に伴って発生する**産業廃棄物**の処理責任を負う**排出事業者**は、実際の工事の施工は下請業者が行っている場合であっても、発注者から直接工事を請け負った**元請業者**である。
- 建築物における**石綿**建材除去**事業**で生じた飛散するおそれのある石綿保温材は、**特別管理産業廃棄物**として処理しなければならない。
- 建築物の新築・改築等に伴って生じた**紙くず、木くず、繊維くず**は、**管理型産業廃棄物**として処分しなければならない。
- 建築物の新築・改築等に伴って生じた**廃プラスチック類、ゴムくず、金属くず、ガラスくず・コンクリートくず・陶磁器くず、がれき類**は、**安定型産業廃棄物**として処分しなければならない。

(5) 産業廃棄物管理票

産業廃棄物管理票については、「**産業廃棄物を生ずる事業者**は、産業廃棄物の**運搬又は処分を他人に委託**する場合には、産業廃棄物の引渡しと同時に運搬を受託した者に対し、産業廃棄物の種類及び数量、運搬又は処分を受託した者の氏名又は名称その他の事項を記載した**産業廃棄物管理票を交付**しなければならない。」と規定されている。産業廃棄物管理票に関する事項は、次のとおりである。

- 産業廃棄物管理票交付者は、当該**管理票**に関する**報告書**を作成し、これを**都道府県知事**に**提出**しなければならない。
- 産業廃棄物管理票を交付された**処分受託者**は、当該処分を終了した日から**10日以内**に、当該管理票の写しを**管理票交付者へ送付**しなければならない。
- 産業廃棄物管理票交付者は、廃棄物の処理を委託した場合、廃棄物の引渡しと同時に産業廃棄物管理票を交付してから**90日以内**に中間処理業者から**D票**が、最終処分を伴う場合は**180日以内**に**E票**が返送されないとき、廃棄物の処分状況の把握等適切な措置を講じるとともに、返送期限が終了した日から**30日以内**に、報告書を**都道府県知事**に提出しなければならない。

- 専ら**再生利用の目的**となる産業廃棄物のみの収集若しくは運搬又は処分を業として行う者に当該産業廃棄物のみの運搬又は処分を委託する場合は、**産業廃棄物管理票**の交付を要しない。
- 事業者は、排出した産業廃棄物の運搬又は処分を委託する場合は、産業廃棄物管理票の交付に代えて**電子情報処理組織を使用**して、情報処理センターに登録することができる。
- 産業廃棄物の運搬及び処分等の委託は、産業廃棄物管理票を交付したとしても、**書面による契約**は**省略することはできない**。

産業廃棄物管理票の流れ

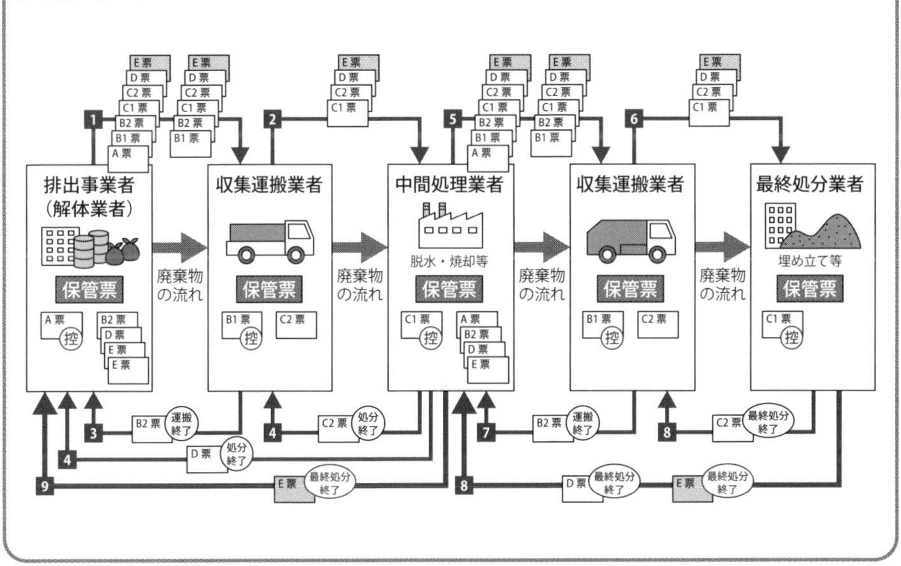

産業廃棄物管理票は、マニフェスト伝票ともいい、電子化されたものを電子マニフェストといいます。

演習問題

産業廃棄物の処理に関する記述のうち、「廃棄物の処理及び清掃に関する法律」上、**誤っているもの**はどれか。

(1) 建設工事に伴って発生する産業廃棄物の処理責任を負う排出事業者は、実際の工事の施工は下請業者が行っている場合であっても、発注者から直接工事を請け負った元請業者である。
(2) 産業廃棄物の処分を業として行おうとする者は、都道府県知事から産業廃棄物処分業者の許可を受けることにより、産業廃棄物の運搬及び処分を一括して受託することができる。
(3) 専ら再生利用の目的となる産業廃棄物のみの収集若しくは運搬又は処分を業として行う者に当該産業廃棄物のみの運搬又は処分を委託する場合は、産業廃棄物管理票の交付を要しない。
(4) 産業廃棄物管理票を交付した事業者は、当該管理票に関する報告書を作成し、都道府県知事に提出しなければならない。

正答 (2)

産業廃棄物の**運搬**及び**処分**を、一括して**委託・受託**することはできない。

頻出項目を覚えよう！

1 ■	再生利用する産業廃棄物のみの運搬を業として行う者に当該産業廃棄物のみの運搬を委託する場合は、産業廃棄物管理票を**交付しなくともよい**。

こんな選択肢は誤りだ！

建築物からの石綿建材の除去事業で生じる飛散するおそれのある石綿保温材は、特別管理~~一般~~廃棄物として適正に処理しなければならない。

建築物からの石綿建材の除去事業で生じる飛散するおそれのある石綿保温材は、特別管理産業廃棄物として適正に処理しなければならない。

3 騒音規制法

騒音規制法の目的は次のとおりである。「この法律は、工場及び事業場における事業活動並びに**建設工事に伴って発生する相当範囲にわたる騒音**について必要な規制を行うとともに、自動車騒音に係る許容限度を定めること等により、生活環境を保全し、国民の健康の保護に資することを目的とする。」

騒音規制法に関する事項は、次のとおりである。

①特定建設作業とは、建設工事として行われる作業のうち、**著しい騒音を発生する作業**であって政令で定めるものをいう。

②特定建設作業を伴う建設工事を施工しようとする者は、特定建設作業の場所及び実施の期間等の事項を**市町村長**に届け出なければならない。

③特定建設作業の実施の届け出は、当該特定建設作業の開始の日の**７日前**までに行わなければならない。

④特定建設作業の騒音は、特定建設作業の場所の敷地の境界線において、**85デシベル**を超えてはならない。

⑤建設工事として行われる作業のうち、著しい騒音を発生する作業であっても、当該作業がその作業を**開始した日に終わる**ものは、特定建設作業に**該当しない**。

⑥特定建設作業の騒音は、当該特定建設作業の場所において連続して**６日**を超えて行われる特定建設作業に伴って発生するものであってはならない。

⑦特定建設作業の騒音は、**日曜日その他の休日**に行われる特定建設作業に伴って発生するものであってはならない。

ゴロ合わせで覚えよう！　騒音規制法

やかましい子は騒音
(8)　　　　(5)

むかつく騒音
(6日)

特定建設作業の騒音は、特定建設作業の場所の敷地の境界線で85デシベルを超えてはならない。連続して６日を超えて行われる特定建設作業に伴って発生してはならない。

4 その他の関係法規

その他の関係法規としては、「建築物における衛生的環境の確保に関する法律」、「高齢者、障害者等の移動等の円滑化の促進に関する法律」などから出題される。その他の関係法規に関する事項は、次のとおりである。

(1) 建築物における衛生的環境の確保に関する法律

建築物における衛生的環境の確保に関する法律上の特定建築物とは、興行場、百貨店等の政令で定める用途に供される部分の延べ面積が **3,000m^2 以上**の建築物及び**学校**等の用途に供される建築物で延べ面積が **8,000m^2 以上**のものである。

(2) 高齢者、障害者等の移動等の円滑化の促進に関する法律

- 建築主等は、床面積が **2,000m^2 以上**の特別特定建築物の建築をしようとするときは、当該特別特定建築物を、円滑化のために必要な建築物特定施設の構造及び配置に関する政令で定める基準に適合させなければならない。
- 特定建築物とは、学校、病院、劇場、観覧場、集会場、展示場、百貨店、ホテル、事務所、共同住宅、老人ホームその他の**多数の者が利用**する政令で定める建築物又はその部分をいい、これらに附属する建築物特定施設を含むものとする。

(3) 工事・作業と必要な資格等の組み合わせ

工事・作業	必要な資格等
給水装置工事	給水装置工事主任技術者
消防設備等の工事	**甲種**消防設備士
液化石油ガス設備工事	液化石油ガス設備士
浄化槽の設置工事	浄化槽設備士
高所作業車を用いる作業	作業指揮者

給水装置工事主任技術者は、水道法第２５条の４に下記のとおり規定されています。
「指定給水装置工事事業者は、事業所ごとに、第３項各号に掲げる職務をさせるため、厚生労働省令で定めるところにより、給水装置工事主任技術者免状の交付を受けている者のうちから、給水装置工事主任技術者を選任しなければならない。」

演習問題

指定地域内における特定建設作業に関する記述のうち、「騒音規制法」上、**誤っているもの**はどれか。ただし、災害その他非常事態の発生により当該特定建設作業を緊急に行う場合、及び人の生命又は身体に対する危険を防止するため特に当該特定建設作業を行う必要がある場合を除く。

（1）特定建設作業を伴う建設工事を施工しようとする者は、場所及び実施の期間等の事項を都道府県知事に届け出なければならない。
（2）特定建設作業の実施の届け出は、当該特定建設作業の開始の日の７日前までに行わなければならない。
（3）建設工事として行われる作業のうち、著しい騒音を発生する作業であっても、当該作業がその作業を開始した日に終わるものは、特定建設作業に該当しない。
（4）特定建設作業の騒音は、当該の場所において連続して６日を超えて行われる特定建設作業に伴って発生するものであってはならない。

正答（1）

特定建設作業を伴う建設工事を施工しようとする者は、特定建設作業の場所及び実施の期間等の事項を**市町村長**に届け出なければならない。

頻出項目を覚えよう！

1 □ 特定建設作業の騒音は、連続して **6 日**を超えて行われる特定建設作業に伴って発生するものであってはならない。

2 □ 衛生的環境確保の特定建築物とは、興行場、百貨店等で延べ面積が **3,000m^2** 以上の建築物、及び学校等の用途の建築物で延べ面積が **8,000m^2** 以上のものである。

こんな選択肢は誤りだ！

特定建設作業の騒音は、特定建設作業の場所の敷地の境界線において、~~75~~ デシベルを超えてはならない。

特定建設作業の騒音は、特定建設作業の場所の敷地の境界線において、**85** デシベルを超えてはならない。

特定建設作業を伴う建設工事を施工しようとする者は、場所及び実施の期間等を~~都道府県知事~~に届け出なければならない。

特定建設作業を伴う建設工事を施工しようとする者は、場所及び実施の期間等を**市町村長**に届け出なければならない。

特定建設作業の実施の届け出は、当該特定建設作業の開始の日の ~~14~~ 日前までに行わなければならない。

特定建設作業の実施の届け出は、当該特定建設作業の開始の日の **7** 日前までに行わなければならない。

第4章
記述問題（第二次検定）

第4章　記述問題（第二次検定）

Lesson 1　工事施工

二次

第二次検定では、工事施工に関する○×問題や、機器、配管の施工図に関して、適切でない部分の指摘、理由、改善策の記述、訂正などの内容を問う問題が出題される。空調設備、衛生設備及び各設備に共通の事項について、幅広い分野から出題されるが、過去に出題された問題が繰り返し出題されているので、過去に出題された図面をよく理解しておくことが重要である。

1　共通事項

空調設備、衛生設備に共通する施工要領、施工図は、次のとおりである。

(1) 重量機器のアンカーボルトの施工要領

演習問題

次に示す図について、**適切でない部分の改善策**を具体的かつ簡潔に記述しなさい。

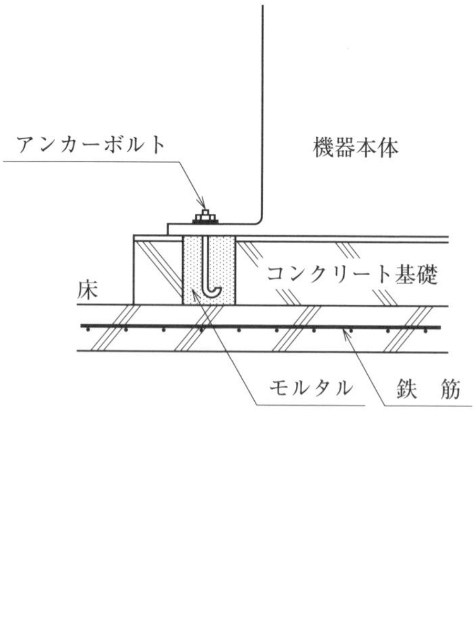

解説

【重量機器基礎のチェックポイント】

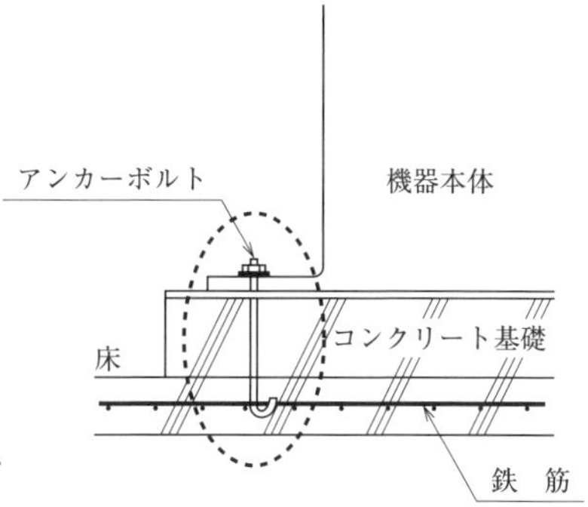

> ①コンクリート基礎はスラブコンクリートと一体になっているか。
> ②アンカーボルトは箱抜きとしていないか。
> ③アンカーボルトはスラブ鉄筋に緊結されているか。

設問図では、コンクリート基礎はスラブコンクリートと一体化されていない。重量機器の基礎はスラブと一体に打設する。**アンカーボルト**は**箱抜き**のため、荷重に対抗することができない。また、**スラブ鉄筋**に**緊結**して機器の転倒を防止する必要がある。

よって、解答例は、「**コンクリート基礎はスラブと一体化させる。**」、「**アンカーボルトは箱抜きとせず、スラブ鉄筋に緊結する。**」となる。

(2) アンカーボルトの引抜き力の計算

演習問題

次頁に示す図におけるアンカーボルトの引抜き力の計算に関する文中、**（イ）に当てはまる式**及び**（ロ）の数値**を記入しなさい。

直方体の機器の４隅をアンカーボルトで基礎に固定する場合、機器と基礎の間の摩擦抵抗を無視すると、地震時、A－A' まわりにおける時計方向のモーメントと反時計方向のモーメントが釣《つ》り合っていることから、

（イ） $= R \times 2L \times N + (W - F_V) \times L$　となる。

ここに、W：機器の自重［N］

H：据付け面から機器の重心までの高さ［cm］

L：アンカーボルトから機器の重心までの水平距離［cm］

F_H：設計用水平地震力［N］

F_V：設計用鉛直地震力［N］

R：アンカーボルト１本にかかる引抜き力［N］

N：引抜き力を受けるボルトの本数［本］

いま、機器の自重 $\boldsymbol{W}$ = 800［N］、据付け面から機器の重心までの高さ $\boldsymbol{H}$ = 100［cm］、アンカーボルトから機器の重心までの水平距離 $\boldsymbol{L}$ = 50［cm］、設計用水平地震力 $\boldsymbol{F_H}$ = 800［N］、設計用鉛直地震力 $\boldsymbol{F_V}$ = 400［N］とすると、アンカーボルト 1 本にかかる引抜き力は、**（ロ）**［N］となる。

地震時に床置き機器に加わる力

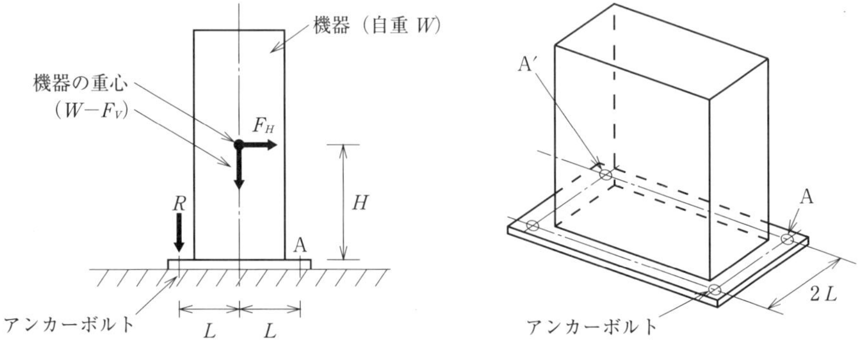

解説

（イ）図 1 において、反時計まわりのモーメントと時計まわりのモーメントのつり合いを考えると次式が成り立つ。

$$\boldsymbol{R \times 2L \times N + (W - F_V) \times L = F_H \times H} \cdots\cdots ①$$

（ロ） ①式を変形すると

$$2\boldsymbol{RLN = F_H H - (W - F_V) L}$$

$$\boldsymbol{R} = \frac{\boldsymbol{F_H H - (W - F_V) L}}{2\boldsymbol{LN}}$$

$$= \frac{800 \times 1 - (800 - 400) \times 0.5}{2 \times 0.5 \times 2}$$

$$= 300 \text{［N］}$$

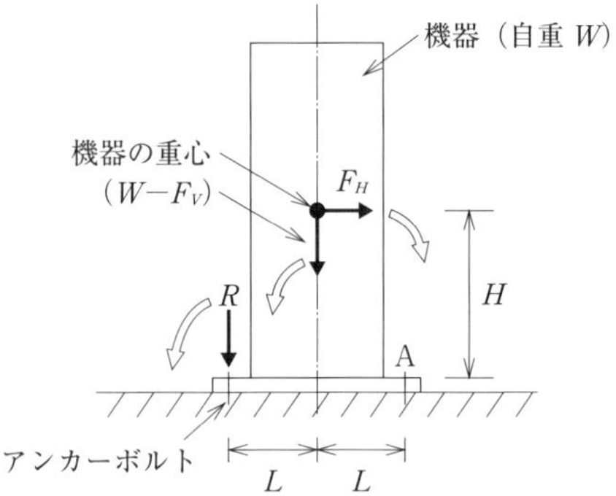

図 1

(3) 機器据付け完了後の防振架台

演習問題

次に示す図において、**適切でない部分の改善策**を具体的かつ簡潔に記述しなさい。

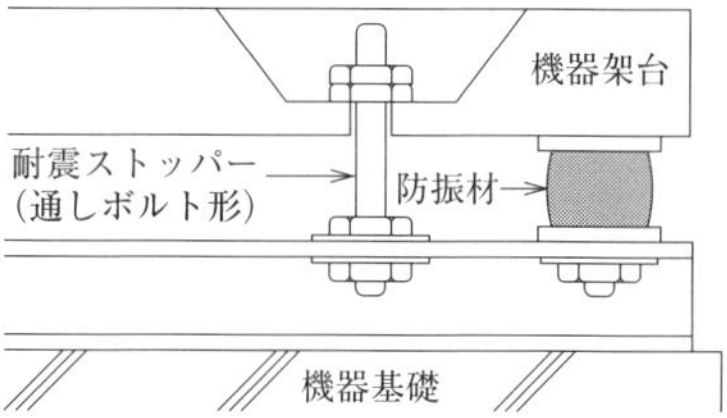

解説

耐震ストッパーは、防振基礎上の機器が地震時に転倒や水平移動することを防ぐものである。

設問図のように、通しボルト上部のナットを機器架台に固定してしまうと、防振材の防振機能が発揮されないことになる。

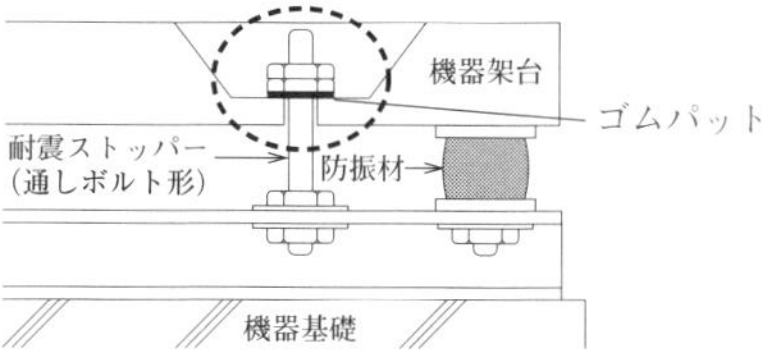

図 2

よって、通しボルトの上部ナットは、上下の振動を吸収できるように、**ダブルナット**を緩めて**最小限**のすき間を**確保**するか、または**図 2** のように**機器架台**との間に**防振用ゴムパッド**を**挿入**する。

よって、解答例は、「**耐震ストッパーと機器架台の間には、最小限のすき間を確保するか、または防振用ゴムパットを挿入する。**」となる。

(4) 防火区画を貫通する配管の施工要領

演習問題

次に示す図について、**適切でない部分の改善策**を具体的かつ簡潔に記述しなさい。

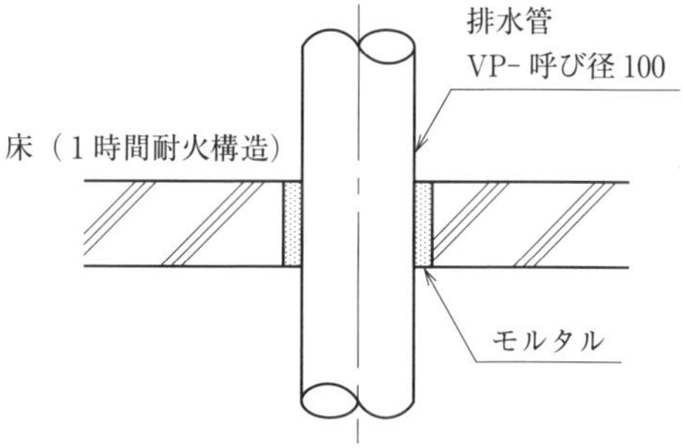

解説

建築基準法施行令第 129 条の 2 の 4 第 1 項第 7 号に、防火区画を貫通する給水、排水その他の配管の構造が規定されている。

給水管、配電管その他の管の貫通する部分からそれぞれ**両側 1m 以内**の距離にある部分を**不燃材料**で造ることとされている。具体的には、**図 3** のように防火区画の両端から 1m の部分を**鋼管**で覆う。設問図では、不燃材料ではない VP 管がそのまま防火区画を貫通しているので不適である。よって、解答例は、「**防火区画貫通部および両端から 1m 以内の部分は、VP 管の上を鋼管で覆う。**」となる。

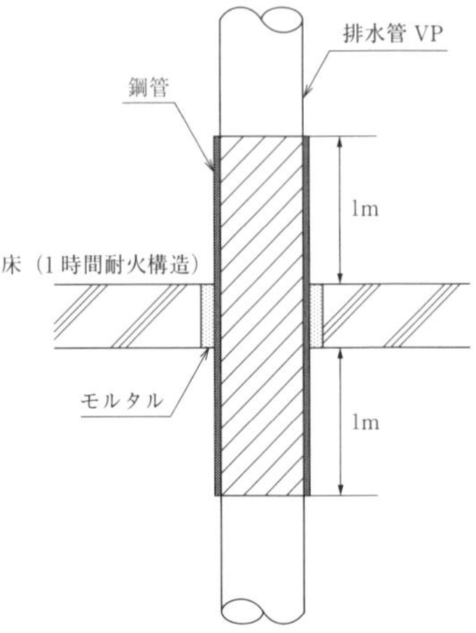

図 3

(5) 建物エキスパンションジョイント部の配管要領

演習問題

次に示す図において、**適切でない部分の改善策**を具体的かつ簡潔に記述しなさい。

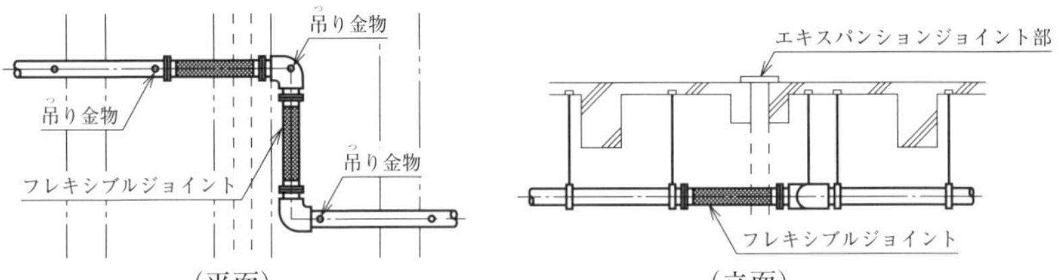

（平面）　　（立面）

解説

エキスパンションジョイント部の両側の建物は、地震時に異なる揺れ方をするため、左右それぞれの配管は、建物の動きと同様に動く必要がある。したがって、左右の配管は**図 4** のように、それぞれの**躯《く》体**に**形鋼《かたこう》**で堅固に**固定**する。

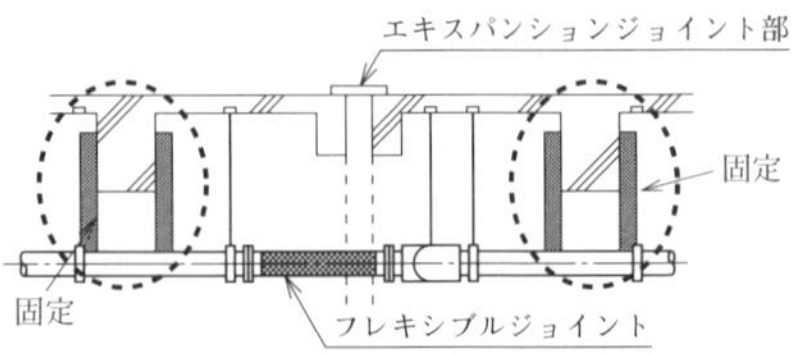

（立面）

図 4

（6）単式伸縮管継手の取付け要領

演習問題

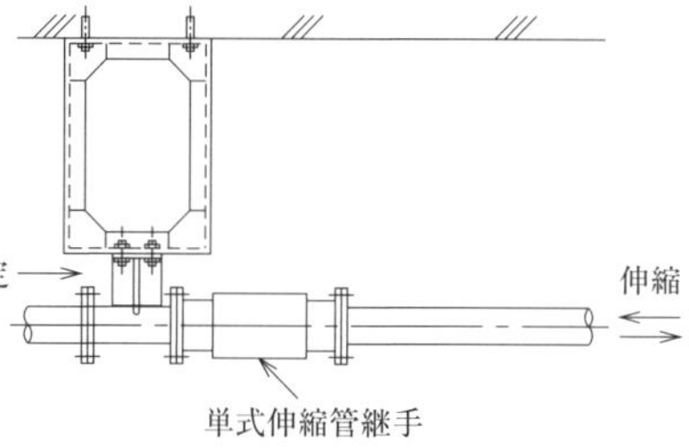

次に示す図において、**適切でない部分の改善策**を具体的かつ簡潔に記述しなさい。

解説

冷温水管や蒸気管などに伸縮継手を取り付ける場合は、配管の伸縮を吸収するために、その伸縮の起点として有効な箇所に固定支持金物を設ける必要がある。

単式伸縮管継手は、本体に固定点がないので、**継手近傍の片方**の配管に**固定点**を取り、**もう片方**には**図５**のように**ガイド**を設け、これも固定する。

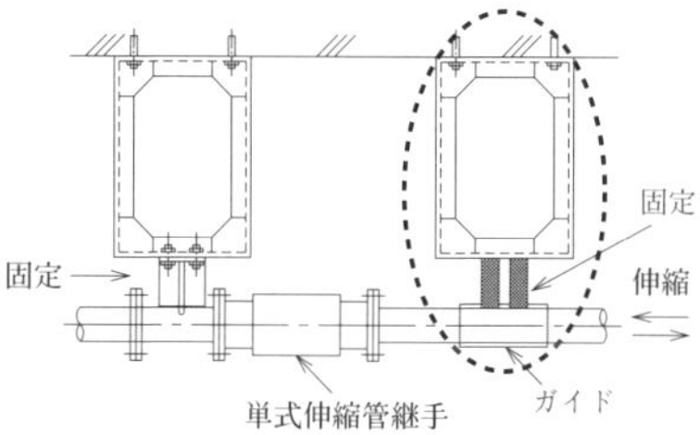

図５

設問図では、そのガイド及びそれを支持する形鋼がない。よって、解答例は、「**伸縮管継手の右側にガイドを設け、形鋼で支持する。**」となる。

（7）複式伸縮管継手の取付け要領

演習問題

次に示す図について、**適切でない部分の改善策**を具体的かつ簡潔に記述しなさい。

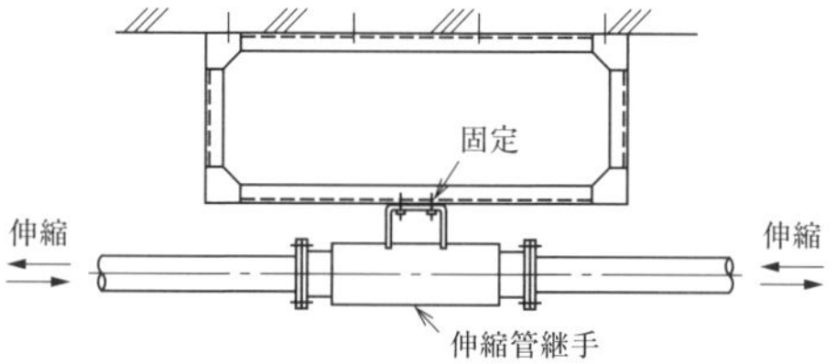

解説

複式伸縮管継手まわりの支持の施工要領は、**継手本体**を**固定**し、継手の**両側の配管**に**ガイド**を設ける必要がある。ガイドとは、水平方向は拘束せずに垂直方向にかかる荷重のみ支持するものをいう。設問図では、継手本体は固定されているが、継手の両側の配管にガイドが設けられていない。したがって、解答例は、「**複式伸縮管継手の両側の配管にガイドを設ける。**」となる（**図 6** 参照）。

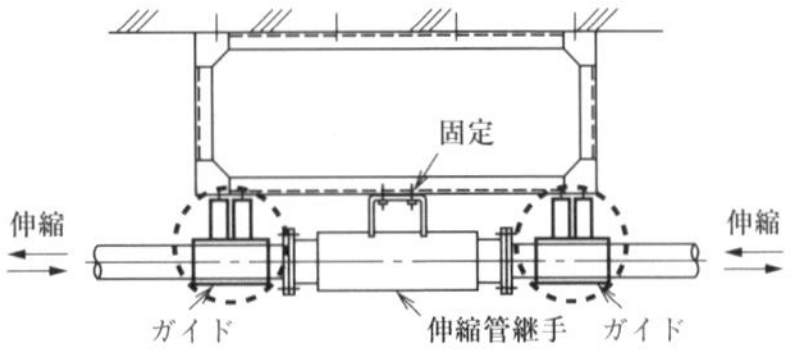

図 6

(8) 特性曲線及びポンプ廻り

演習問題

次に示す図について、**(イ)** 及び **(ロ)** の答えを記入しなさい。

(イ) **図 7** に示す特性のポンプを**図 8** のように 2 台同時に並列運転した場合の揚程曲線を記入しなさい。ただし、抵抗曲線は変化しないものとする。

(ロ) 2 台同時に並列運転した場合の 1 台あたりのポンプの水量［L/min］を記入しなさい。

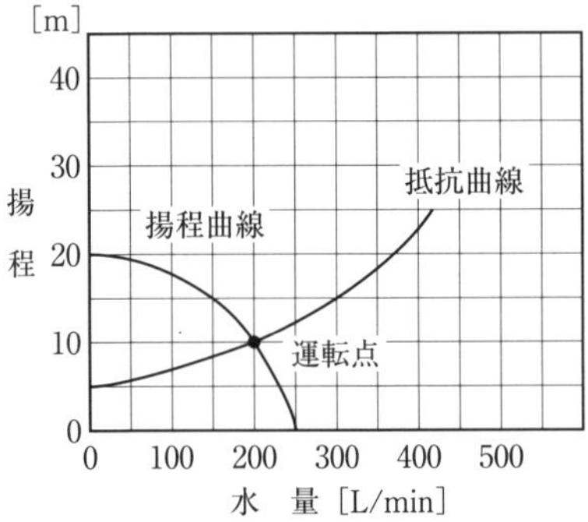

図 7 特性曲線

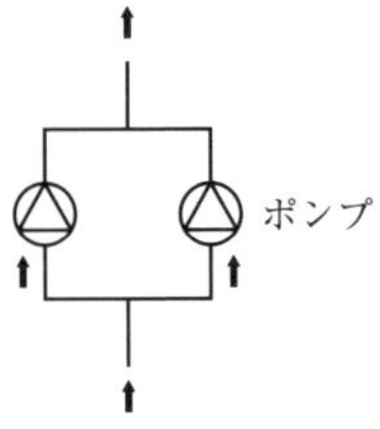

図 8 ポンプ廻り

解説

（イ）2台並列運転時の揚程曲線

以下のポイントをおさえて作図すると、**図９**のように表される。

揚程［m］	１台の水量［L/min］	並列時水量［L/min］
20	**0**	**0**
15	**150**	**300**
10	**200**	**400**
0	**250**	**500**

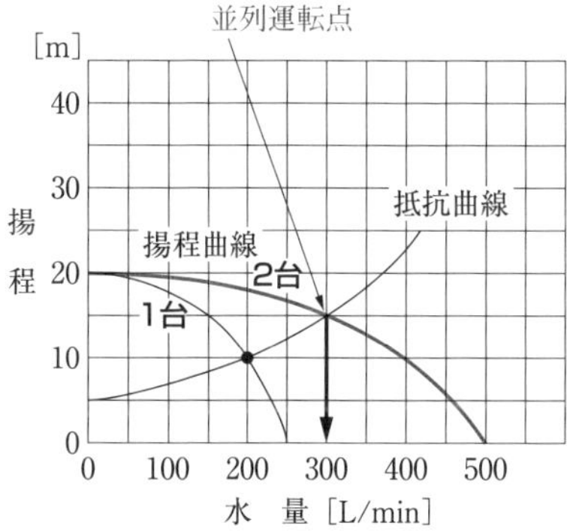

図９ 特性曲線

（ロ）２台並列運転時の１台当たりのポンプの水量

図９より、２台並列運転時の運転点は、**（イ）**で求めた**揚程曲線**と**抵抗曲線**の**交点**である。

図から、その運転点の水量は 300［L/min］であるので、１台あたりのポンプの水量は、300L/min ÷ 2 ＝ **150**L/min となる。

したがって、（イ）の解答例は**図９**のようになり、（ロ）の解答は **150**［L/min］となる。

(9) 水道用硬質塩化ビニルライニング鋼管フランジ接合断面図

演習問題

次に示す図について、**適切でない部分の改善策**を記述しなさい。

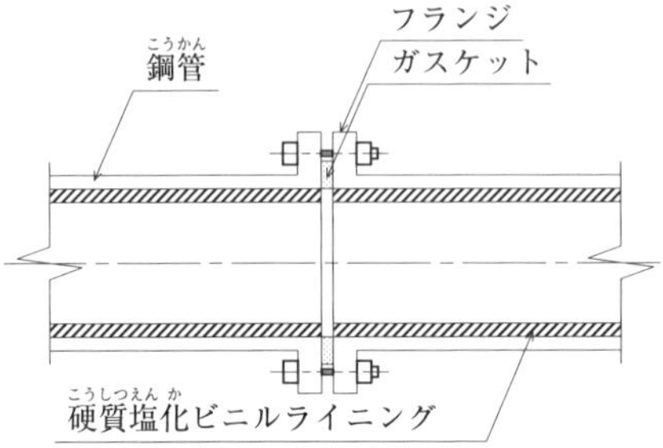

解説

水道用硬質塩化ビニルライニング鋼管フランジ接合の断面図において、フランジとガスケットの間に**ライニングの巻き返し**が施されていないところに問題がある。

このフランジ付管は、フランジを溶接した後、ライニングを行う。この巻き返しの加工は現場ではできないので、通常、工場で加工する。

したがって、解答例は、「**フランジとガスケットの間にライニングの巻き返しを施す。**」となる。

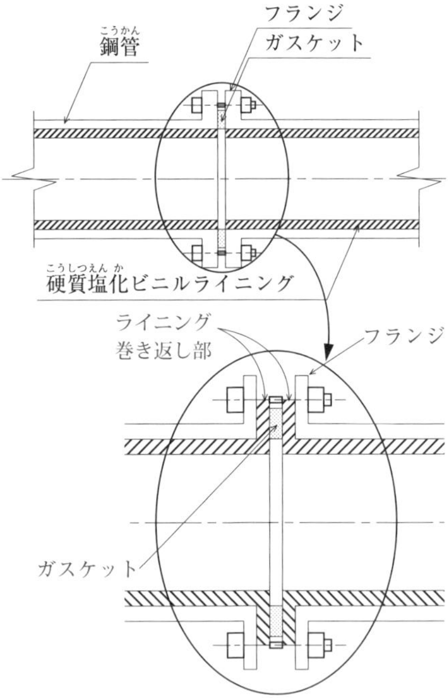

2 空調設備

空調設備に関する施工要領、施工図は、次のとおりである。

(1) 温水配管の系統図

演習問題

次に示す図について、**適切でない部分の改善策**を具体的かつ簡潔に記述しなさい。

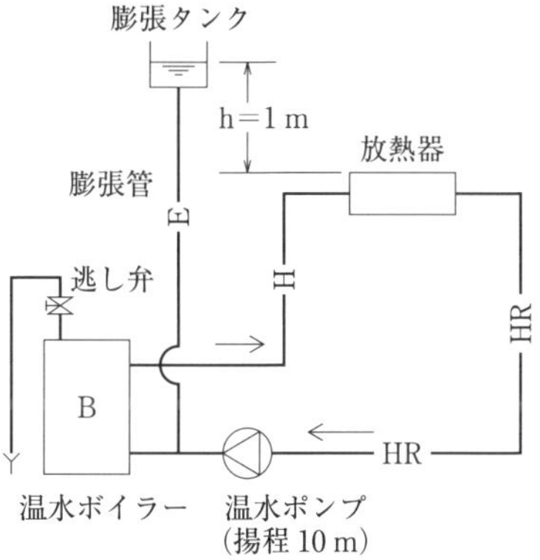

解説

膨張タンクの膨張管は、温水ポンプの下流ではなく、**図1**のように**上流側**に**接続**する。理由は、管内圧力分布を**負圧**ではなく**正圧**にするためである。

したがって、解答例は、「**膨張管は、管内圧力分布を正圧にするために、温水ポンプの吸込み側に接続する。**」となる。

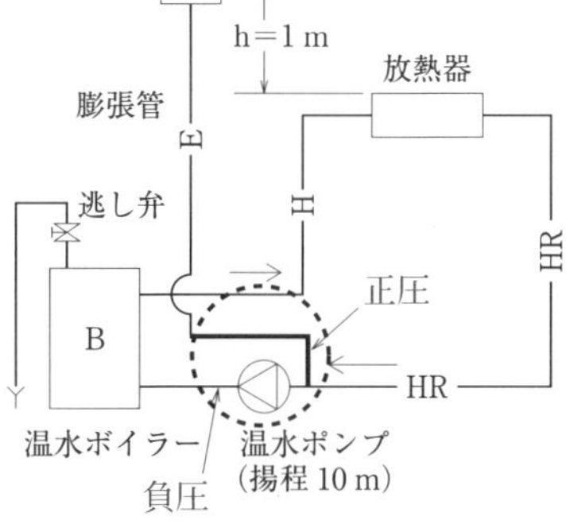

図1

(2) ファンコイルユニット配管系統

演習問題

次に示す図について、**(イ)** 及び **(ロ)** の答えを記入しなさい。

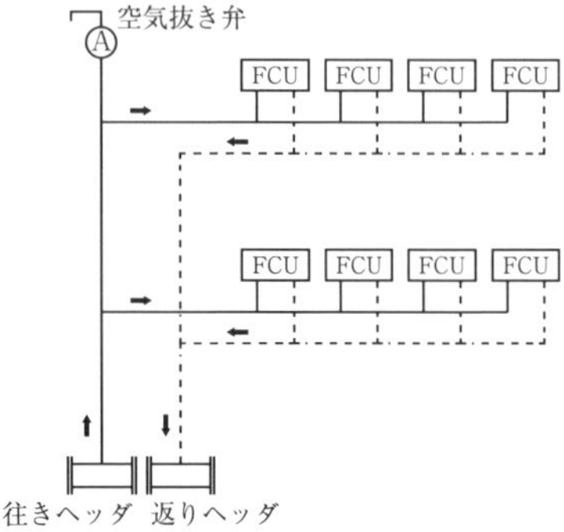

(イ) 立て管及び横引き管をリバースリターン方式に修正しなさい。その場合、不要となる部分は、〰〰〰又は〰〰〰と記入しなさい。

(ロ) ダイレクトリターン方式に対するリバースリターン方式の利点を簡潔に記述しなさい。

解説

(イ) リバースリターン方式に修正

ダイレクトリターン方式では、往き管と還り管の長さが違うため、配管抵抗も異なり、流量の**アンバランス**が生じる。

したがって、リバースリターン方式に修正するためには、**図2**のように、往き管と還り管の長さが等しくなるようにする。

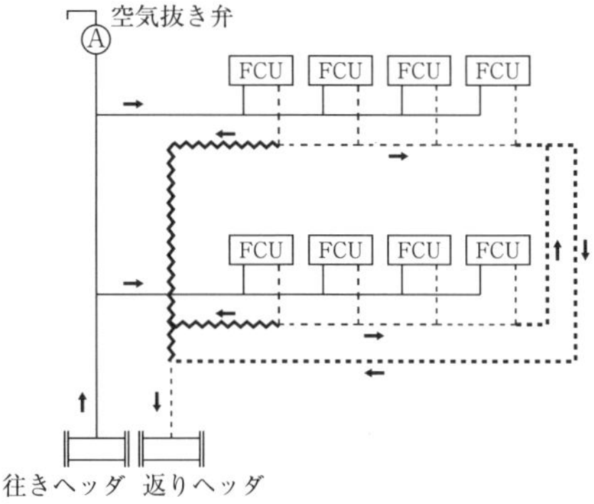

図2

(ロ) リバースリターン方式の利点

リバースリターン方式では、どのFCU（ファンコイルユニット）に対しても、**往き**と**還り**の配管の長さがほぼ**同じ**になるため、配管損失がほぼ等しくなり、**流量**の**バランス**がとりやすい。

したがって、(イ) の解答例は**図2**のようになり、(ロ) の解答例は、「**リバースリターン方式で往き管と還り管の長さをほぼ等しくすることで、各ファンコイルユニットの配管損失のアンバランスを是正することができる。**」となる。

(3) 冷温水コイルまわりの配管要領

演習問題

次に示す図について、**適切でない部分の改善策**を具体的かつ簡潔に記述しなさい。

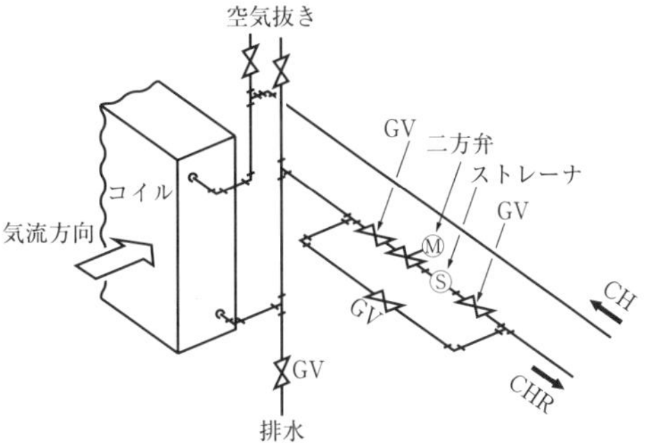

冷温水コイルまわりの配管要領

解説

冷温水配管には空気が混入してしまうのが常である。配管内の空気は冷温水の流れを阻害するため、その対策が必要である。

冷温水コイル内に空気が溜まらないように、また熱交換の効率をよくするために、**図3**のように**冷温水**を**コイル下部**から**流入**させ、**コイル上部**から**流出**させるように配管を接続する。

設問の図は、流入管と流出管が逆になっている。したがって、解答例は、「**冷温水配管は、コイル下部から流入させ、コイル上部から流出させる。**」となる。

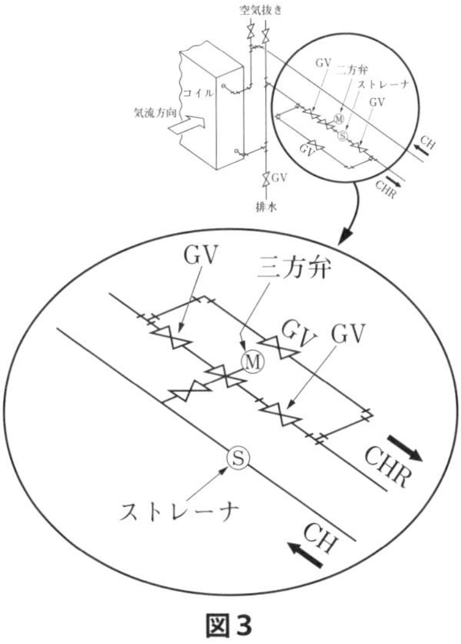

図3

(4) 特性曲線及び送風機廻り詳細図

演習問題

次に示す図について、**(イ)** 及び **(ロ)** の答えを記述しなさい。

(イ) 送風機がA点で運転されている場合、設計点Cで運転するように調整する方法を簡潔に記述しなさい。

(ロ) 送風機がB点で運転されている場合、設計点Cで運転するように調整する方法を簡潔に記述しなさい。

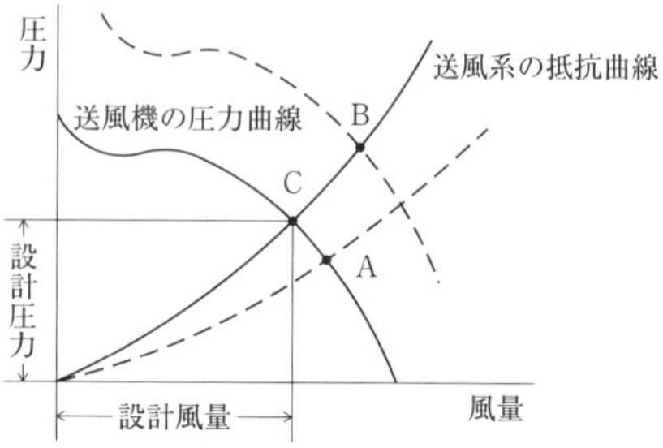

特性曲線

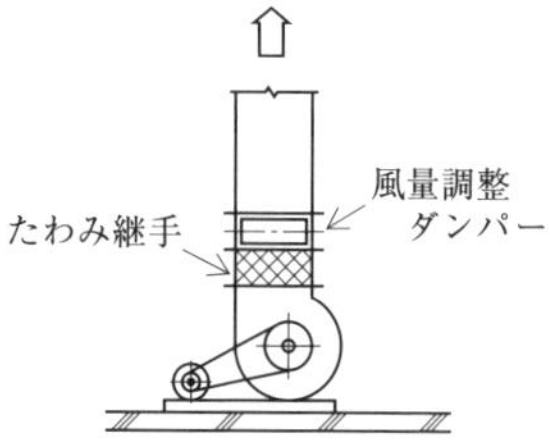

図4 送風機廻り詳細図

解説

(イ) A点からC点に調整するには、送風系の抵抗を**増加**させて、送風系の抵抗曲線を点線から実線にする必要がある。その方法は、**風量調整ダンパー**を絞って**風量**を**調整**することである。したがって、**(イ)** の解答例は、「**風量調整ダンパーを絞って、送風系の抵抗を増加させる。**」となる。

(ロ) B点からC点に調整するには、送風機の圧力を**減少**させて、送風機の圧力曲線を点線から実線にする必要がある。その方法は、**送風機**の回転数を**減少**させて**風量**を調整することである。したがって、**(ロ)** の解答例は、「**プーリーを交換するなどして、送風機の回転数を減少させる。**」となる。

送風機の回転数を調整する方法には、プーリー（滑車）を交換する方法と、インバータで電動機の回転数を調整する方法があるが、本問の場合、プーリーのみ図示されているので、インバータには触れないほうが無難と判断される。

(5) 天井吊り送風機（呼び番号 4）の設置要領

演習問題

次に示す図において、**適切でない部分の改善策**を具体的かつ簡潔に記述しなさい。

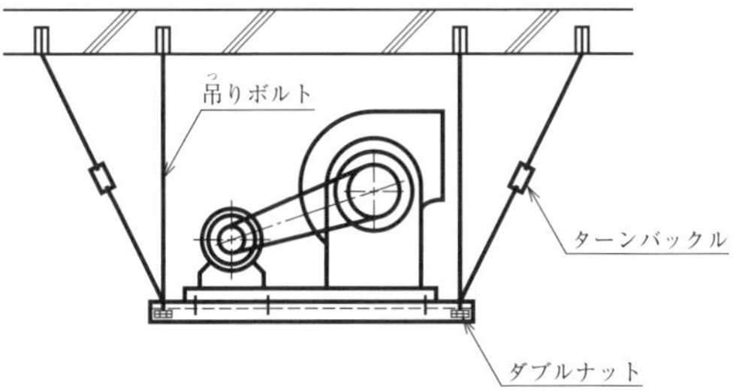

解説

呼び番号とは、送風機の羽根の大きさのことである。問題の図は、**呼び番号 2 未満**の吊り方である。呼び番号 4 となれば、送風機の羽根が大きく重量も当然重い。この場合は、**鋼製架台**を**天井スラブ**に堅固に**取り付け**、その架台上に送風機を設置しなければならない。併せて防振材も取り付ける（**図 5** 参照）。したがって、解答例は、「**鋼製架台（防振材付き）を天井スラブから吊り、その上に送風機を設置する。**」となる。

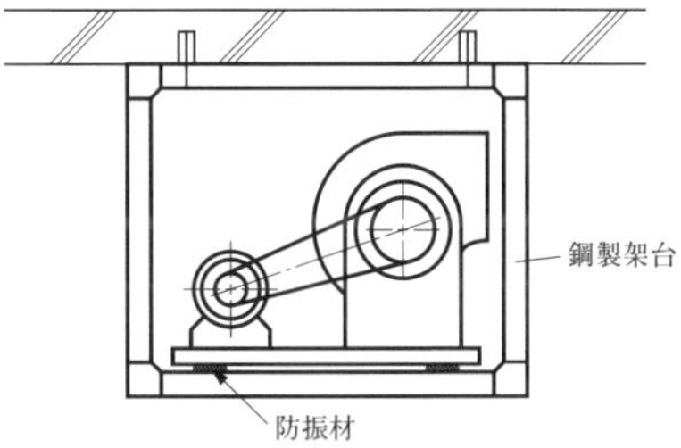

図 5

(6) ダクト施工要領

演習問題

次に示す図について、**適切でない部分の改善策**を具体的かつ簡潔に記述しなさい。

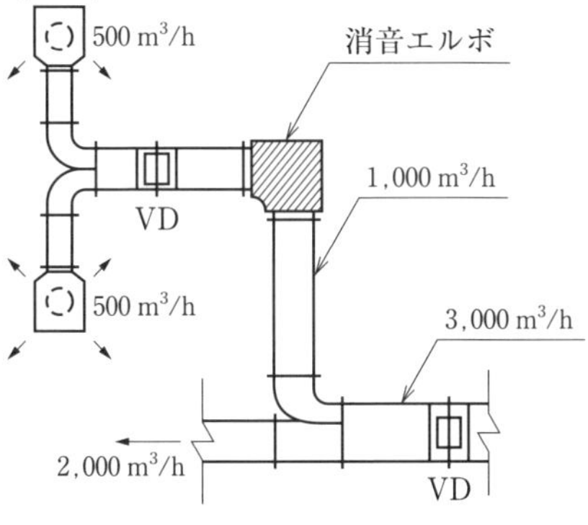

解説

ダンパー（VD）は、風量調整を行うものであり、操作したときダンパー翼により気流が乱れ、騒音（風切音）が発生する。よって、**ダンパー**は、**図 6** のように**消音エルボ**の**上流側**に設けて、気流の乱れを整えて消音する。消音エルボの下流側には、このような騒音発生源となるダンパーを設けてはならない。したがって、解答例は、「**ダンパー（VD）は、消音エルボの上流側に設けて、気流の乱れを整えて消音する。**」となる。

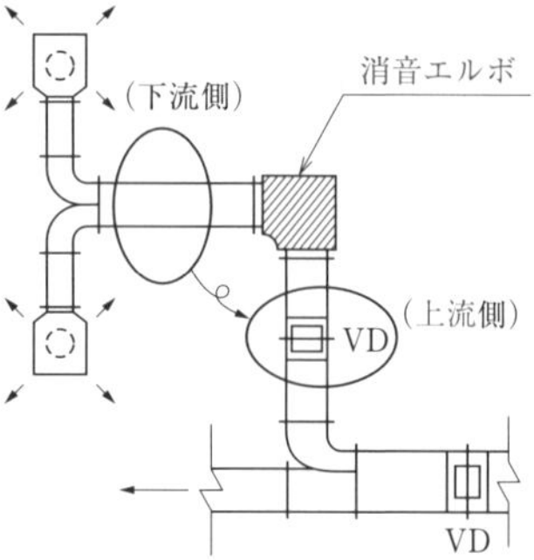

図 6

(7) 排気チャンバーまわり状況図

演習問題

次に示す図において、**適切でない部分の改善策**を具体的かつ簡潔に記述しなさい。

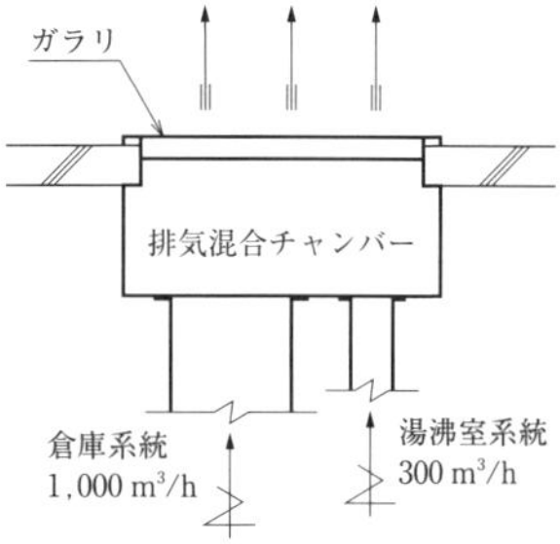

解説

設問図では、混合チャンバーに倉庫系統の排気と湯沸室系統の排気が流入している。問題点は、両者の**運転時間**が**異なる**ことである。たとえば、倉庫系統は 24 時間運転し、湯沸室系統は間欠的運転と想定すると、片方が停止している場合、運転しているほうの排気が停止している系統に**侵入**することが問題となる。対策としては、**図 7** のように仕切り板を設けたり、逆流防止ダンパーを設置する。したがって、解答例は、「**排気混合チャンバー内に仕切り板を設ける。**」、「**各排気ダクト内に逆流防止ダンパー（チャッキダンパー）を設置する。**」となる。

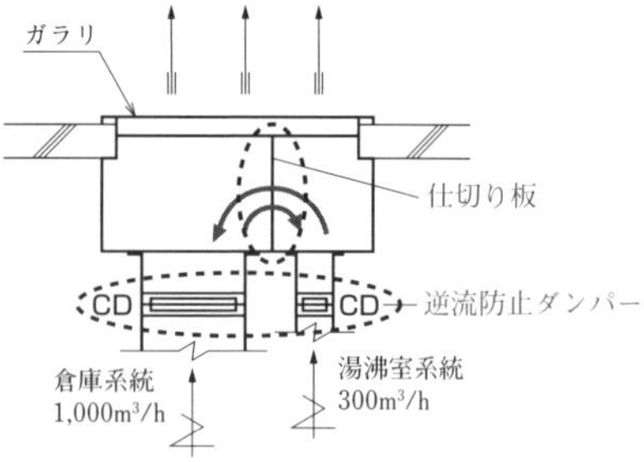

図 7

(8) 換気ダクト系統図

演習問題

次に示す図について、適切でない部分の改善策を記述しなさい。

便所換気ダクト系統図

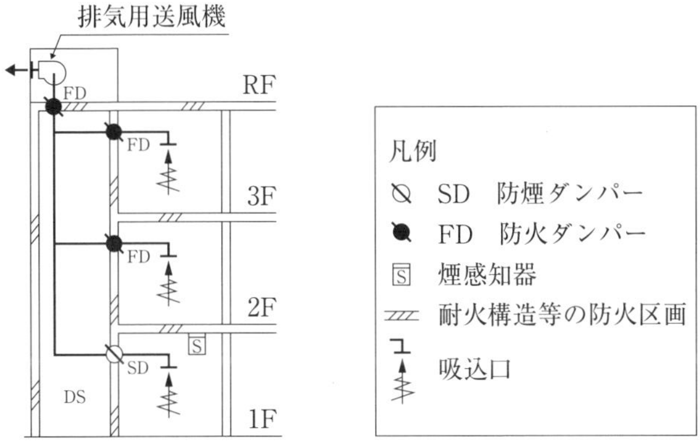

解説

建築基準法の規定により、換気等のダクトが防火区画を貫通する場合、煙や火炎がダクトを通過しないよう、ダンパーを設けることが定められている。1 階と 2 階については、火災発生時に煙が上階に流出しないよう、**防煙ダンパー**を設置する。右図のように、2 階部分には、**煙感知器**が必要であり、DS との貫通部には防火ダンパーではなく、**防煙ダンパー**を設置する。3 階と DS の貫通部及び、DS と排気用送風機室との貫通部については、煙の流出より火炎が延焼しないことが優先されるため、防火ダンパーを設置する。したがって、解答例は、「**2 階部分については、煙感知器を設置し、2 階と DS との貫通部には防煙ダンパーを設置する。**」となる。

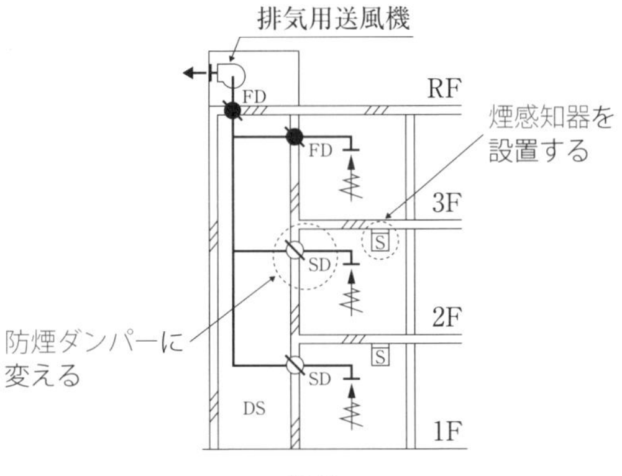

図8

(9) 厨房系排気ダクトの施工要領

演習問題

次に示す図について、**適切でない部分の改善策**を具体的かつ簡潔に記述しなさい。

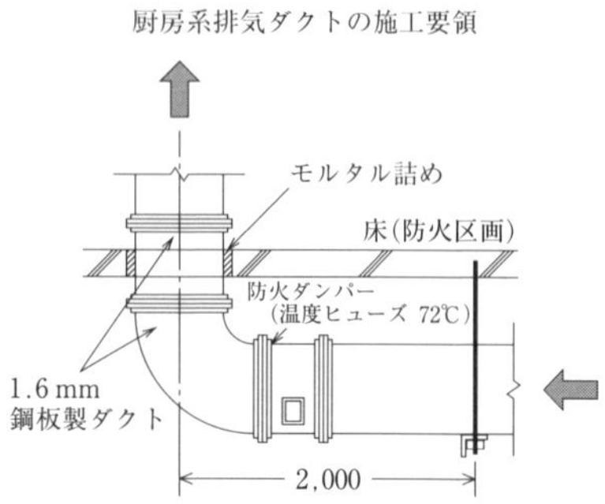

解説

【ダクト問題のチェックポイント】

> **①防火ダンパーのヒューズの温度**
> 一般のダクト　**72℃**
> 厨房用ダクト　**120℃**
> 排煙用ダクト　**280℃**
> **②防火区画貫通ダクトの鉄板の板厚**
> **1.5mm 以上**になっているか
> **③防火ダンパーの支持**
> **4 点吊り**になっているか

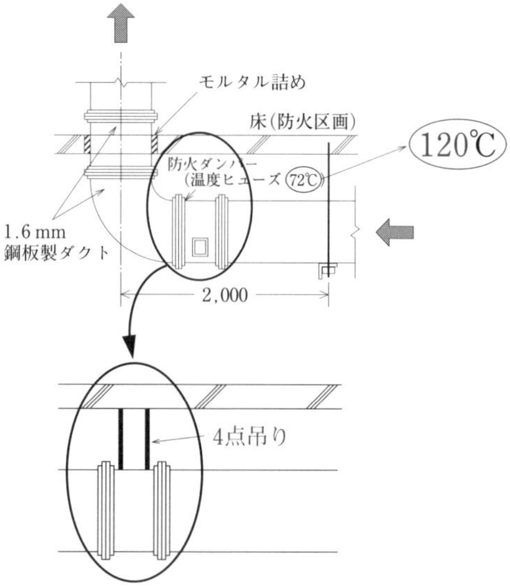

図 9

設問図では、①は 72℃なので、120℃とする。②は 1.6mm なので OK。③は支持がないので、**図 9** のように吊りを追加する。この吊りは、火災時に脱落を防止するためのものである。したがって、解答例は、「**防火ダンパーに使用する温度ヒューズは 120℃のものとする。**」、「**防火ダンパーは、単独で 4 点吊りとする。**」となる。

3 衛生設備

衛生設備に関する施工要領、施工図は、次のとおりである。

(1) 給水タンクまわり状況図

演習問題

次に示す図において、**適切でない部分の改善策**を具体的かつ簡潔に記述しなさい。

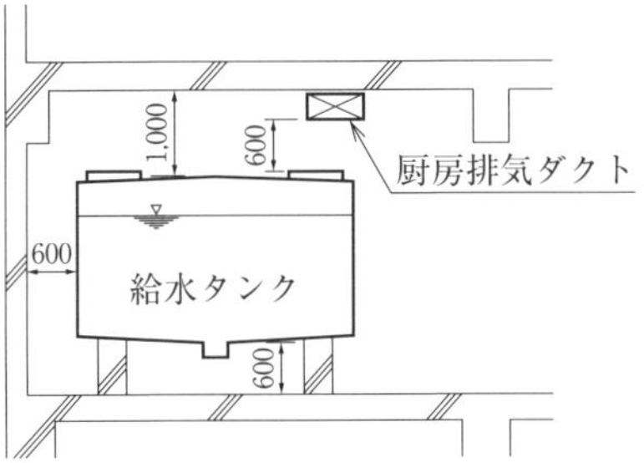

断面図

解説

問題点は、給水タンク上部にある厨房排気ダクトからの油脂によって、給水タンクが汚染されるおそれがあることである。そのため、ダクトからの落下物によって給水タンクの汚染がないようにする必要がある。対策としては、**図１**のように、ダクトを移動したり、ダクトの下部に受け皿を設けたりする。したがって、解答例は、「**ダクトを移動して給水タンクから離す。**」、「**ダクト下部に受け皿を設ける。**」となる。

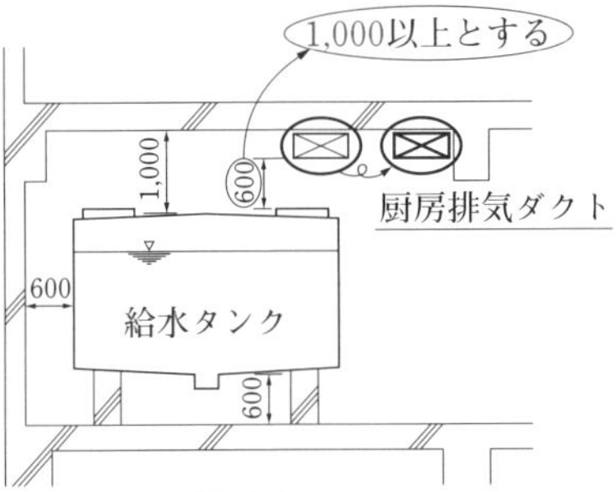

断面図

図１

(2) 床上式タンクにおける揚水ポンプまわりの施工要領

演習問題

次に示す図について、**適切でない部分の改善策**を具体的かつ簡潔に記述しなさい。

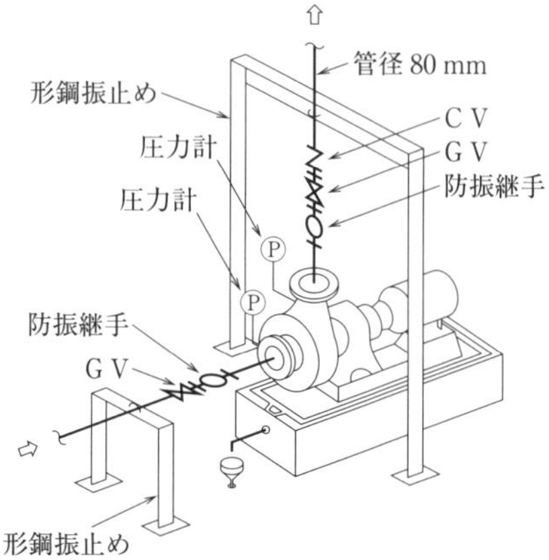

解説

【ポンプまわりの施工チェックポイント】

①**ポンプ吐出し側**から、**防振継手・CV（逆止弁）・GV（仕切弁）**の順になっているか。

配管には、ゴミが詰まることがあるため、吐出し側配管の水を全部抜かずにゴミ除去ができるように、逆止弁の先に仕切弁を設ける。

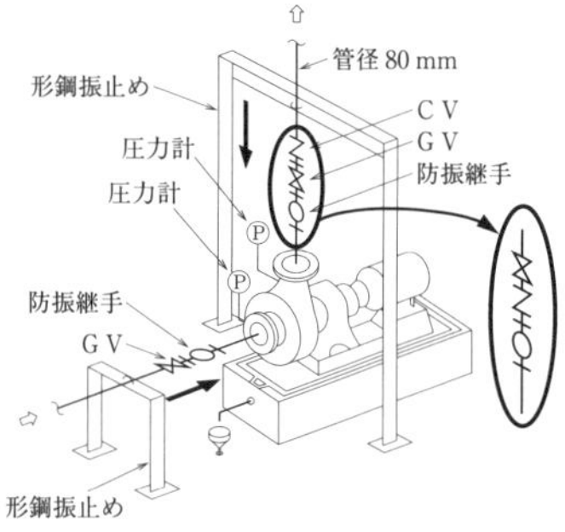

図2

②**ポンプ吐出し側・吸込み側**に**防振継手**は付いているか。

防振継手は、ポンプの振動を吐出し側配管・吸込み側配管に伝えないようにするためのものである。

③**配管の支持**は適切になされているか。

この支持によって、配管の荷重がポンプにかかるのを防いでいる。

④**サクション管**が図示されている場合は、その管先に**フート弁**が付いているか。

フート弁は、ポンプが停止したとき、管内の水の逆流を防ぐものである。設問図では、①と③に問題点がある。したがって、解答例は、前ページの**図 2** に示すように、「**ポンプ吐出し側の CV と GV の順序を逆にする。**」、「**形鋼振止めはポンプ吐出し側・吸込み側共に防振継手と GV の間に設置する。**」となる。

(3) 排水、通気設備系統図

演習問題

次に示す図の**適切でない部分**のうち、**2 か所**について、それぞれの**改善策**を具体的かつ簡潔に記述しなさい。

排水、通気設備系統図

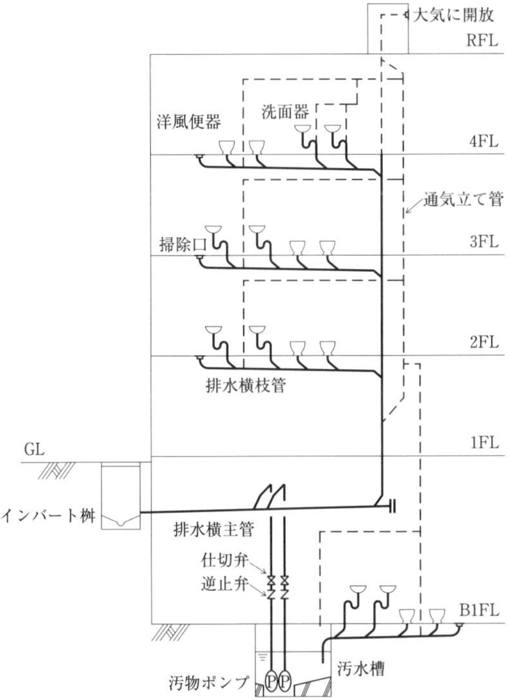

解説

適切でない部分は、次ページの**図 3** の①～③のとおりである。したがって、解答例は、次のとおりである。

①**汚水槽**の**排水管**は、上階の排水横主管に接続せず、**単独**で**インバート桝**まで配管する。
②**汚水槽**の**通気管**は、排水管の通気管と接続せず、**単独**で、**直接**、**大気**に開放する。
③**汚水槽**の**流入管**の曲がり部は、汚水槽に空気を流入させないように、**上部**を**開放**する。

※上記のうち２か所について記述する。

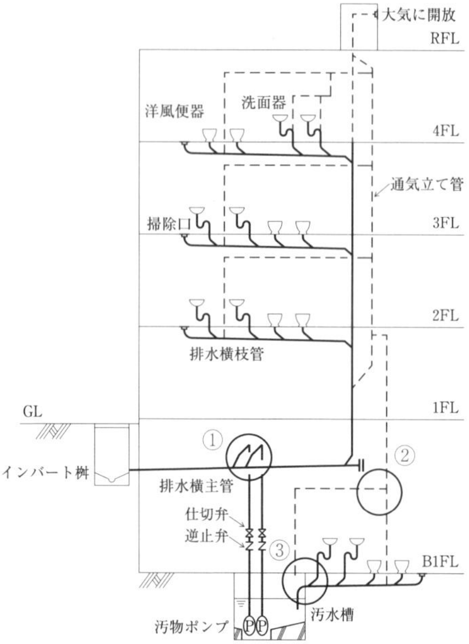

図3

(4) 排水・通気配管系統図

演習問題

次に示す図において、**適切でない部分の改善策**を具体的かつ簡潔に記述しなさい。

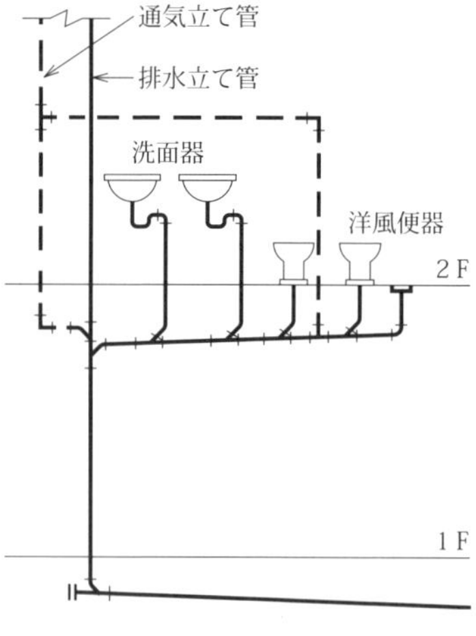

解説

設問図の問題点は、通気立て管が 2F 排水横枝管と衝突していることである。この状態では、通気管への空気の流通がうまくできず、円滑な通気ができない。

通気立て管は、可能な限り排水立て管の下部に接続して、通気が容易にできるようにしなければならない。**図 4** のように**最下階**の**排水横枝管**より**低い**位置で、排水立て管に接続するか、または**排水横主管**に接続しなければならない。したがって、解答例は、「**気立て管は、2 階排水横枝管より低い位置で、排水立て管に接続する。**」となる。

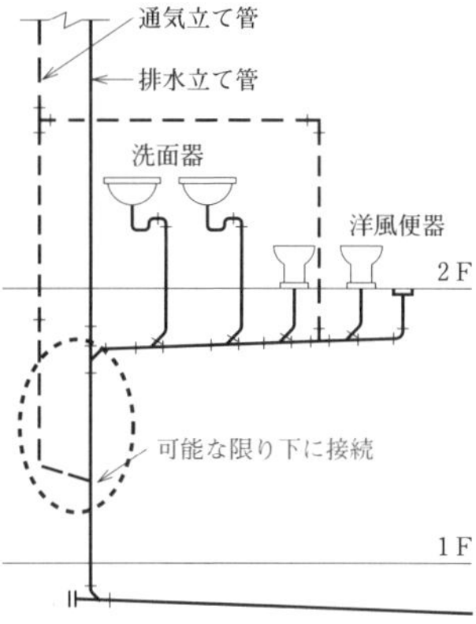

図 4

(5) 排水・通気設備図

演習問題

次に示す図について、2FL の排水横枝管からループ通気管を取り出し、通気立て管に接続しなさい。また、逃し通気管をループ通気管に接続しなさい。

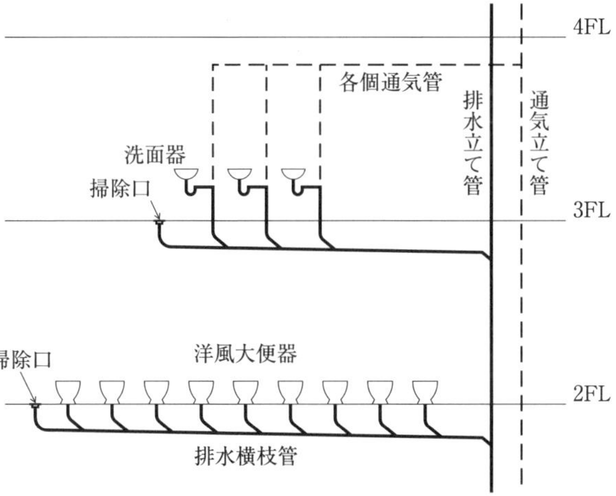

解説

ループ通気管は、**図 5** のように**最上流**に設置した**器具排水管**が、**排水横枝管**に接続される点のすぐ**下流**から立ち上げて、通気立て管に接続する。

これは、通気取出し箇所に滞留した汚物を最上流の器具排水により流すためである。逃し通気管は、排水と通気の両系統間の空気の流れを円滑にするため、補助的に設けるものである。

したがって、解答例は**図 5** のようになる。

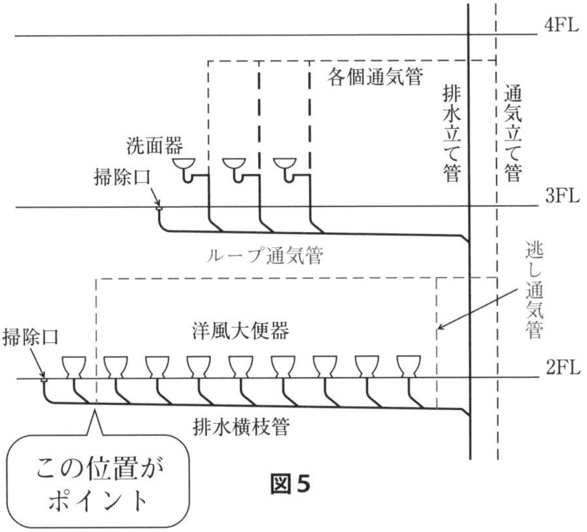

図 5

(6) 器具排水管と排水横枝管の施工要領

演習問題

次に示す図について、**適切でない部分の改善策**を具体的かつ簡潔に記述しなさい。

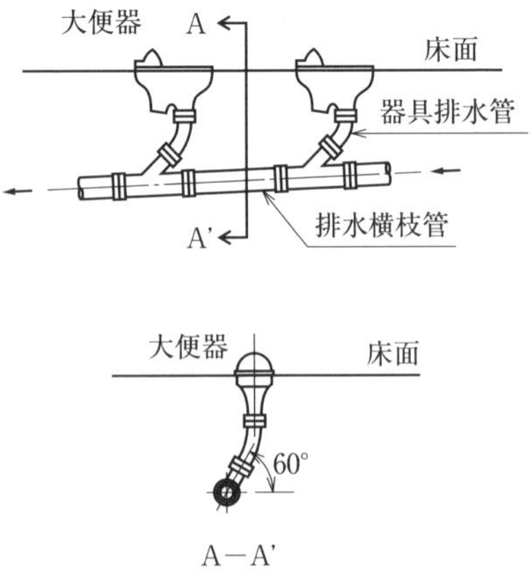

解説

器具排水管と排水横枝管との合流は、**図６**のように**45°以内**の**鋭角**をもって、**水平**に近く**合流**させなければならない。その理由は、鋭角に合流させることによって、排水横枝管内の空気の流れをよくするためである。

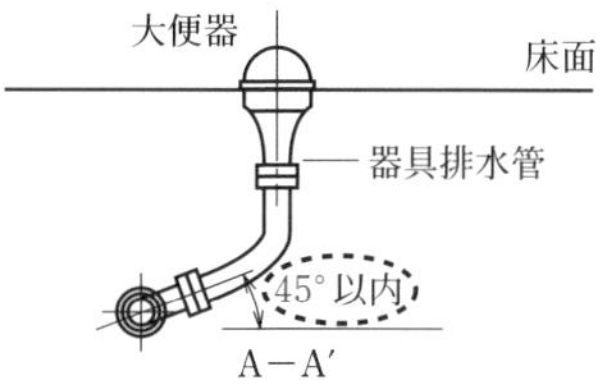

図６

したがって、解答例は、「**器具排水管と排水横枝管との合流は、45°以内の鋭角で、水平に近く合流させる。**」となる。

(7) 排水トラップに発生する現象

演習問題

次に示す図において、**（イ）**及び**（ロ）**の答えを記述しなさい。

（イ）図７において、多量の排水が排水立て管を流れる時、器具Ａの排水トラップに発生するおそれのある現象を記述しなさい。

（ロ）図８において、器具Ｃからの排水により、排水横主管の①部が瞬間的に満流状態になった時に、②部から多量の排水が落下した場合、器具Ｂの排水トラップに発生するおそれのある現象を記述しなさい。

排水状況図

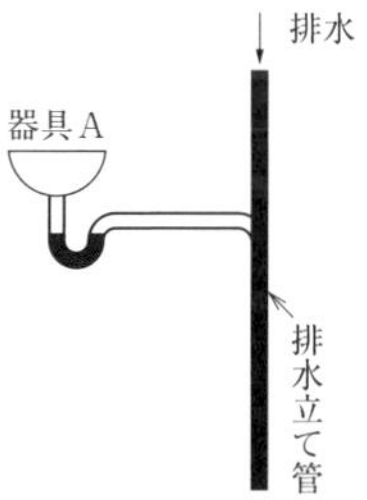

図７

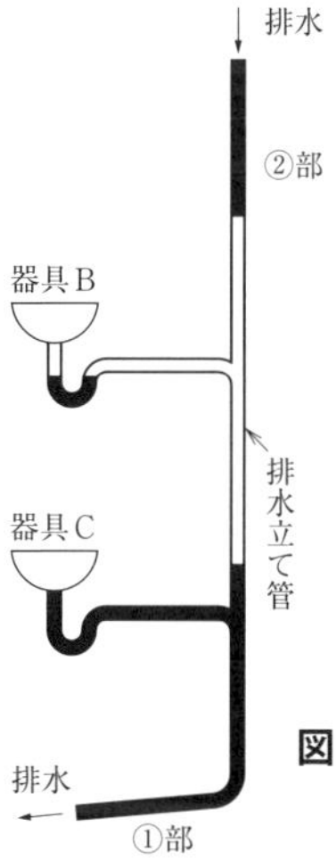

図８

解説

（イ）図 9 において、排水立て管に多量の水が流れ、満水状態になっている。この排水の流れによって、器具 A の排水横枝管が負圧となる。器具 A のトラップと排水立て管との間にある空気が排水立て管に引き込まれる。よって、その空気の流れとともに、封水も引き込まれる。この現象を、封水が吸い出される**吸出し作用**（誘導サイホン作用）と呼ぶ。

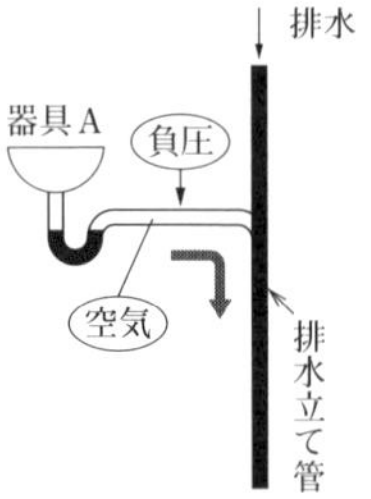

図 9

（ロ）図 10 において、②部から多量の排水が流れた場合、この水は器具 C からの排水及び①部と②部の間の空気によって流れにくくなり、排水立て管内の空気圧が上昇する。器具 B の排水横枝管が正圧となり、器具 B と排水立て管の間の空気が器具 B 方向に向かう。よって、トラップ封水は押されて器具 B から吹き出す。この現象を、封水が跳ね出す**跳ね出し作用**と呼んでいる。

よって、解答は、（イ）「**吸出し作用**」、（ロ）「**跳ね出し作用**」となる。

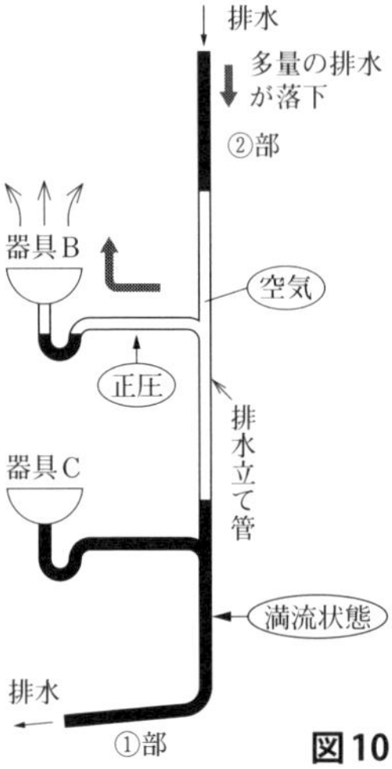

図 10

誘導サイホン作用を防止するために、伸長通気方式においては、**排水用特殊継手**を用いて管内圧力の緩和を図る方法があります。
一般的には、伸長通気方式よりも**ループ通気**方式の方が誘導サイホン作用防止には**有効**です。

(8) 屋内消火栓設備の加圧送水装置まわり図

演習問題

次に示す図について、**(イ)** 及び **(ロ)** の答えを記入しなさい。

(イ) 逃し配管を実線で図中に記入しなさい。

(ロ) **(イ)** の逃し配管を設ける目的を、簡潔に記述しなさい。

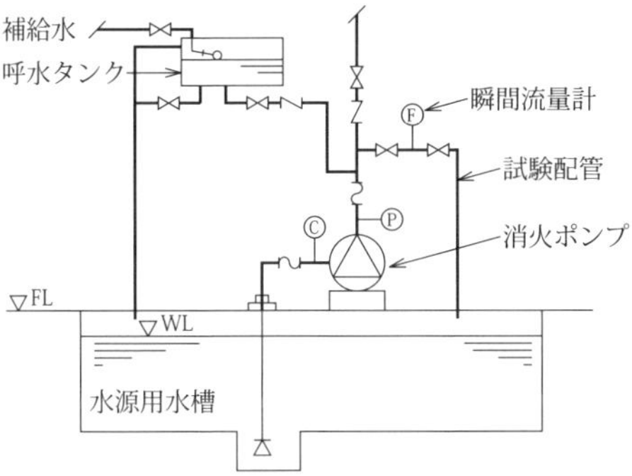

解説

消防法施行規則第 12 条（屋内消火栓設備に関する基準の細目）第 1 項第 7 号ハで、加圧送水装置に関して規定している。（ト）に加圧送水装置には、**締切運転時**における**水温上昇防止**のための逃し配管を設けることとある。

このように定められているが、設問図には**逃し配管がない**。**図 11** のように逃し配管は、ポンプ内の水温が一定以上の温度にならないように、呼水タンクへ流すためのものである。したがって、(イ)の解答例は**図 11** のようになり、（ロ）の解答例は、「**消火栓ポンプの締切運転時に水温上昇を防止するため。**」となる。

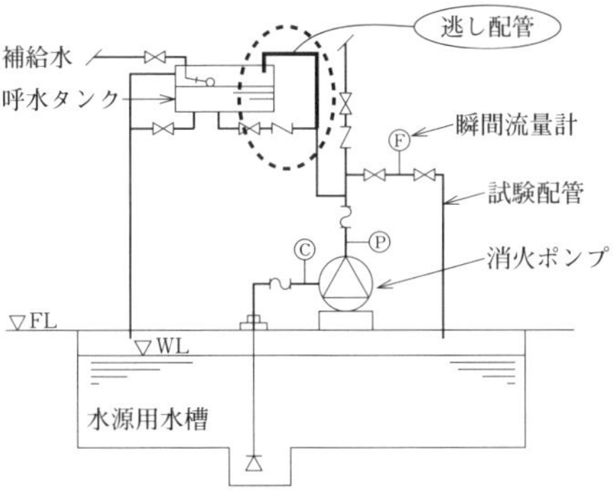

図11

第4章　記述問題（第二次検定）

Lesson 2　空調設備・衛生設備

二次

空調設備に関する問題と、衛生設備に関する問題のどちらかを選んで解答する選択問題となっている。空調設備、衛生設備の幅広い分野から施工上の留意事項などを記述させる問題が出題される。過去に出題された問題の類似の問題が繰り返し出題されているので、次に示す問題についてどのように記述するか準備しておくことが重要である。空調設備と衛生設備の選択問題を、あらかじめどちらかに絞って学習するのは得策ではない。両分野とも学習しておき、実際の試験問題を見て自分の解答しやすいほうを選択するのが得策である。

1　空調設備

空調設備に関する事項は、次のとおりである。

(1) 吸収冷温水機の据付け、単体試運転調整

演習問題

直だきの吸収冷温水機について、据付けにおける施工上の留意事項、単体試運転調整における確認・調整事項のうちから、4つを具体的かつ簡潔に記述しなさい。

ただし、搬入、工程管理及び安全管理に関する事項は除く。

解説

施工上の留意事項（空調設備）

直だき吸収冷温水機について、据付けにおける施工上の留意事項、単体試運転調整における確認・調整事項

①コンクリート基礎打設後**10 日間**は養生期間とし、機器を据え付けない。
②コンクリート基礎の高さは**150mm 以上**とする。
③基礎への固定は、アンカーボルトで**スラブ鉄筋**に**緊結**する。
④保守点検のため、周囲には少なくとも**1m 以上**の**スペース**を確保する。
⑤内部に充てんされている不活性（窒素）ガスは、**組立て直前**まで抜かない。
⑥据付け完了後、**気密度**を**再確認**する。
⑦冷温水機に接続する冷水、冷却水の**配管荷重**が**直接本体**にかからないようにする。
⑧運転時の**電圧**、**電流**及び各部の**圧力**、**温度**が適正かどうか、試験成績表と照合する。
⑨冷温水機、冷水ポンプ、冷却水ポンプ、冷却塔の**運転・停止順序**を確認する。
⑩温度調節器による**自動発停の作動**を確認する。
（以上の中から類似のものは避けて、4 項目を選んで解答する。）

(2) ユニット形空気調和機の単体試運転調整

演習問題

総合試運転の前に行う、ユニット形空気調和機の単体試運転調整（自動制御を含む）において、確認・調整する事項を、4 つ具体的かつ簡潔に記述しなさい。

ただし、工程管理及び安全管理に関する事項は除く。

解説

施工上の留意事項（空調設備）

総合試運転の前に行う、ユニット形空気調和機の単体試運転調整（自動制御を含む）において、確認・調整する事項

①送風機軸受の**注油状態**を確認する。

②送風機のベルトの張り具合、**下側引張り**になっているかを確認する。
③送風機を**手で回して**、羽根と内部に異常がないか確認する。
④手元スイッチで**瞬時運転**を行い、**回転方向**を確認する。
⑤**異常音**、**異常振動**がないか確認する。
⑥吐出しダンパーを**全閉**にして起動し、吐出しダンパーを徐々に開いて風量を計測し、規定の電流値に調整する。
⑦**ヒューミディスタット**の設定値を変化させて、加湿器の発停状態と噴霧状態を確認する。
⑧**サーモスタット**の設定値を変化させて、二方弁、三方弁の作動を確認・調整する。
⑨加湿器を停止後、**タイムラグ**をおいて送風機が停止するか確認する。
⑩送風機の軸受け温度が、周囲温度より**40℃以上**高くないか確認する。
（以上の中から類似のものは避けて、4 項目を選んで解答する。）

(3) 冷温水管の施工

演習問題

冷温水管を施工する場合の留意事項を､4つ具体的かつ簡潔に記述しなさい。
ただし、現場受入れ検査、配管加工、工程管理及び安全管理に関する事項は除く。

解説

施工上の留意事項(空調設備)

冷温水管を施工する場合の留意事項

①配管内に空気溜まりができないように施工するが、避けられない場合は、**空気抜き弁**を取り付ける。
②空気抜き弁は、管内が**負圧にならない部分**に設ける。
③配管を吊る場合は、支持金物が結露しないように、**合成樹脂製**の**支持受け**を使用する。
④熱による配管の伸縮に対しては、**伸縮管継手**を取り付けて対応する。
⑤振動を発生する機器との接続には、**防振継手**を使用する。

⑥横走り管で、径違い管を接続する場合は、**レジューサ**を使用する。
⑦機器廻りの配管は、保守点検を考慮して、**フランジ接合**とする。
⑧横走り管に施す保温材の抱き合わせ目地は、**横向き**になるようにする。
⑨保温材相互の継目は、**一直線**にならないようずらして取り付ける。
⑩垂直配管の保温上のテープ巻きは、**下部**から**上部**へ向かって**巻く**。
（以上の中から類似のものは避けて、4項目を選んで解答する。）

(4) 冷媒配管の施工

演習問題

マルチパッケージ形空気調和機における冷媒配管の施工上の留意事項を、4つ具体的かつ簡潔に記述しなさい。
ただし、工程管理及び安全管理に関する事項は除く。

解説

施工上の留意事項(空調設備)

マルチパッケージ形空気調和機における冷媒配管の施工上の留意事項

①銅管の曲げ加工には、**専用の工具**を使用する。
②銅管は、使用前に清掃し**乾燥**させる。
③銅管のろう付け接合では、酸化物の生成抑制のため、管内に**窒素**を流しながら行う。
④機器の接続前に、**窒素ガス**により**フラッシング**を行う。
⑤配管接続完了後は、**窒素ガス**などを用いて**気密試験**を行う。
⑥気密試験終了後、配管内の水分除去のため、真空ポンプを用いて**真空引き**を行う。
⑦冷媒配管を延長した場合は、その長さに応じた**冷媒を補充**する。
⑧制御線を冷媒配管に共巻きする場合は、冷媒配管の**保温施工後**に行う。
⑨配管を吊る場合は、支持金物と**保護プレート**又は**断熱粘着テープ**を用いる。
⑩保温材相互の継目は、**一直線**にならないようにずらして取り付ける。
（以上の中から類似のものは避けて、4項目を選んで解答する。）

(5) 多翼《たよく》送風機の据付け

演習問題

事務所ビルの屋上機械室に、呼び番号４の片吸込み多翼送風機を据え付ける場合の留意事項を、４つ具体的かつ簡潔に記述しなさい。

ただし、コンクリート基礎、工程管理及び安全管理に関する事項は除く。

解説

施工上の留意事項(空調設備)

事務所ビルの屋上機械室に呼び番号4の片吸込み多翼送風機を据え付ける場合の留意事項

①送風機は、コンクリート基礎上に**水平**に据え付ける。

②基礎と送風機にすき間があるときは、**ライナー**を入れて調節する。

③Ｖベルトは、指で押して**ベルトの厚さ**程度**たわむ**のを確認する。

④Ｖベルトの**張力**は、モーターを移動させて、送風機とモーターの軸間を調整する。

⑤送風機の羽根車を**手で回して**みて、異音のないことを確認する。

⑥送風機とモーターは、プーリーの**芯の位置**が合っているか確認する。

⑦地震対策として、**防振架台**を設置する。

⑧防振架台設置の場合は、地震時に送風機が脱落しないよう、**耐震ストッパー**を設ける。

⑨天井吊りの場合は、**形鋼**により、かご型に溶接した架台上に取り付けることとする。

⑩送風機の周囲には、**保守点検**のための**スペース**を確保する。

（以上の中から類似のものは避けて、４項目を選んで解答する。）

(6) 厨房排気用長方形ダクトの製作・施工

演習問題

厨房排気用長方形ダクトを製作並びに施工する場合の留意事項を、4 つ具体的かつ簡潔に記述しなさい。

ただし、工程管理及び安全管理に関する事項は除く。

解説

施工上の留意事項(空調設備)

厨房排気用長方形ダクトを製作並びに施工する場合の留意事項

①ダクトの**アスペクト比**はできるだけ小さくする。(**4 以下**)

②ダクトの継目、接合部、角部は**シール材**でふさぐ。

③ダクトが**防火区画**を貫通する場合、貫通部は厚さ **1.5mm 以上**の鋼板製とし、すき間は不燃材でふさぐ。

④**防火区画**の貫通部には、溶融温度 **120℃**の温度ヒューズを用いた防火ダンパーを設ける。

⑤防火**ダンパー本体**を**吊り支持**する。

⑥ダクトを**拡大**するときは **15 度以内**の角度に、**縮小**するときは **30 度以内**の角度とする。

⑦エルボの内側半径は、ダクト幅の **1/2 以上**とする。

⑧振動に注意する必要がある場合は、**防振吊り**とする。

⑨横走り主ダクトは形鋼製の**振れ止め**を行う。

⑩送風機の振動がダクトに伝わらないように、送風機との接続部に**たわみ継手**を設ける。

(以上の中から類似のものは避けて、4 項目を選んで解答する。)

2 衛生設備

衛生設備に関する事項は、次のとおりである。

(1) 高置タンクの据付け

演習問題

飲料用の高置タンクを据え付ける場合の施工上の留意事項を、4つ具体的かつ簡潔に記述しなさい。

ただし、搬入、工程管理及び安全管理に関する事項は除く。

解説

施工上の留意事項(衛生設備)

飲料用の高置タンクを据え付ける場合の施工上の留意事項

①コンクリート基礎打設後**10日間**は養生期間とし、機器を据え付けない。

②コンクリート基礎の表面は、**水平**に仕上げる。

③オーバーフロー管は、汚染防止のために**150mm以上**の**排水口空間**を設ける。

④タンクまわりの配管は、その**荷重**が**タンク**にかからないよう支持する。

⑤揚水管及び給水管には、地震対策として**フレキシブルジョイント**を取り付ける。

⑥タンクの底面、周囲に**60cm以上**の**保守点検スペース**を確保する。

⑦タンク底部には、清掃などを考慮して、**1/100以上の勾配**をつける。

⑧点検用マンホールは、ほこり・雨水などが入らない構造とし、**施錠**できるものとする。

⑨ペントハウス上に設置する場合は、安全対策として周囲に**柵**を設ける。

⑩ペントハウス上に設置する場合は、**はしご**に**転落防止防護柵**を設ける。

(以上の中から類似のものは避けて、4項目を選んで解答する。)

(2) 給水ポンプユニット製作図の審査

演習問題

給水ポンプユニットの製作図を審査する場合の留意事項を、４つ具体的かつ簡潔に記述しなさい。

解説

施工上の留意事項（衛生設備）

給水ポンプユニットの製作図を審査する場合の留意事項

①**口径、流量、圧力、出力**に問題ないか確認する。
②ポンプの**性能曲線**に問題ないか確認する。
③**電源**仕様（相、電圧、定格電流など）に問題ないか確認する。
④**設置スペース**に問題ないか確認する。
⑤自動交互運転、故障時単独運転、空転防止制御などの**運転制御**に問題ないか確認する。
⑥**設置環境（周囲温度、周囲湿度、標高、ガス、蒸気**など）に問題ないか確認する。
⑦**附属品**（**弁、圧力計、蓄圧タンク、逆流防止器**など）が適正か確認する。
⑧ポンプまわりの**配管施工**に問題ないか確認する。
⑨電気工事会社などに依頼するポンプまわりの**電源施工**に問題ないか確認する。
⑩**日本水道協会**（**JWWA**）などの規格上、問題ないか確認する。

（以上の中から類似のものは避けて、４項目を選んで解答する。）

(3) 揚水用渦巻ポンプの単体試運転調整

演習問題

高置タンク方式の給水設備について、揚水用渦巻ポンプの単体試運転調整における確認・調整事項を、４つ具体的かつ簡潔に記述しなさい。

ただし、工程管理及び安全管理に関する事項は除く。

解説

施工上の留意事項（衛生設備）

高置タンク方式の給水設備について、揚水用渦巻ポンプの単体試運転調整における確認・調整事項

①**軸受けの注油状態**を確認する。
②**カップリング**の水平度を確認する。
③**グランドパッキン**から**異常な漏水**がないことを確認する。
④配管及びポンプの**エア抜き**をして、配管系を満水にする。
⑤ポンプを**手で回し**、回転むらがなく円滑に回転するか確認する。
⑥ポンプを**瞬時運転**して、回転方向を確認する。
⑦吐出し側バルブは、**全閉状態**から徐々に**開いて**流量計・電流計により水量を調整する。
⑧**異常音**、**異常振動**がないか確認する。
⑨**軸受け温度**が周囲より 40℃以上高くなっていないことを確認する。
⑩ポンプ停止時に、**ウォーターハンマー**が発生しないか確認する。

（以上の中から類似のものは避けて、4 項目を選んで解答する。）

(4) ポンプ直送方式の総合試運転調整

演習問題

受水タンクを設けたポンプ直送方式の給水設備の総合試運転において、確認・調整する事項を、4 つ具体的かつ簡潔に記述しなさい。

ただし、工程管理及び安全管理に関する事項は除く。

解説

施工上の留意事項（衛生設備）

受水タンクを設けたポンプ直送方式の給水設備の総合試運転において、確認・調整する事項

①**グランドパッキン**からの**漏水**が、適度であることを確認する。
②配管に水を満たし、各水栓を開いて**エア抜き**を行う。
③配管からの**漏水**がないか点検する。
④ポンプを**手で回し**て、異常のないことを確認する。

⑤加圧ポンプの**圧力スイッチ・圧力調整弁**を調整する。
⑥加圧ポンプの**圧力計・電流計**により、流量が確保されているか確認する。
⑦加圧ポンプ停止時に、**ウォータハンマー**が起こらないことを確認する。
⑧受水タンクは、**6 面点検可能なスペース**が確保できているか確認する。
⑨受水タンクの**ボールタップ**の作動、**電極棒**による**作動**を確認する。
⑩**受水タンク上部**に、汚染のおそれのある配管・ダクト類がないことの確認
（以上の中から類似のものは避けて、4 項目を選んで解答する。）

(5) 強制循環式給湯管の施工

演習問題

強制循環式給湯設備の給湯管を施工する場合の留意事項を、4 つ具体的かつ簡潔に記述しなさい。
ただし、管材の選定、保温、工程管理及び安全管理に関する事項は除く。

解説

施工上の留意事項（衛生設備）

強制循環式給湯設備の給湯管を施工する場合の留意事項

①上向き配管においては、給湯管を**上り勾配**、返湯管を**下り勾配**とし、勾配は 1/200 以上とする。
②下向き配管においては、給湯管、返湯管ともに**下り勾配**とする。
③**返湯管**の管径は、給湯管の **1/2** とする。
④配管内に**空気溜まり**ができないように施工するが、避けられない場合は、**空気抜き弁**を取り付ける。
⑤横走り管で、径違い管を接続する場合は、**レジューサ**を使用する。
⑥枝管の取出しは、**横走り管**の**上部**からとする。
⑦機器廻りの配管は、保守点検を考慮して、**フランジ接合**とする。
⑧配管の**荷重**が**機器本体**にかからないように、堅固に支持する。
⑨横引き管が長い場合は、伸縮を吸収するために**伸縮管継手**を設ける。
⑩ボイラーのパイロットバーナーの**点火状況**及び**安全装置**の**作動状況**を確認する。
（以上の中から類似のものは避けて、4 項目を選んで解答する。）

(6) 汚物用水中モーターポンプの据付け

演習問題

建物の汚物槽内に汚物用水中モーターポンプを据え付け施工する場合の留意事項を、4つ具体的かつ簡潔に記述しなさい。

ただし、現場受入れ検査、工程管理及び安全管理に関する事項は除く。

解説

施工上の留意事項(衛生設備)

建物の汚物槽内に汚物用水中モーターポンプを据え付け施工する場合の留意事項

①汚物槽の底面の勾配は、**1/15 ～ 1/10**とする。

②ポンプは、排水槽の排水流入口から**離れた位置**に据え付ける。

③ポンプの取付け位置は、点検や引上げが容易となるようにし、**ポンプ直上に直径 60cm 以上**のマンホールを設ける。

④ポンプケーシングの外側及び底部は、ピットの壁及び底面から**200mm 程度**離れた位置に据え付ける。

⑤着脱装置付きのポンプは、着脱装置本体をピット底部に基礎ボルトで堅固に固定し、ガイドレールに垂直に取り付ける。

⑥配管の**荷重**が**ポンプ本体**にかからないように、堅固に支持する。

⑦汚物槽の通気管は管径**50mm 以上**とし、**単独**で大気に**開放**する。

⑧電源**ケーブル**は、**槽内**で**接続**してはならない。

⑨複数台設置の場合は、ポンプ相互の間隔をポンプケーシング径の**3 倍以上**離す。

⑩ポンプの封入油または**メカニカルシール室の潤滑油**を確認する。

(以上の中から類似のものは避けて、4 項目を選んで解答する。)

第4章　記述問題（第二次検定）

Lesson 3　工程管理

二次

工程管理の分野からは、ネットワーク工程表に関する問題が出題される。ネットワーク工程表の問題は、所要日数の算定、最早開始時刻・最遅完了時刻の算定、フロート（余裕日数）の算定、クリティカルパスの表示、日程短縮、山積み図などに関する事項が出題される。類似問題が繰り返し出題されているので、次に示す問題を一通り解けるようにしておくのが得策である。また、工程管理の問題はLesson4の法規の問題との選択問題である。ネットワーク工程表がどうしても苦手な場合、Lesson4の法規を万全にして試験に臨むことも一手である。

1　日程短縮

(1) 日程短縮

演習問題

図に示すネットワーク工程表において、次の設問1～設問5の答えを記入しなさい。

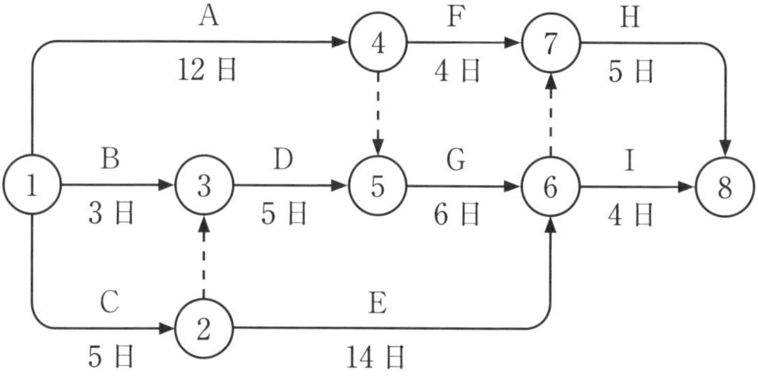

[設問 1]　クリティカルパスを、作業名で示しなさい。

[設問 2]　工事着手後 7 日目に進行状況をチェックしたところ、作業 A は 3 日、作業 B は 2 日、作業 C は 1 日遅れていた。また、作業 F は更に 3 日必要なことが判明した。その他の作業の所要日数に変更はないものとして、当初の工期より工期は何日延長になるか示しなさい。

[設問 3]　設問 2 で進行状況をチェックした時点（7 日目）において、工事着手後 25 日の工期で完成させるために短縮を考慮する必要があるルートを特定する方法を簡潔に記述しなさい。

[設問 4]　短縮を考慮する必要があるルートとその日数をすべて示しなさい。

[設問 5]　短縮を考慮する必要があるルートにおいて、短縮する作業名と短縮する日数をすべて示しなさい。

　ただし、短縮できる日数は各作業の 30％以内、かつ、整数とし、現在施工中の作業は短縮できないものとする。

解説

[設問 1]

　クリティカルパスを求めるためには、まず最早開始時刻（EST）を求める。EST の計算は以下のようになる。

イベント		ＥＳＴの計算		ＥＳＴ
①	―	―	―	0
②	①→②	0 ＋ 5 ＝ 5	―	5
③	①→③	0 ＋ 3 ＝ 3	3 ＜ 5	5
	②→③	5 ＋ 0 ＝ 5		
④	①→④	0 ＋ 12 ＝ 12	―	12
⑤	③→⑤	5 ＋ 5 ＝ 10	10 ＜ 12	12
	④→⑤	12 ＋ 0 ＝ 12		
⑥	②→⑥	5 ＋ 14 ＝ 19	19 ＞ 18	19
	⑤→⑥	12 ＋ 6 ＝ 18		
⑦	④→⑦	12 ＋ 4 ＝ 16	16 ＜ 19	19
	⑥→⑦	19 ＋ 0 ＝ 19		
⑧	⑥→⑧	19 ＋ 4 ＝ 23	23 ＜ 24	24
	⑦→⑧	19 ＋ 5 ＝ 24		

ネットワーク工程表に EST を記入すると、**図 1** のようになる。太線が最も長いルートとなるので、**クリティカルパス**は、**C → E → H** である。

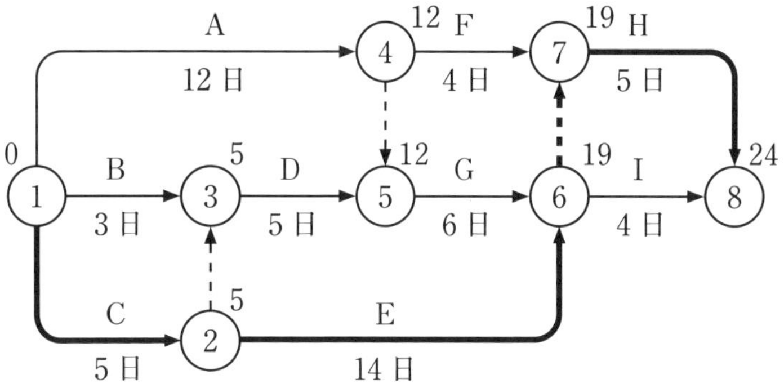

図 1

[設問 2]

工事着手後 7 日目にわかった作業日数は、以下のとおりである。

作業 A　　12 ＋ 3 ＝ 15 日

作業 B　　3 ＋ 2 ＝ 5 日

作業 C　　5 ＋ 1 ＝ 6 日

作業 F　　4 ＋ 3 ＝ 7 日

この作業日数で、EST を再計算すると、**図 2** のようになり、**工期**は **27 日**で、**当初工期**より **3 日遅れる**。

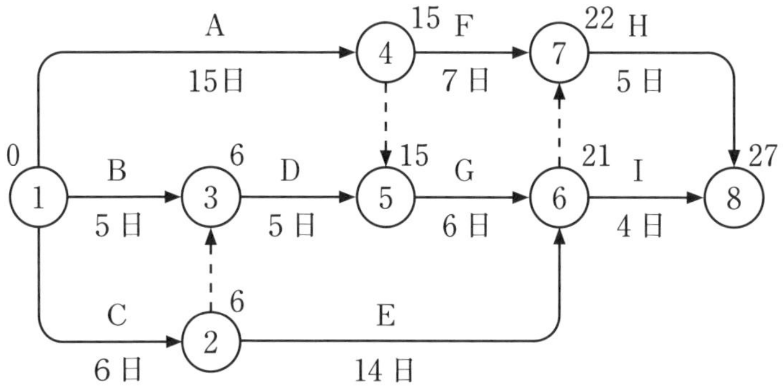

図 2

［設問 3］　［設問 4］

工事着手後 25 日で完成させるために、短縮を考慮する必要のあるルートの特定方法は、イベント⑧の最遅完了時刻（LFT）を 25 日として、LFT を計算し、**トータルフロート**が**マイナス**となる**ルート**を求める（**図 3** 参照）。これが短縮を考慮するルートである。**図 3** より、トータルフロートが（− 2）の **A → F → H** が **2 日短縮**するルートであるが、**G** もトータルフロートが（− 1）であるため、**1 日短縮**を考慮するルートである。

イベント		ＬＦＴの計算		ＬＦＴ
⑧	−	−	−	25
⑦	⑧→⑦	25 − 5 ＝ 20	−	20
⑥	⑧→⑥	25 − 4 ＝ 21	21 ＞ 20	20
	⑦→⑥	20 − 0 ＝ 20		
⑤	⑥→⑤	20 − 6 ＝ 14	−	14
④	⑦→④	20 − 7 ＝ 13	13 ＜ 14	13
	⑤→④	14 − 0 ＝ 14		
③	⑤→③	14 − 5 ＝ 9	−	9
②	⑥→②	20 − 14 ＝ 6	6 ＜ 9	6
	③→②	9 − 0 ＝ 9		
①	④→①	13 − 15 ＝− 2	− 2 ＜ 0 ＜ 4	− 2
	③→①	9 − 5 ＝ 4		
	②→①	6 − 6 ＝ 0		

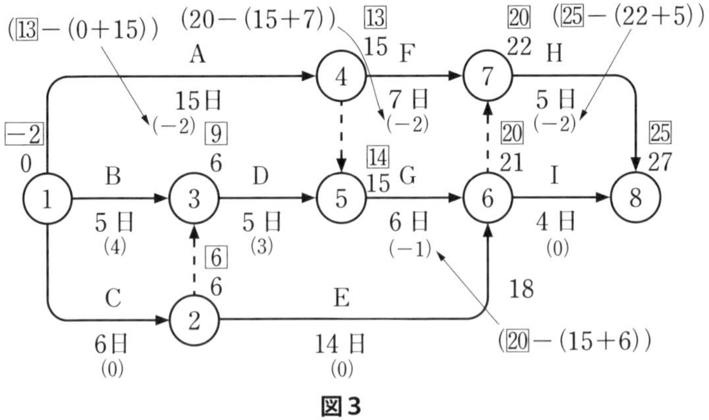

図3

[設問 5]

トータルフロートにマイナスがついている、F、G、H について考える。A は施工中のため短縮できない。

作業 F　　7 × 0.3 ＝ 2.1　→ 2 日短縮可能
作業 G　　6 × 0.3 ＝ 1.8　→ 1 日短縮可能
作業 H　　5 × 0.3 ＝ 1.5　→ 1 日短縮可能

F を 2 日短縮すると、A → G → H がクリティカルパスとなり、所要日数は 26 日で、25 日の工期を満足しない。これは、G のルートがリミットパスとなっているためである。

よって、**G も 1 日短縮**すれば、工期は 25 日となる。また、**F で 1 日**、**H で 1 日短縮**すれば、工期は 25 日となる。

	解　答　例
[設問 1]	クリティカルパス C → E → H
[設問 2]	3 日
[設問 3]	イベント⑧の LFT を 25 日として、LFT を計算し、トータルフロートがマイナスとなるルートを求める。
[設問 4]	① A → F → H で 2 日短縮 ② G で 1 日短縮
[設問 5]	① F を 2 日、G を 1 日短縮 ② F を 1 日、H を 1 日短縮

(2) 変更後の作図・日程短縮

演習問題

図 1 に示すネットワーク工程表において、次の設問 1 ～設問 5 の答えを記述しなさい。

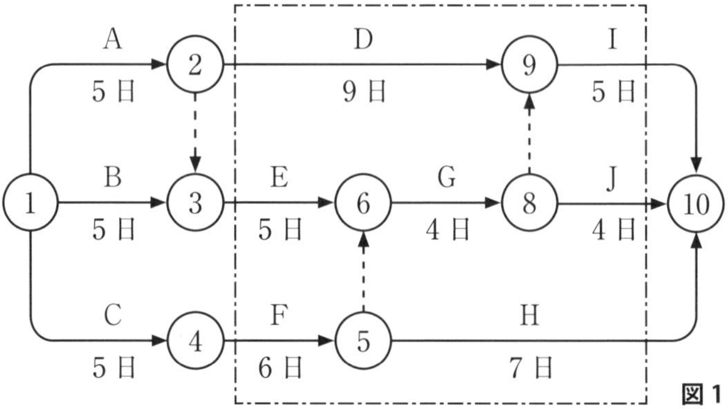

図 1

［設問 1］ クリティカルパスを作業名で示しなさい。

［設問 2］ 次の（1）及び（2）の事実が作業開始後に判明し、**図 1** のネットワーク工程表の一点鎖線で囲んだ部分の変更が必要となった。**図 2** の変更後のネットワーク工程表を完成させなさい。

(1) 作業 D を前期と後期に分割する必要が生じ、前期の作業 D_1 は 3 日、後期の作業 D_2 は 6 日となった。また、後期の作業 D_2 は、イベント⑥の後でなければ開始できないこととなった。この際、作業 D_1 と作業 D_2 の間のイベントを⑦とする。

(2) 作業 G が 5 日となった。

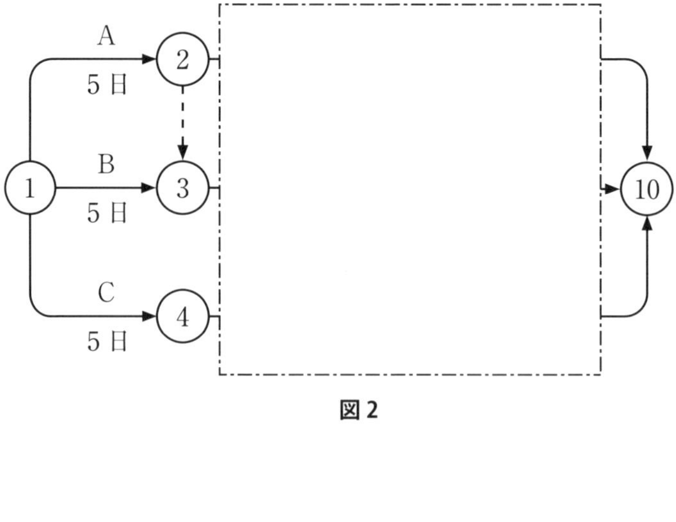

図 2

［設問 3］　変更後のイベント⑨の最早開始時刻（EST）は何日か。

［設問 4］　変更後の所要工期を示しなさい。

［設問 5］　変更後の工期を従来の工期で完了させるためには、どの作業を何日短縮すればよいか。ただし、短縮できる作業は、開始５日目以降からの作業とし、［設問２］に示す開始後に変更した作業（D_1、D_2 及び G）は再変更できない。また、短縮できる作業日数は、当初作業日数の２割以内でかつ整数とし、短縮する作業の数は最少とする。

解説

［設問 1］

クリティカルパスを求めるためには、まず最早開始時刻（EST）を求める。EST の計算は以下のようになる。

イベント		ＥＳＴの計算		ＥＳＴ
①	―	―	―	0
②	①→②	0 ＋ 5 ＝ 5	―	5
③	①→③	0 ＋ 5 ＝ 5	5 ＝ 5	5
	②→③	5 ＋ 0 ＝ 5		
④	①→④	0 ＋ 5 ＝ 5	―	5
⑤	④→⑤	5 ＋ 6 ＝ 11	―	11
⑥	③→⑥	5 ＋ 5 ＝ 10	10 ＜ 11	11
	⑤→⑥	11 ＋ 0 ＝ 11		
⑧	⑥→⑧	11 ＋ 4 ＝ 15	―	15
⑨	②→⑨	5 ＋ 9 ＝ 14	14 ＜ 15	15
	⑧→⑨	15 ＋ 0 ＝ 15		
⑩	⑤→⑩	11 ＋ 7 ＝ 18	18 ＜ 19 ＜ 20	20
	⑧→⑩	15 ＋ 4 ＝ 19		
	⑨→⑩	15 ＋ 5 ＝ 20		

ネットワーク工程表に EST を記入すると、**図３**のようになる。太線が最も長いルートとなるので、**クリティカルパス**は、**C → F → G → I** である。

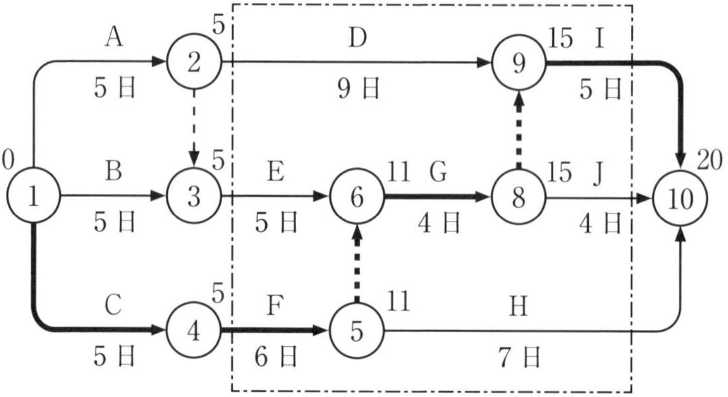

図 3

[設問 2]

作業 D を前期と後期に分割し、D_1（3 日）と D_2（6 日）とする。作業 D_1 と作業 D_2 の間にイベント⑦を記入する。題意より、作業 D_2 はイベント⑥の後でなければ開始できないから、イベント⑥からイベント⑦へ、作業の前後関係だけを表すダミーを引く。作業 G を 5 日に書き直す。以上を盛り込むと、**ネットワーク工程表**は**図 4** になる。

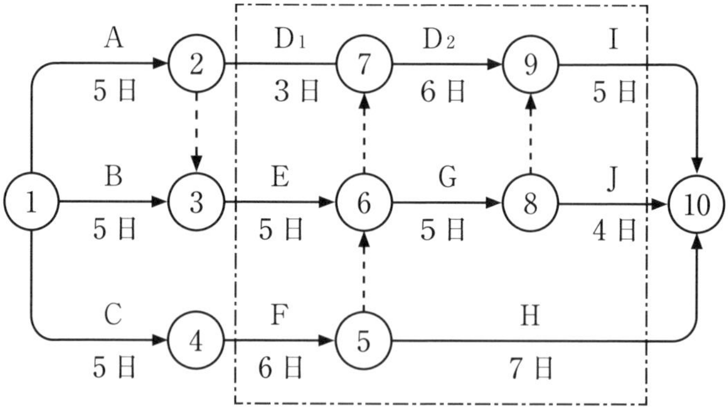

図 4

[設問 3] [設問 4]

変更後の EST を再計算すると、以下のようになる。

イベント		ESTの計算		EST
⑦	②→⑦	5 + 3 = 8	8 < 11	11
	⑥→⑦	11 + 0 = 11		
⑧	⑥→⑧	11 + 5 = 16	−	16
⑨	⑦→⑨	11 + 6 = 17	17 > 16	17
	⑧→⑨	16 + 0 = 16		
⑩	⑤→⑩	11 + 7 = 18	18 < 20 < 22	22
	⑧→⑩	16 + 4 = 20		
	⑨→⑩	17 + 5 = 22		

変更後の EST を記入すると、**図 5** のようになる。よって、**イベント⑨の最早開始時刻（EST）は 17 日**となる。**変更後の所要工期は 22 日**である。

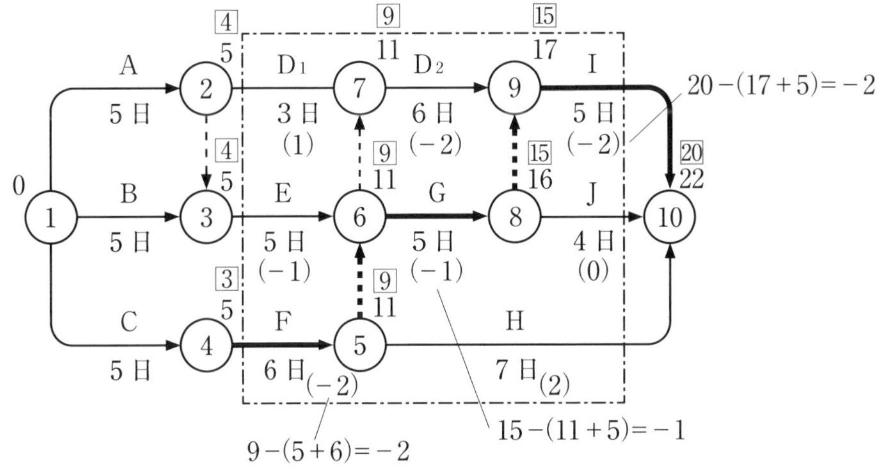

図 5

[設問 5]

変更後の工期を従来工期の 20 日として、最遅完了時刻（LFT）を求める。LFT の計算は以下のようになる。

イベント		ＬＦＴの計算		ＬＦＴ
⑩	－	－	－	20
⑨	⑩→⑨	20 － 5 ＝ 15	－	15
⑧	⑩→⑧	20 － 4 ＝ 16	16 ＞ 15	15
	⑨→⑧	15 － 0 ＝ 15		
⑦	⑨→⑦	15 － 6 ＝ 9	－	9
⑥	⑧→⑥	15 － 5 ＝ 10	10 ＞ 9	9
	⑦→⑥	9 － 0 ＝ 9		
⑤	⑩→⑤	20 － 7 ＝ 13	13 ＞ 9	9
	⑥→⑤	9 － 0 ＝ 9		
④	⑤→④	9 － 6 ＝ 3	－	3
③	⑥→③	9 － 5 ＝ 4	－	4
②	⑦→②	9 － 3 ＝ 6	6 ＞ 4	4
	③→②	4 － 0 ＝ 4		

図 5 に LFT を記入する。LFT は EST と区別するために、□で囲む。

トータルフロートを求め、マイナスがついている、D_2、E、F、G、I について考える。短縮の対象となるのは、開始 5 日目以降の作業であり、かつクリティカルパス上にある F、G、I である。題意より、G は再変更できないため、対象は F、I に絞られる。

作業 F　　6 × 0.2 ＝ 1.2　→ 1 日短縮可能

作業 I　　5 × 0.2 ＝ 1.0　→ 1 日短縮可能

F で 1 日、I で 1 日短縮すれば、工期は 20 日となる。

	解　答　例
[設問 1]	クリティカルパス　C → F → G → I
[設問 2]	解説図参照
[設問 3]	17 日
[設問 4]	22 日
[設問 5]	F を 1 日、I を 1 日短縮

2 タイムスケール表示

演習問題

図 1 に示すネットワーク工程表において、次の設問 1 ～設問 5 の答えを記入しなさい。

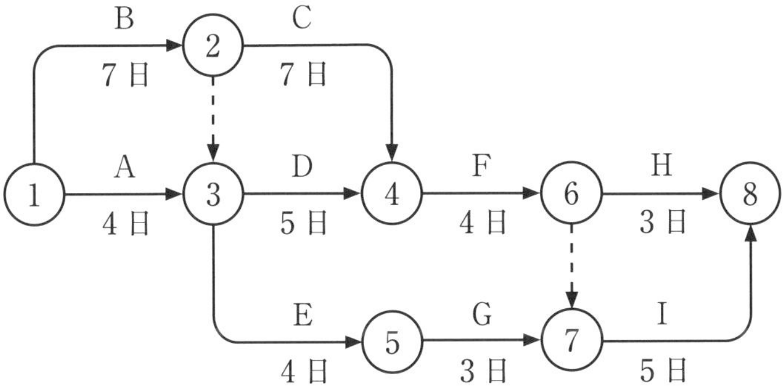

図 1

[設問 1]　クリティカルパスと所要工期を示しなさい。

[設問 2]　**図 1** に示したネットワーク工程表をもとに、最早計画（すべての作業を、最早開始時刻で開始して最早完了時刻で終了する。）でのタイムスケール表示形式の工程表を、**図 2** を参考に完成させなさい。

この際、矢線は作業日を実線、非作業日を波線で明確に区分して示しなさい。

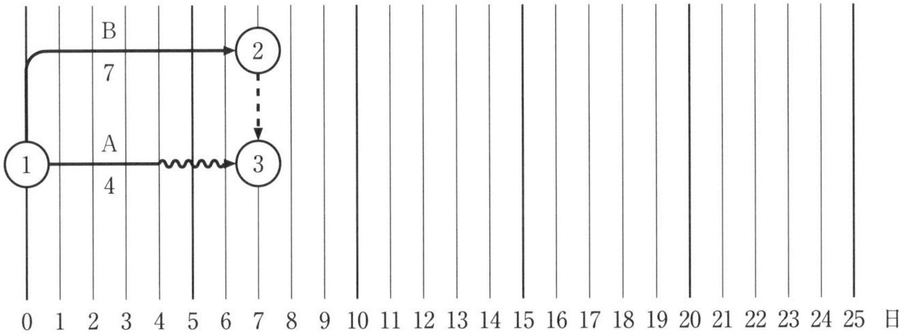

図 2

[設問3]　最早計画とした、**図2**の作業Aにおける矢線の右側に表れる波線部分のフロートの名称を記述しなさい。

[設問4]　作業開始後に工程を検討したところ、作業Fにさらに2日必要なことが判明した。その他の作業は予定どおり進行する場合、フォローアップ後の所要工期を示しなさい。

[設問5]　タイムスケール表示形式のネットワーク工程表の工程管理上の利点を記述しなさい。

解説

[設問1]

クリティカルパスを求めるためには、まず最早開始時刻（EST）を求める。ESTの計算は以下のようになる。

イベント		ESTの計算		EST
①	－	－	－	0
②	①→②	0＋7＝7	－	7
③	①→③	0＋4＝4	4 < 7	7
	②→③	7＋0＝7		
④	②→④	7＋7＝14	14 > 12	14
	③→④	7＋5＝12		
⑤	③→⑤	7＋4＝11	－	11
⑥	④→⑥	14＋4＝18	－	18
⑦	⑤→⑦	11＋3＝14	14 < 18	18
	⑥→⑦	18＋0＝18		
⑧	⑥→⑧	18＋3＝21	21 < 23	23
	⑦→⑧	18＋5＝23		

ネットワーク工程表にESTを記入すると、**図3**のようになる。太線が最も長いルートとなるので、**クリティカルパス**は、**B→C→F→I**である。イベント番号⑧のESTが**所要工期（23日）**である。

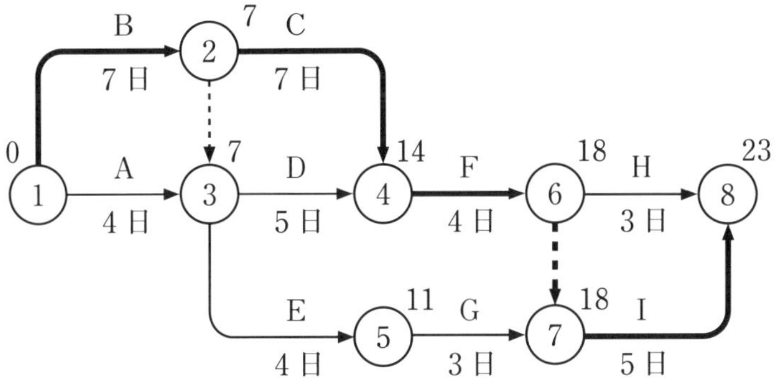

図 3

[設問 2]

タイムスケールの作成は以下のように進める（**図 4** 参照）。

①まず、**クリティカルパス**を記入する。該当作業の作業名と日数を記入する。

②つづいて、クリティカルパス以外の作業を作業名及び日数とともに記入する。余った日数は波線で示す。

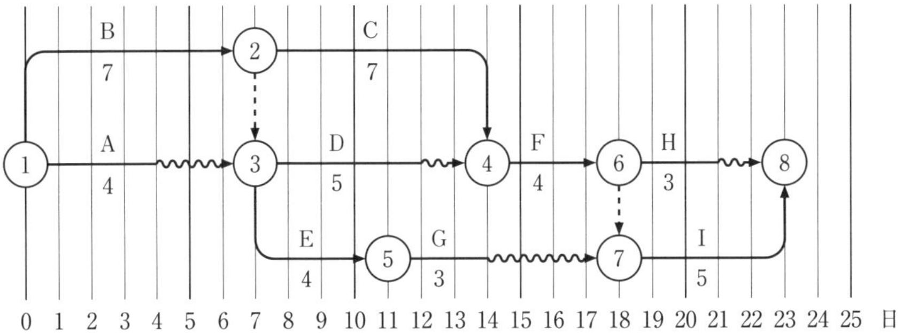

図 4

[設問 3]

波線部分は、その作業の余裕日数を示すもので、**フリーフロート**という。フリーフロートは、自由に使っても後続作業に影響を及ぼさない。

[設問4]

作業Ｆが２日遅れるので、４＋２＝６日として、必要な部分のESTを再計算すると、以下のようになる。

イベント		ＥＳＴの計算		ＥＳＴ
⑥	④→⑥	14 ＋ 6 ＝ 20	――	20
⑦	⑤→⑦	11 ＋ 3 ＝ 14	14 ＜ 20	20
	⑥→⑦	20 ＋ 0 ＝ 20		
⑧	⑥→⑧	20 ＋ 3 ＝ 23	23 ＜ 25	25
	⑦→⑧	20 ＋ 5 ＝ 25		

フォローアップ後のESTを**ネットワーク工程表**に表すと、**図5**のようになる。

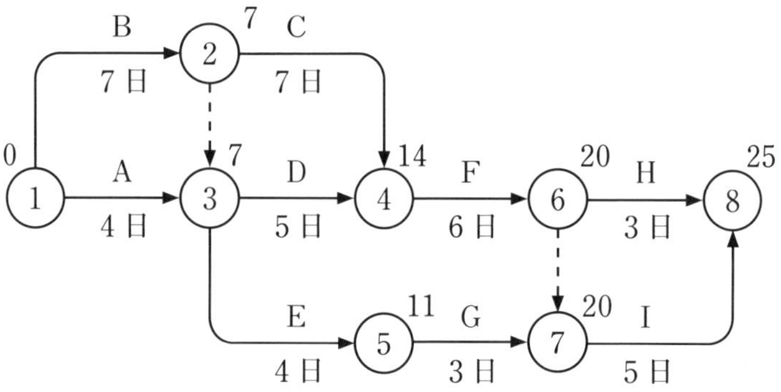

図5

よって、イベント⑧のESTは25日となるので、**フォローアップ後**の所要工期は**25日**である。

[設問 5]

ネットワーク工程表の作業日数表示は日数に比例していないが、タイムスケール表示は、横軸に暦日をとっているため、日数が正確にわかる。波線表示のフロート状態表示によって、どの**作業**に余裕があるか**一目瞭然**である。

タイムスケールを基にすれば、**山積み図・山崩し図**の作成も**容易**になり、**配員計画**に**利用**できる。

	解　　答　　例
［設問 1］	クリティカルパス　B→C→F→I　　所要工期　23 日
［設問 2］	解説図参照
［設問 3］	フリーフロート
［設問 4］	25 日
［設問 5］	① 日程計算がわかりやすく、フロートの把握が容易である。 ② 山積み図・山崩し図作成への布石となり、配員計画に利用できる。

3 山積み図

演習問題

図に示すネットワーク工程表において、次の設問 1 ～設問 5 の答えを記入しなさい。

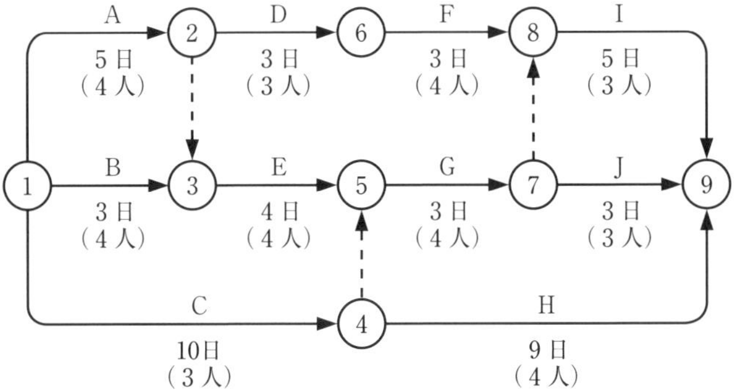

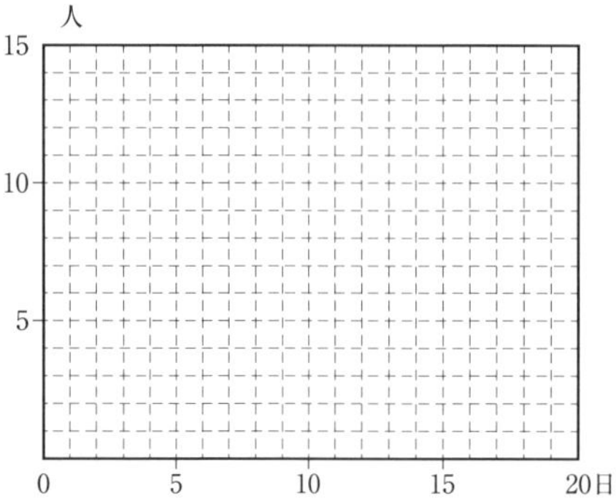

最早開始時刻（EST）による山積み図

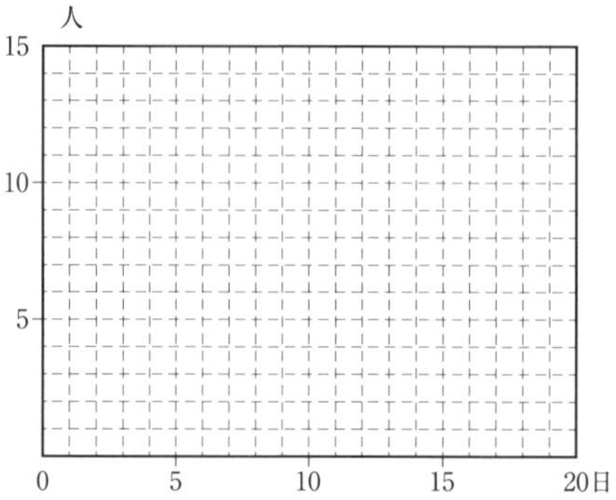

最遅完了時刻（LFT）による山積み図

[設問 1]　クリティカルパスを作業名で示しなさい。

[設問 2]　山積み図を作成する場合、積み上げる作業の優先順位とその理由を述べなさい。

[設問 3]　最早開始時刻（EST）による山積み図を作成しなさい。

[設問 4]　最遅完了時刻（LFT）による山積み図を作成しなさい。

[設問 5]　山崩し図を作成する場合、積み上げる作業の優先順位とその理由を述べなさい。

解説

[設問 1]

クリティカルパスを求めるためには、まず最早開始時刻（EST）を求める。EST の計算は以下のようになる。

イベント		ＥＳＴの計算		ＥＳＴ
①	−	−	−	0
②	①→②	0 + 5 = 5	−	5
③	①→③	0 + 3 = 3	3 < 5	5
	②→③	5 + 0 = 5		
④	①→④	0 + 10 = 10	−	10
⑤	③→⑤	5 + 4 = 9	9 < 10	10
	④→⑤	10 + 0 = 10		
⑥	②→⑥	5 + 3 = 8	−	8
⑦	⑤→⑦	10 + 3 = 13	−	13

⑧	⑥→⑧	8 + 3 = 11	11 < 13	13
	⑦→⑧	13 + 0 = 13		
⑨	④→⑨	10 + 9 = 19	19 > 18 > 16	19
	⑦→⑨	13 + 3 = 16		
	⑧→⑨	13 + 5 = 18		

ネットワーク工程表にESTを記入すると、**図1**のようになる。太線が最も長いルートとなるので、**クリティカルパス**は、**C → H** である。

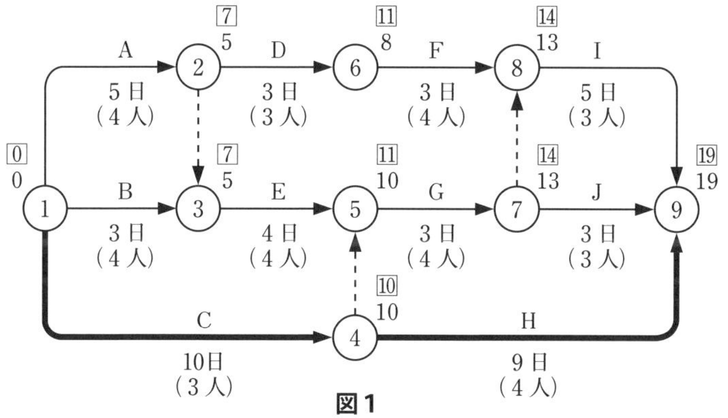

図1

[設問 2]

山積み図作成の優先順位

クリティカルパスは、トータルフロートがゼロのため日程調整ができない。すなわち動かすことができないため、**最下段に配置**する。次に、**最早開始時刻**の**早い**作業のうち、**日程**が**長い**ものから**積み上げ**て、上部が重い状態にならないようにする。

[設問 3]

最早開始時刻（EST）による**山積み図**は、上記優先順位に従って作成すると、**図2**となる。

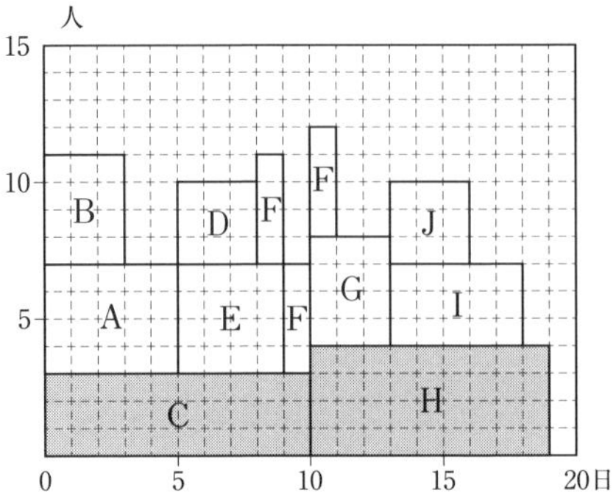

図 2　**最早開始時刻（EST）による山積み図**

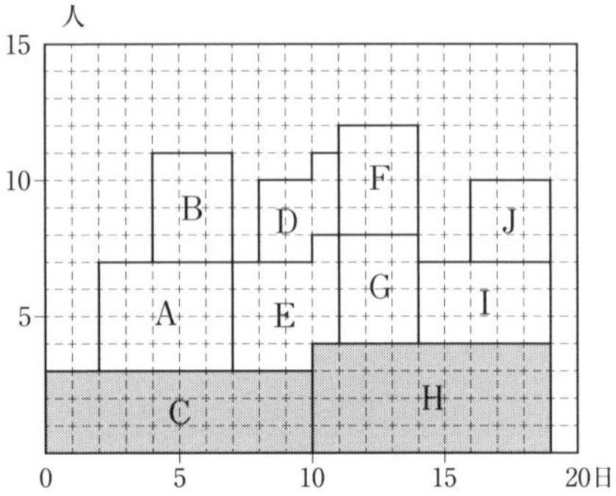

図 3　**最遅完了時刻（LFT）による山積み図**

[設問 4]

最遅完了時刻（LFT）を求める。LFT の計算は以下のようになる。

イベント		ＬＦＴの計算		ＬＦＴ
⑨	―	―	―	19
⑧	⑨→⑧	19 － 5 ＝ 14	―	14
⑦	⑨→⑦	19 － 3 ＝ 16	16 > 14	14
	⑧→⑦	14 － 0 ＝ 14		
⑥	⑧→⑥	14 － 3 ＝ 11	―	11
⑤	⑦→⑤	14 － 3 ＝ 11	―	11
④	⑨→④	19 － 9 ＝ 10	10 < 11	10
	⑤→④	11 － 0 ＝ 11		
③	⑤→③	11 － 4 ＝ 7	―	7
②	⑥→②	11 － 3 ＝ 8	8 > 7	7
	③→②	7 － 0 ＝ 7		
①	④→①	10 － 10 ＝ 0	0 < 2 < 4	0
	③→①	7 － 3 ＝ 4		
	②→①	7 － 5 ＝ 2		

前ページの**図 1** に LFT を追記する。LFT は EST と区別するために、□で囲む。上記 LFT による**山積み図**を作成すると、**図 3** となる。

[設問 5]

山崩し図の作成方法

優先順位とその理由

①クリティカルパスは、トータルフロートがゼロであるため、動かすことができないので、**最下段**に配置のままとする。

②その上に積み上がっている作業は、最早開始時刻（EST）と最遅完了時刻（LFT）の範囲内で動かして、凹凸の少ない形として、作業員数の**平均化**を図る。

③トータルフロートの**小さい**作業は、可動範囲が狭いので先に動かす。次にトータルフロートの**大きい**作業を動かす。

	解　答　例
[設問 1]	クリティカルパス　C → H
[設問 2]	優先順位 ① 余裕日数のないクリティカルパスを最下段に配置する。 ② 最早開始時刻の早い順に積み上げる。 ③ 最早開始時刻が同じ作業は、日数の多い作業から積み上げる。
	理由 ① クリティカルパスはトータルフロートがゼロであるため、最下段に配置する。 ② 凹凸の少ない配置として、作業員数の平均化を図るため。
[設問 3]	解説図参照
[設問 4]	解説図参照
[設問 5]	解説参照

演習問題

図に示すネットワーク工程表において、設問１～設問５の答えを記入しなさい。

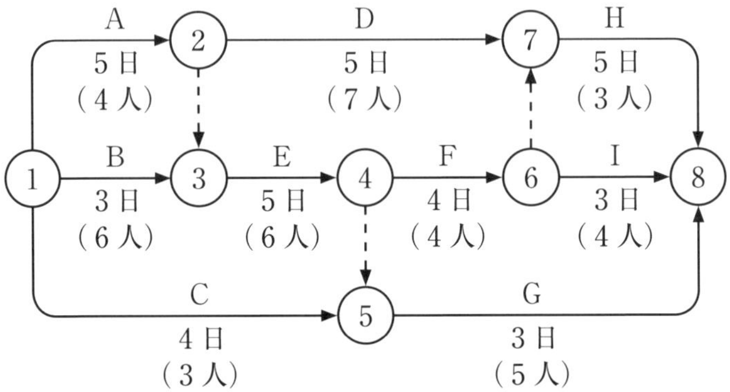

［設問１］ クリティカルパスを、作業名で記入しなさい。

［設問２］ イベント⑤の最早開始時刻（EST）は何日か。

［設問３］ イベント⑤の最遅完了時刻（LFT）は何日か。

［設問４］ 各イベントにおける最早開始時刻（EST）と最遅完了時刻（LFT）を計算することは、工程管理上、どのような目的があるか記述しなさい。

［設問５］ 最早開始時刻（EST）による山積み図を完成させなさい。

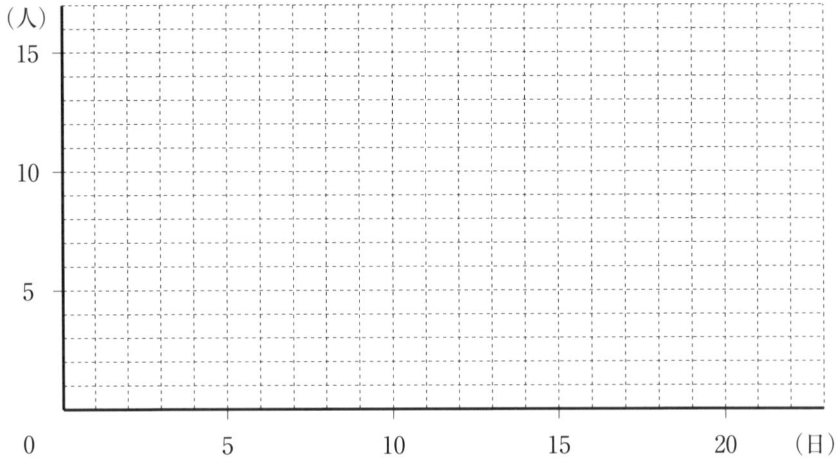

最早開始時刻(EST）による山積み図

解説

[設問 1]

クリティカルパスを求めるためには、まず最早開始時刻（EST）を求める。EST の計算は以下のようになる。

イベント		ESTの計算		EST
①	―	―	―	0
②	①→②	0 ＋ 5 ＝ 5	―	5
③	①→③	0 ＋ 3 ＝ 3	3 ＜ 5	5
	②→③	5 ＋ 0 ＝ 5		
④	③→④	5 ＋ 5 ＝ 10	―	10
⑤	①→⑤	0 ＋ 4 ＝ 4	4 ＜ 10	10
	④→⑤	10 ＋ 0 ＝ 10		
⑥	④→⑥	10 ＋ 4 ＝ 14	―	14
⑦	②→⑦	5 ＋ 5 ＝ 10	10 ＜ 14	14
	⑥→⑦	14 ＋ 0 ＝ 14		
⑧	⑤→⑧	10 ＋ 3 ＝ 13	13 ＜ 17 ＜ 19	19
	⑥→⑧	14 ＋ 3 ＝ 17		
	⑦→⑧	14 ＋ 5 ＝ 19		

ネットワーク工程表に EST を記入すると、**図 1** のようになる。太線が最も長いルートとなるので、**クリティカルパス**は、**A→E→F→H**である。

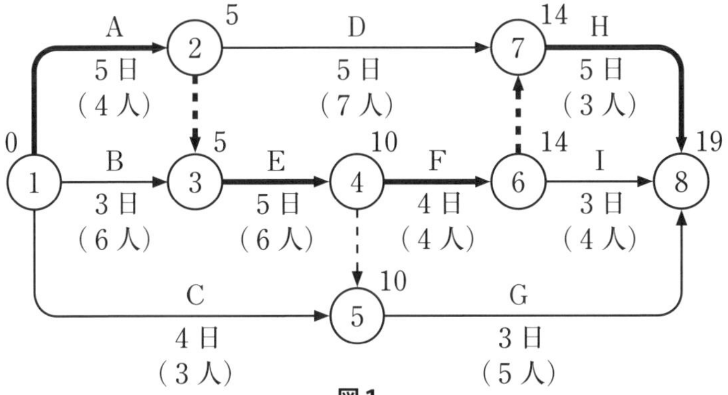

図 1

[設問 2]

イベント⑤の最早開始時刻（EST）は、**10 日**である（**図 1** 参照）。

[設問 3]

最遅完了時刻（LFT）を求める。LFT の計算は以下のようになる。

イベント		ＬＦＴの計算		ＬＦＴ
⑧	－	－	－	19
⑦	⑧→⑦	19 － 5 ＝ 14	－	14
⑥	⑧→⑥	19 － 3 ＝ 16	16 ＞ 14	14
	⑦→⑥	14 － 0 ＝ 14		
⑤	⑧→⑤	19 － 3 ＝ 16	－	16
④	⑥→④	14 － 4 ＝ 10	10 ＜ 16	10
	⑤→④	16 － 0 ＝ 16		
③	④→③	10 － 5 ＝ 5	－	5
②	⑦→②	14 － 5 ＝ 9	9 ＞ 5	5
	③→②	5 － 0 ＝ 5		
①	⑤→①	16 － 4 ＝ 12	12 ＞ 2 ＞ 0	0
	③→①	5 － 3 ＝ 2		
	②→①	5 － 5 ＝ 0		

ネットワーク工程表に LFT を記入すると、**図 2** のようになる。LFT は EST と区別するために、□で囲む。**イベント⑤の LFT は 16 日**である。

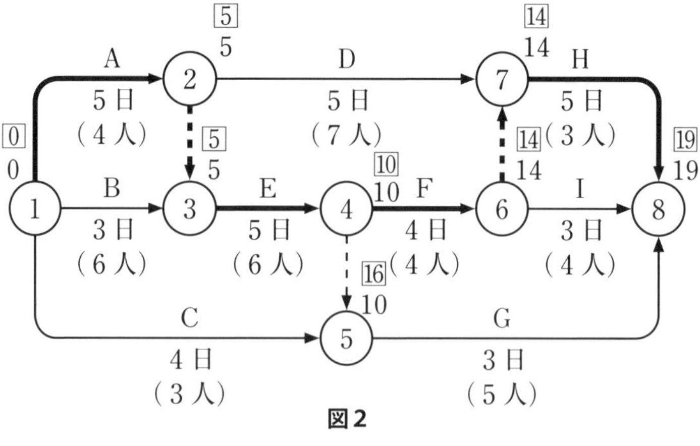

図 2

[設問 4]

ESTとLFTを計算するとわかるように、EST＝LFTとなるイベントを通るルートがクリティカルパスとなる。よって、ESTとLFTを求めることは、**クリティカルパス**を**特定**する手段となる。

また、ESTとLFTから、トータルフロートを求めることができるので、**余裕**のある作業を**特定**することができる。

[設問 5]　山積み図の作成方法

①まず、余裕日数のないクリティカルパスを**最下段**に配置する。
②次に、最早開始時刻の**早い順**に積み上げる。
③最早開始時刻が同じ作業は、日数の**多い**作業から積み上げる。
このようにして作成すると、**図3**のような山積み図となる。

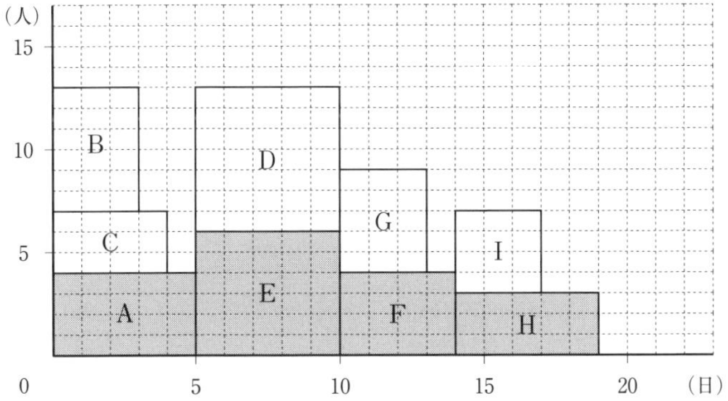

図3　最早開始時刻（EST）による山積み図

	解　　答　　例
[設問 1]	クリティカルパス　A→E→F→H
[設問 2]	10日
[設問 3]	16日
[設問 4]	① ESTとLFTの計算により、クリティカルパスを特定することができる。 ②トータルフロートの算出により、余裕のある作業を特定できるため、フォローアップの手段となる。
[設問 5]	解説図参照

第4章　記述問題（第二次検定）

Lesson 4　法規

二次

法規の分野は、労働安全衛生法並びに労働安全衛生規則、酸素欠乏症等防止規則、クレーン等安全規則などの労働安全衛生法の関係規則から出題される。第一次検定で学習した内容で解答することができるレベル、範囲の基本的な問題が出題される。ただし、第二次検定は記述式なので、文中の空白箇所に当てはまる語句を、漢字で正しく記述する必要があるため、知識を確実なものにしていくことが大切である。以下に過年度に出題された問題を示す。

1　安全衛生体制

(1) 安全衛生体制・足場組立作業など

演習問題

次の設問1及び設問2の答えを解答欄に記述しなさい。

［設問1］　建設工事現場等における、労働安全衛生に関する文中、［　　］内に当てはまる「労働安全衛生法」上に**定められている語句又は数値**を記述しなさい。

（1）事業者は、常時100人以上の労働者を使用する事業場において、［　A　］を選任し、労働者の危険又は健康障害を防止する措置に関することを統括管理させなければならない。

（2）事業者は、ガス溶接等の業務に使用するガス等の容器は、転倒のおそれがないように保持し、容器の温度を［　B　］度以下に保たなければならない。

（3）事業者は、常時50人以上の事業場において、労働災害の原因及び再発防止対策で、衛生に係るものについて調査審議させ、事業者に対し意見を述べさせるため、［　C　］を設けなければならない。

[設問２]　建設工事現場における、足場組立作業に関する文中、［　　］内に当てはまる「労働安全衛生法」上に**定められている語句**を記述しなさい。

(4) 事業者は、高さ 5m 以上の足場組立作業に従事する作業員の指揮をさせるために、当該作業に関する技能講習を修了した足場の組立等の［ D ］を選任しなければならない。

(5) 事業者は、足場組立作業（地上又は堅固な床上における補助作業を除く）に従事する労働者に対して当該作業に対する安全のための［ E ］を行わなければならない。

解説

[設問１]

(1) 労働安全衛生法第 10 条において、事業者は、政令で定める規模の事業場（建設業は 100 人）ごとに、厚生労働省令で定めるところにより、**総括安全衛生管理者**を選任し、その者に安全管理者、衛生管理者などの技術的事項を管理する者の指揮をさせるとともに、統括管理させなければならない旨、規定されている。

(2) 労働安全衛生規則第 263 条第２号において、事業者は、ガス溶接等の業務に使用するガス等の容器については、容器の温度を **40** 度以下に保つ旨、規定されている。

(3) 労働安全衛生法第 18 条において、事業者は、政令で定める規模の事業場（50 人）ごとに、衛生に係る事項を調査審議させ、事業者に対し意見を述べさせるため、**衛生委員会**を設けなければならない旨、規定されている。

[設問２]

(4) 労働安全衛生法第 14 条において、事業者は、高圧室内作業その他の労働災害を防止するための管理を必要とする作業で、政令で定めるもの（高さ 5m 以上の足場組立作業など）については、都道府県労働局長の免許を受けた者又は都道府県労働局長の登録を受けた者が行う技能講習を修了した者のうちから、厚生労働省令で定めるところにより、当該作業の区分に応じて、**作業主任者**を選任し、その者に当該作業に従事する労働者の指揮その他の厚生労働省令で定める事項を行わせなければならない旨、規定されている。

(5) 労働安全衛生法第59条第3項において、事業者は、危険又は有害な業務で、厚生労働省令で定めるものに労働者をつかせるときは、厚生労働省令で定めるところにより、当該業務に関する安全又は衛生のための**特別の教育**を行わなければならない旨、規定されている。

		解　答　例
［設問 1］	(1)	総括安全衛生管理者
	(2)	40
	(3)	衛生委員会
［設問 2］	(4)	作業主任者
	(5)	特別の教育

(2) 安全衛生管理体制、足場の構造、空気中の濃度など

演習問題

次の設問1及び設問2の答えを解答欄に記述しなさい。

［設問 1］ 建設工事現場における、労働安全衛生に関する文中、［　　］内に当てはまる「労働安全衛生法」上に**定められている用語又は数値**を記述しなさい。

(1) 事業者は、常時50人以上の労働者を使用する事業場において安全委員会、衛生委員会または安全衛生委員会を毎月1回以上開催し、その議事で重要なものに係る記録を作成し、これを［　A　］年間保存しなければならない。

(2) 統括安全衛生責任者を選任した事業者は、厚生労働省令で定める資格を有する者のうちから、［　B　］を選任し、その者に統括安全衛生責任者が統括管理すべき事項のうち、技術的事項を管理させなければならない。

(3) 事業者は、排水管の敷設において、掘削面の高さが3mとなる地山の掘削作業をする場合、その作業の方法を決定し、作業を直接指揮させるために、［　C　］を選任しなければならない。

(4) 足場（一側足場を除く）における高さが3mの作業場所の作業床は、つり足場の場合を除き、その幅は40cm以上とし、床材間のすき間は［　D　］cm以下としなければならない。

[設問 2]　建物内の既設汚水槽の内部にて作業をする場合、作業開始前に、その汚水槽内部の空気中において濃度を測定しなければならない気体の名称を2つ記述しなさい。

解説

[設問 1]

(1) 労働安全衛生規則第23条（委員会の会議）第1項によれば、事業者は、安全委員会、衛生委員会又は安全衛生委員会を毎月1回以上開催しなければならないとあり、第4項に、議事で重要なものに係る記録を作成して、**3**年間保存しなければならないと規定されている。

(2) 労働安全衛生法第15条の2（元方安全衛生管理者）によれば、統括安全衛生責任者を選任した事業者で、建設業その他政令で定める業種に属する事業を行うものは、厚生労働省令で定める資格を有する者のうちから、厚生労働省令で定めるところにより、**元方安全衛生管理者**を選任し、その者に技術的事項を管理させなければならない。

(3) 労働安全衛生法第14条（作業主任者）では、事業者は、労働災害を防止するための管理を必要とする作業で、政令で定めるものについては、作業主任者を選任しなければならないとしている。同則第16条（作業主任者の選任）、別表第1に、2m以上の地山の掘削作業に必要な資格として、**地山の掘削作業主任者**の名称が規定されている。

(4) 労働安全衛生規則第563条（作業床）第1項で、事業者は、足場（一側足場を除く）における高さ2m以上の作業場所には、作業床を設けなければならないとし、同項第2号で、つり足場の場合を除き、幅は40cm以上、床材間のすき間は、**3**cm以下とすることとしている。

[設問 2]

酸欠則第3条（作業環境測定等）では、事業者はその日の作業を開始する前に、当該作業場における空気中の酸素（第二種酸素欠乏危険作業に係る作業場にあっては、**酸素**及び**硫化水素**）の濃度を測定しなければならないとしている。汚水、し尿等を入れたことのあるタンク内での作業は、第二種酸素欠乏危険作業に該当する。

		解　答　例
［設問 1］	(1)	3
	(2)	元方安全衛生管理者
	(3)	地山の掘削作業主任者
	(4)	3
［設問 2］		酸素　硫化水素

2 安全管理体制

(1) 安全管理体制、就業制限など

演習問題

次の建設工事における労働安全衛生に関する文中、[　　]内に当てはまる「労働安全衛生法」上に**定められている用語又は数値**を解答欄に記入しなさい。

(1) 事業者は、石綿等を取り扱う作業をする場合は、労働者の健康障害を予防するための措置を担当させるために、[A]技能講習を修了した者のうちから、[A]を選任しなければならない。

(2) 作業床の高さが[B] m 以上の高所作業車の運転（道路上を走行させる運転を除く）の業務は、当該業務に関わる技能講習を修了した者に行わせなければならない。

(3) 事業者は、つり上げ荷重が 1 トン未満のクレーン、移動式クレーン又はデリックの玉掛けの業務に労働者をつかせるときは、当該労働者に対し、当該業務に関する安全のための[C]を行わなければならない。

(4) 特定元方事業者は、その労働者及び関係請負人の労働者の作業が同一の場所において行われることによって生じる労働災害を防止するために行う作業場所の巡視は、[D]に少なくとも 1 回、これを行わなければならない。

(5) 建設業においては、常時使用する労働者が 100 人以上の事業場ごとに、[E]を選任し、その者に安全衛生に関する事項を統括管理させなければならない。

解説

（1）石綿障害予防規則第19条（石綿作業主任者の選任）に、事業者は、石綿等を取り扱う作業については、**石綿作業主任者**技能講習を修了した者のうちから**石綿作業主任者**を選任しなければならないと規定されている。

（2）労働安全衛生法第61条（就業制限）第1項に、事業者はクレーンの運転その他の業務で、政令で定めるものについては、技能講習を修了した者でなければ、当該業務に就かせてはならないとある。

同令第20条（就業制限に係る業務）第15号に、作業床の高さが**10**m以上の高所作業車の運転の業務に関することが規定されている。

（3）労働安全衛生法第59条（安全衛生教育）第3項に、事業者は、危険又は有害な業務で、厚生労働省令で定めるものに労働者をつかせるときは、**特別の教育**を行わなければならないと規定されている。

労働安全衛生規則第36条（特別教育を必要とする業務）第19号に、つり上げ荷重が1t未満のクレーン、移動式クレーン又はデリックの玉掛けの業務が規定されている。

（4）労働安全衛生法第30条（特定元方事業者等の講ずべき措置）第1項第3号に、作業場所を巡視することが規定されている。同則第637条（作業場所の巡視）第1項に、特定元方事業者は、巡視については、**毎作業日**に少なくとも1回、これを行わなければならないと規定されている。

（5）労働安全衛生法第10条（総括安全衛生管理者）に、事業者は、政令で定める規模の事業場ごとに、**総括安全衛生管理者**を選任し、その者に安全管理者、衛生管理者又は技術的事項を管理する者の指揮をさせるとともに、統括管理させなければならないと規定されている。同令第2条に、その規模は建設業では100人以上と規定されている。

	解　答　例
(1)	石綿作業主任者
(2)	10
(3)	特別の教育
(4)	毎作業日
(5)	総括安全衛生管理者

(2) 安全管理体制、特別の教育、作業主任者など

演習問題

次の設問１及び設問２の答えを解答欄に記入しなさい。

[設問 1] 労働安全衛生に関する文中、[　　　]内に当てはまる「労働安全衛生法」上に**定められている数値又は用語**を解答欄に記入しなさい。

（1）事業者は、常時 50 人以上の労働者を使用する建設業の事業場にあっては、[A]を選任し、その者に労働者の危険防止、安全教育、労働災害再発防止対策等の安全に係る技術的事項を管理させなければならない。

（2）事業者は、安全委員会、衛生委員会又は安全衛生委員会における議事で重要なものに係る記録を作成して、これを[B]年間保存しなければならない。

（3）事業者は、ガス溶接等の業務に使用するガス等の容器は、転倒のおそれがないように保持し、容器の温度を[C]度以下に保たなければならない。

（4）事業者は、第一種酸素欠乏危険作業に係る業務に労働者をつかせるときは、当該労働者に対し、酸素欠乏の発生の原因、酸素欠乏症の症状等の科目について[D]を行わなければならない。

[設問 2] 建設現場で行う、掘削面の高さが 3m の地山の掘削作業、土止め支保工の切りばりの取付け作業、アセチレン溶接装置を用いて行う金属の溶接作業において、「労働安全衛生法」上、事業者が選任しなければならない**作業主任者の名称**を２つ解答欄に記入しなさい。

解説

[設問 1]

（1）労働安全衛生法第 11 条（安全管理者）第１項によれば、事業者は政令で定める業種及び規模の事業場ごとに、**安全管理者**を選任し、その者に労働者の危険防止、安全衛生教育、健康診断の実施、労働災害再発防止対策等の安全に係る技術的事項を管理させなければならない。同令第３条（安全管理者を選任すべき事業場）に、建設業では常時 50 人以上の労働者を使用する事業場とある。

（2）労働安全衛生規則第 23 条（委員会の会議）第 1 項によれば、事業者は、安全委員会、衛生委員会又は安全衛生委員会を毎月 1 回以上開催しなければならない。第 4 項に、議事で重要なものに係る記録を作成して、**3** 年間保存しなければならないと規定されている。

（3）労働安全衛生規則第 263 条（ガス等の容器の取扱い）第 2 号において、事業者は、ガス溶接等の業務に使用するガス等の容器の温度を **40** 度以下に保つことと規定されている。

（4）労働安全衛生法第 59 条（安全衛生教育）第 3 項によれば、事業者は、危険又は有害な業務で、厚生労働省令で定めるものに労働者をつかせるときは、当該業務に関する安全又は衛生のための**特別の教育**を行わなければならない。同則第 36 条（特別教育を必要とする業務）第 26 号に、危険又は有害な業務として、酸素欠乏危険場所における作業に係る業務が規定されている。

[設問 2]

労働安全衛生法第 14 条（作業主任者）に、事業者は、労働災害を防止するための管理を必要とする作業で、政令で定めるものについては、作業主任者を選任しなければならないとしている。同令第 6 条に、作業主任者を選任すべき作業が、同則別表第 1 に、**ガス溶接作業主任者**、**地山の掘削作業主任者**、**土止め支保工作業主任者**の名称が規定されている。

		解　答　例
［設問 1］	(1)	安全管理者
	(2)	3
	(3)	40
	(4)	特別の教育
［設問 2］		ガス溶接作業主任者
		地山の掘削作業主任者

(3) 安全管理体制、特別の教育、ボイラーの構造など

演習問題

次の設問1及び設問2の答えを解答欄に記入しなさい。

[設問1] 労働安全衛生に関する文中、[　　]内に当てはまる、「労働安全衛生法」上に**定められている用語又は数値**を解答欄に記入しなさい。

(1) 事業者は、つり上げ荷重が1トン未満の移動式クレーンの運転（道路上を走行させる運転を除く）の業務につかせるときは当該労働者に対して、当該業務に対する安全のための[A]を行わなければならない。

(2) 事業者は、常時50人以上の労働者を使用する事業場において、安全委員会、衛生委員会又は安全衛生委員会を毎月1回以上開催し、その議事で重要なものに係る記録を作成して、これを[B]年間保存しなければならない。

(3) 事業者は、石綿等を取り扱う作業については、[C]技能講習を修了した者のうちから、[C]を選任し、その者に作業の方法を決定させ、労働者を指揮させなければならない。

(4) 事業者は、ボイラー室その他のボイラー設置場所に燃料を貯蔵するときは、これをボイラーの外側から[D]m（固体燃料にあっては1.2m）以上離しておかなければならない。

ただし、ボイラーと燃料又は燃料タンクとの間に適当な障壁を設ける等防火のための措置を講じたときは、この限りでない。

[設問2] 建築工事現場全体の労働者数が常時80人の作業場所で、労働災害を防止するために、「労働安全衛生法」上、**特定元方事業者が選任しなければならない者**を2つ解答欄に記入しなさい。

ただし、特定元方事業者の労働者数は常時50人とする。

解説

[設問 1]

（1）労働安全衛生法第 59 条（安全衛生教育）第 3 項によれば、事業者は、危険又は有害な業務で、厚生労働省令で定めるものに労働者をつかせるときは、当該業務に関する安全又は衛生のための**特別の教育**を行わなければならない。同則第 36 条（特別教育を必要とする業務）第 16 号に、つり上げ荷重が 1t 未満の移動式クレーンの運転（道路上を走行させる運転を除く）の業務が規定されている。

（2）労働安全衛生規則第 23 条（委員会の会議）第 1 項によれば、事業者は、安全委員会、衛生委員会又は安全衛生委員会を毎月 1 回以上開催しなければならない。第 4 項に、議事で重要なものに係る記録を作成して、**3** 年間保存しなければならないと規定されている。

（3）石綿障害予防規則第 19 条（石綿作業主任者の選任）に、事業者は、石綿等を取り扱う作業については、**石綿作業主任者**技能講習を修了した者のうちから**石綿作業主任者**を選任しなければならないと規定している。

（4）ボイラー及び圧力容器安全規則第 21 条（ボイラーと可燃物との距離）第 2 項では、事業者は、ボイラー室その他のボイラー設置場所に燃料を貯蔵するときは、これをボイラーの外側から **2**m（固体燃料にあっては、1.2m）以上離しておかなければならないと規定されている。

[設問 2]

労働安全衛生法第 15 条（統括安全衛生責任者）第 1 項より、特定元方事業者は、労働災害を防止するため、**統括安全衛生責任者**を選任し、その者に**元方安全衛生管理者**の指揮及び統括管理させなければならない。同法第 15 条の 2（元方安全衛生管理者）第 1 項で、特定元方事業者は、**元方安全衛生管理者**を選任し、その者に技術的事項を管理させなければならないと規定されている。

		解　答　例
［設問 1］	(1)	特別の教育
	(2)	3
	(3)	石綿作業主任者
	(4)	2
［設問 2］		統括安全衛生責任者　　元方安全衛生管理者

(4) 安全管理体制、高所作業、作業主任者など

演習問題

次の設問 1 及び設問 2 の答えを解答欄に記入しなさい。

[設問 1]　労働安全衛生に関する文中、［　　　］内に当てはまる、「労働安全衛生法」上に**定められている用語又は数値**を解答欄に記入しなさい。

（1）統括安全衛生責任者を選任した事業者で、建設業を行うものは、厚生労働省令で定める資格を有する者のうちから、［ A ］を選任し、その者に統括安全衛生責任者が統括管理すべき事項のうち、技術的事項を管理させなければならない。

（2）事業者は、常時 50 人以上の労働者を使用する事業場ごとに、労働災害の原因及び再発防止対策で、衛生に係るものに関すること等を調査審議させ、事業者に対し意見を述べさせるため、［ B ］を設けなければならない。

（3）事業者は、高さが［ C ］m 以上の箇所で作業を行う場合において、労働者に墜落制止用器具等を使用させるときは、墜落制止用器具等を安全に取り付けるための設備等を設けなければならない。

また、高さが［ C ］m 以上の箇所で作業を行う場合において、強風、大雨、大雪等の悪天候のため、当該作業の実施について危険が予想されるときは、当該作業に労働者を従事させてはならない。

[設問 2]　建設現場で行う、高さが 5m の足場の組立て又は解体、アセチレン溶接装置を用いて行う金属の溶接又は溶断、土止め支保工の切りばりの取付け作業において、「労働安全衛生法」上、事業者が選任しなければならない**作業主任者の名称**を 2 つ解答欄に記入しなさい。

解説

[設問 1]

（1）労働安全衛生法第 15 条の 2（元方安全衛生管理者）第 1 項において、統括安全衛生責任者を選任した事業者で、建設業その他政令で定める業種に属する事業を行うものは、厚生労働省令で定める資格を有する者のうちから、厚生労働省令で定めるところにより、**元方安全衛生管理者**を選任し、その者に技術的事項を管理させなければならないと規定されている。

（2）労働安全衛生法第 18 条（衛生委員会）第 1 項によれば、事業者は政令で定める規模の事業場ごとに、次の事項を調査審議させ、事業者に対し意見を述べさせるため、**衛生委員会**を設けなければならない。その事項の中に、労働災害の原因及び再発防止対策で、衛生に係るものに関することがある。

（3）労働安全衛生規則第 521 条（要求性能墜落制止用器具等の取付設備等）によれば、事業者は、高さが **2**m 以上の箇所で作業を行う場合において、労働者に墜落制止用器具等を使用させるときは、墜落制止用器具等を安全に取り付けるための設備等を設けなければならない。同則第 522 条（悪天候時の作業禁止）では、事業者は、高さが **2**m 以上の箇所で作業を行う場合において、強風、大雨、大雪等の悪天候のため、当該作業の実施について危険が予想されるときは、当該作業に労働者を従事させてはならない。

[設問 2]

労働安全衛生法第 14 条（作業主任者）で、事業者は、労働災害を防止するための管理を必要とする作業で、政令で定めるものについては、作業主任者を選任しなければならないとしている。同令第 6 条に、作業主任者を選任すべき作業が、同則別表第 1 に、**足場の組立て等作業主任者**、**ガス溶接作業主任者**、**土止め支保工作業主任者**の名称が規定されている。

		解　答　例
[設問 1]	(1)	元方安全衛生管理者
	(2)	衛生委員会
	(3)	2
[設問 2]		足場の組立て等作業主任者　土止め支保工作業主任者

Lesson 5　施工経験記述

二次

施工経験記述は、施工管理業務の経験を簡潔な文章で記述する問題である。指定された用紙に、指定されたテーマに沿って記述する。記述のテーマは、工程管理、安全管理、総合的な試運転調整又は完成に伴う自主検査、材料・機器の現場受入検査のうちから、毎年、指定されている。

1　出題内容

施工経験記述は、自分が経験した管工事を選び、「**工事概要**」と「施工管理上、重要と考えた事項ととった措置または対策」を、下記のような解答用紙に記述する形式で出題されている。設問２の「○○管理」の部分には、「**工程管理**」「**安全管理**」のいずれかについて指定される。設問３は、「**総合的な試運転調整**」又は「**完成に伴う自主検査**」のテーマか、「**材料・機器の現場受入検査**」のテーマのいずれかが出題される。いずれにしても、どのテーマが出題されても記述できるように、あらかじめ準備しておくこと。

問題

あなたが経験した**管工事**のうちから、**代表的な工事を１つ選び**、次の設問の答えを解答欄に記述しなさい。

［設問１］　その工事につき、次の事項について記述しなさい。

（1）工事件名

（2）工事場所

（3）設備工事概要

（4）現場での施工管理上のあなたの立場又は役割

[設問 2]　上記工事を施工するに当たり「○○**管理**」上、あなたが**特に重要と考えた事項**をあげ、それについて**とった措置又は対策**を簡潔に記述しなさい。

（1）特に重要と考えた事項

（2）とった措置又は対策

[設問 3]　上記工事の「**総合的な試運転調整**」又は「**完成に伴う自主検査**」（「**材料・機器の現場受入検査**」）において、あなたが**特に重要と考えた事項**をあげ、それについて**とった措置**を簡潔に記述しなさい。

（1）特に重要と考えた事項

（2）とった措置

※「材料・機器の現場受入検査」の場合は、「特に重要と考えて実施した検査内容」を記述する。

2 注意事項

施工経験の記述上の主な注意事項は、次のとおりである。ただし、「受検の手引」については、事前に必ずご自身で最新情報を確認してください。

(1) 経験した管工事の選択

「**受検の手引**」において、「管工事施工管理に関する実務経験として認められる工事種別・工事内容」に該当する工事を選ぶ。※の表記の部分や、「〜を除く」等の除外事項についても、よく確認する。

①管工事施工管理に関する**実務経験として認められる**工事種別・工事内容

◆「受検の手引」より

工事種別	工事内容
冷暖房設備工事	冷温熱源機器据付工事、ダクト工事、冷媒配管工事、冷温水配管工事、蒸気配管工事、燃料配管工事、TES 機器据付工事、冷暖房機器据付工事、圧縮空気管設備工事、熱供給設備配管工事、ボイラー据付工事、コージェネレーション設備工事
冷凍冷蔵設備工事	冷凍冷蔵機器据付及び冷媒配管工事、冷却水配管工事、エアー配管工事、自動計装工事
空気調和設備工事	冷温熱源機器・空気調和機器据付工事、ダクト工事、冷温水配管工事、自動計装工事、クリーンルーム設備工事
換気設備工事	送風機据付工事、ダクト工事、排煙設備工事
給排水・給湯設備工事	給排水ポンプ据付工事、給排水配管工事、給湯器据付工事、給湯配管工事、専用水道工事、ゴルフ場散水配管工事、散水消雪設備工事、プール・噴水施設配管工事、ろ過器設備工事、受水槽又は高置水槽据付工事、さく井工事
厨房設備工事	厨房機器据付及び配管工事
衛生器具設備工事	衛生器具取付工事
浄化槽設備工事	浄化槽設置工事、農業集落排水設備工事 ※終末処理場等は除く
ガス管配管設備工事	都市ガス配管工事、プロパンガス（LPG）配管工事、LNG 配管工事、液化ガス供給配管工事、医療ガス設備工事 ※公道下の本管工事を含む
管内更生工事	給水管・排水管ライニング更生工事 ※公道下等の下水道の管内更生工事は除く
消火設備工事	屋内・屋外消火栓設備工事、不活性ガス消火設備工事、スプリンクラー設備工事、泡消火設備工事
上水道配管工事	給水装置の分岐を有する配水小管工事、本管からの引込工事（給水装置）
下水道配管工事	施設の敷地内の配管工事、本管から公設桝までの接続工事 ※公道下の本管工事は除く

その他（上記に分類できない管工事）	代表的な工事内容を実務経験証明書の「工事種別」欄と「工事内容」欄に具体的に記入

②管工事施工管理に関する**実務経験とは認められない**工事等

◆「受検の手引」より

工事種別	工事内容
管工事	管工事、配管工事、管工事施工、施工管理　等（いずれも具体的な工事内容が不明のもの）
建築一式工事(ビル・マンション等)	型枠工事、鉄筋工事、内装仕上工事、建具取付工事、防水工事　等
土木一式工事	管渠工事、暗渠工事、取水堰工事、用水路工事、灌漑工事、しゅんせつ工事　等
機械器具設置工事	トンネルの給排気機器設置工事、内燃力発電設備工事、集塵機器設置工事、揚排水機器設置工事、生産設備（ライン）内の配管工事　等
上水道工事	公道下の上水道配水管敷設工事、上水道の取水・浄水・配水等施設設置工事　等
下水道工事	公道下の下水道本管路敷設工事、下水処理場（終末処理場）内の処理設備設置工事、ポンプ場設置工事　等
電気工事	照明設備工事、引込線工事、送配電線工事、構内電気設備工事、変電設備工事、発電設備工事　等
電気通信工事	通信ケーブル工事、衛星通信設備工事、LAN 設備工事、監視カメラ設備工事　等
その他	船舶の配管工事、航空機の配管工事、工場での配管プレハブ加工、気送管（エアシューター）設備工事　等

③管工事施工管理に関する**実務経験とは認められない**業務・作業等

◆「受検の手引」より

※管工事の施工に直接的に関わらない次のような業務などは認められない。

1. 工事着工以前における設計者としての基本設計・実施設計のみの業務
2. 調査（点検含む）、設計（積算含む）、保守・維持・メンテナンス等の業務
3. 工事現場の事務、営業等の業務
4. 官公庁における行政及び行政指導、研究所、学校（大学院等）、訓練所等における研究、教育及び指導等の業務
5. アルバイトによる作業員としての経験
6. 工程管理、品質管理、安全管理等を含まない雑役務のみの業務、単純な労務作業等
7. 入社後の研修期間（工事現場の施工管理にならない）

※前ページの 1. ～ 7. の業務以外でも、管工事施工管理の実務経験とは認められない業務・作業等は、全て受検できない。

(2) 工事概要の記述

①工事件名

工事契約上の実際の工事件名を記述する。「◎◎ビル」「◇◇邸」のように、建築物の**固有名称**を記述する。

②工事場所

都道府県、**市区町村名**、**番地**を記述する。

③設備工事概要

何の設備を対象に、どのくらいの規模の工事を経験したのかわかるように、具体的な**数字**をあげて設備工事の概要を記述する。

・設備の工事種目：冷暖房、空調、換気、給水、給湯、排水、ガス、消火、浄化槽の各設備

・規模：主要機器の能力・容量・台数、配管の径・延長、ダクトの板厚・延面積、請負金額など

・建物の構造：鉄筋コンクリート（RC 造）、鉄骨鉄筋コンクリート（SRC 造）、鉄骨造（S 造）など

・階数、延べ面積：地下○階・地上○○階・塔屋◎階、延べ面積○○○ m^2

④現場での施工管理上のあなたの立場又は役割

会社での立場、役割、役職ではなく、**現場においての立場**、**役割**を記述する。

(3) 管理・検査上の重要事項と措置・対策

①テーマに沿った内容を記述

「工程管理」「安全管理」などの設問の**テーマに沿った内容**を記述する。

②「特に重要と考えた事項」と「とった措置又は対策」を分けて記述

「特に重要と考えた事項」と「とった措置又は対策」は解答欄が分かれている場合は、**両者を分けて**記述する。

③措置又は対策は実施したことを記述

「とった措置又は対策」は実施したことを記述する。検討したことではなく、実際に自分が行動したことを記述する。

④簡潔に記述

指定された**解答欄に収まる**よう**簡潔**に記述する。指定された解答欄からは

み出したり、解答欄以外の部分に記述したりしない。

⑤具体的に記述

何を重要と考え、どのような措置・対策をとったのか、第三者が読んで理解できるように**具体的**に記述する。具体的に記述するコツは、次のとおりである。

- **数字を挙げる**：高い、大きい、重い、多い、かなり等の形容詞・副詞は避け、数字を挙げる。
- **例を挙げる**：「重量物」、「高所作業」などは、「○○等の重量物」、「○○等の高所作業」など、例を挙げる。
- **理由を挙げる**：「特に重要と考えた事項」には、そう考えた理由を記述するとよい。
- **5W1H を挙げる**：「いつ」、「どこで」、「何を」、「どのように」、できるだけ 5W1H を挙げて記述する。

⑥施工段階の出来事を記述

施工中の**出来事**を記述し、施工前や引渡し後の出来事は記述しない。例えば、「施工中に機器が転倒して作業員がケガをしないようにすること」は、施工中の安全管理であるが、「引渡し後、機器が転倒して利用者がケガをしないようにすること」は、施工中の安全管理とならない。

⑦その他、一般的な注意事項

その他、記述に関する主な注意事項は、次のとおりである。

- 解答欄の**８割以上**は記述する。
- **隠語**や**話し言葉**を使わない。（例：×　ガス屋　→　○　ガス工事業者）
- **誤字**、**脱字**、**略字**、**当て字**に注意する。（例：×　撤底した　→　○　徹底した）
- 訂正は、取り消し線などでせず、**消しゴム**で確実に消して訂正する。
  （×　~~25kW~~50kW　→　○　50kW）
- **失敗例**は記述しないほうが無難。（例：×　○○の対策をしたが、うまくいかなかった。）
- 記述は、箇条書きでなくてもよいが、**箇条書き**のほうが**書きやすく**、**読みやすい**。
- 自分の記述が独りよがりになっていないか、身近な**１級管工事施工管理技士**に読んでもらう。

3 工事概要

(1) 工事概要、安全管理、試運転調整・自主検査

演習問題

あなたが経験した**管工事**のうちから、**代表的な工事を１つ選び**、次の設問1～設問3の答えを記述しなさい。

［設問1］ その工事につき、次の事項について記述しなさい。

(1) 工事件名

(2) 工事場所

(3) 設備工事概要

(4) 現場での施工管理上のあなたの立場又は役割

［設問2］ 上記工事を施工するにあたり「**安全管理**」上、あなたが**特に重要と考えた事項**をあげ、それについて**とった措置又は対策**を簡潔に記述しなさい。

［設問3］ 上記工事の「**総合的な試運転調整**」又は「**完成に伴う自主検査**」において、あなたが**特に重要と考えた事項**をあげ、それについて**とった措置**を簡潔に記述しなさい。

解説

施工経験記述(書き方の留意事項)

①シャープペンシルはHB以上を使い、文字が薄くならないようにする。

②数値を入れて、内容を具体的に表現する。

③専門用語を適宜入れて、文を引き締める。

④採点者が内容をイメージしやすいよう心がける。

解答例（参考）

[設問 1]

(1) 工事件名　○○ビル空気調和設備更新工事

(2) 工事場所　○○県○○市○○町１－２－３

(3) 設備工事概要　鉄骨造　２階建て　延べ面積　870m^2
マルチ空冷ヒートポンプパッケージ　9kW４台
冷媒配管　延べ340m

(4) 現場での施工管理上のあなたの立場又は役割　現場代理人

[設問 2] 安全管理

●特に重要と考えた事項

配管工事が、高さ4mの高所作業であったため、労働者の足場からの**墜落事故防止**を図ることが特に重要と考えた。

●とった措置又は対策

①作業前のTBMにおいて、足場・手すり・親綱の安全確認を**指差《ゆびさし》呼称《こしょう》**で実施するよう徹底した。②脚立《きゃたつ》の単体使用による作業を全面禁止とした。③単独での高所作業を禁止とし、必ず複数の作業者での**相互監視**により作業を行わせた。

[設問 3] 総合的な試運転調整

●特に重要と考えた事項

パッケージエアコンの設置が主たる工事内容なので、機器の**運転性能**及び**環境性能**を確保することが特に重要と考えた。

●とった措置

①パッキン・防振マット・ボルト締付けの状態を確認し、運転時の**騒音・振動**が規定値以下になるよう調整した。②各機器の**インターロック**の作動状況を確認した。③室内の温度及び湿度が仕様書どおりの性能となるよう調整した。

(2) 工事概要、工程管理、受入検査

演習問題

あなたが経験した**管工事**のうちから、**代表的な工事を１つ選び**、次の設問１～設問３の答えを記述しなさい。

[設問 1] その工事につき、次の事項について記述しなさい。

(1) 工事件名

(2) 工事場所

(3) 設備工事概要

(4) 現場での施工管理上のあなたの立場又は役割

[設問 2] 上記工事を施工するにあたり「**工程管理**」上、あなたが**特に重要と考えた事項**をあげ、それについて**とった措置又は対策**を簡潔に記述しなさい。

[設問 3] 上記工事の「**材料・機器の現場受入検査**」において、あなたが**特に重要と考えて実施した検査内容**を簡潔に記述しなさい。

解説

施工経験記述(書き方の留意事項)

①設備概要は、工事内容がイメージできる内容を記入する。
②数値を入れて、内容を具体的に表現する。
③専門用語を適宜入れて、文を引き締める。
④工期短縮の方法を具体的に表現する。

解答例(参考)

[設問 1]

(1) 工事件名　○○株式会社○工場空気調和設備更新工事

(2) 工事場所　○○県○○市○○町１－２－３

(3) 設備工事概要　鉄骨造　２階建て　延べ面積　3,200m^2

空冷ヒートポンプチラー　120kW　　2台
空冷ヒートポンプパッケージ　70kW　　7台

(4) 現場での施工管理上のあなたの立場又は役割　　現場代理人

[設問 2] 工程管理

●特に重要と考えた事項

当工場では精密金属を加工しているため、製品の品質を保つための**温度管理**が重要であった。短期に既存設備との切換えを行い、引き渡すことが特に重要と考えた。

●とった措置又は対策

まず、吸収式冷凍機内の臭化リチウムの**回収**及び**撤去**を実施し、次に冷却塔撤去及び新チリングユニットの**搬入**を行った。その後の**切換え作業**は、３名増員し８人体制としたことで２日短縮でき、無事工期内に引き渡すことができた。

[設問 3] 材料・機器の現場受入検査

●特に重要と考えて実施した検査内容

天井カセットの外形寸法が既設のものより小さくなり、天井開口部を隠すワイドパネルを特注で作成したため、以下のような検査を実施した。

①注文伝票に記載のある**寸法**と**色**に相違がないか照合した。

②運搬及び搬入時に**破損**がないか、**全数目視**にて確認した。

(3) 工事概要、工程管理、試運転調整・自主検査

演習問題

あなたが経験した**管工事**のうちから、**代表的な工事を１つ選び**、次の設問１～設問３の答えを記述しなさい。

[設問 1] その工事につき、次の事項について記述しなさい。

(1) 工事件名

(2) 工事場所

(3) 設備工事概要
(4) 現場での施工管理上のあなたの立場又は役割

[設問 2] 上記工事を施工するにあたり「**工程管理**」上、あなたが**特に重要と考えた事項**をあげ、それについて**とった措置又は対策**を簡潔に記述しなさい。

[設問 3] 上記工事の「**総合的な試運転調整**」又は「**完成に伴う自主検査**」において、あなたが**特に重要と考えた事項**をあげ、それについて**とった措置**を簡潔に記述しなさい。

解説

施工経験記述(書き方の留意事項)

①文字は下手でも丁寧に書く。
②数値を入れて、内容を具体的に表現する。
③専門用語を入れて、文を引き締める。
④記述は箇条書きとしてもよい。

解答例(参考)

[設問 1]

(1) 工事件名　○○地区ガス導管取替工事
(2) 工事場所　○○県○○市○○町 1 丁目地内
(3) 設備工事概要
都市ガス配管　PE150A　183m　PE100A　3m
(4) 現場での施工管理上のあなたの立場又は役割　主任技術者

[設問 2] 工程管理

●特に重要と考えた事項

掘削作業中に予期せぬ場所から不明管が出現した。発注者から**ルート変更**の指示があり、工期内に工事を完成させることを特に重要と考えた。

●とった措置又は対策

①掘削埋戻し、PE管の接合などの作業手順を調整し、**実施工程表**を修正した。

② TBMにおいて作業員に作業標準を熟知させ、**手戻り・手直し**を防止した。

③作業員を4人増員し、配管工事を2班体制に変更した。

[設問3] 総合的な試運転調整又は完成に伴う自主検査

●特に重要と考えた事項

工事完成後速やかにガス供給を開始しなければならないため、**配管の漏《ろう》洩《えい》、外観の検査**など異常の有無の**最終確認**が特に重要と考えた。

●とった措置

①気密試験（30kPa 24時間）を行い、**配管接続部**からの漏れがないことを確認した。

②完成した配管の施工状況を**点検**し、不良箇所を補修した。

③施工状況として、**施工図**や**写真帳**を作成し整理した。

(4) 工事概要、工程管理、受入検査

演習問題

あなたが経験した**管工事**のうちから、**代表的な工事を1つ選び**、次の設問1～設問3の答えを記述しなさい。

[設問1]　その工事につき、次の事項について記述しなさい。

(1) 工事件名

(2) 工事場所

(3) 設備工事概要

(4) 現場での施工管理上のあなたの立場又は役割

[設問2]　上記工事を施工するにあたり「**工程管理**」上、あなたが**特に重要と考えた事項**をあげ、それについて**とった措置又は対策**を簡潔に記述しなさい。

[設問 3]　上記工事を施工するにあたり「**材料・機器の現場受入検査**」上、あなたが**特に重要と考えて実施した事項**を簡潔に記述しなさい。

解説

施工経験記述(書き方の留意事項)

①工事件名は、設備工事であることを明確にする。

②同じ言葉の繰り返しは文が単調になるため、極力避ける。他の言葉で言い換えるなどの工夫を凝らす。

③数値を入れて、内容を具体的かつ明確にする。

④専門用語を適宜入れて、文を引き締める。

⑤ 1 つの文章は 40 字以内程度とする。多い場合は途中で区切る。

解答例(参考)

[設問 1]

(1)　工事件名　　○○マンション給排水設備工事

(2)　工事場所　　○○県○○市○○町 1 － 2 － 3

(3)　設備工事概要

鉄筋コンクリート造　11 階建て　　延べ面積　3,850m^2

VLP　20 － 80 Φ　263m　　SUS　20 Φ　1,080m

(4)　現場での施工管理上のあなたの立場又は役割　　現場代理人

[設問 2] 工程管理

●特に重要と考えた事項

建築工事に設計変更が発生し 2 週間遅れたため、後続作業である**給排水配管工事**の工期短縮が特に重要と考えた。

●とった措置又は対策

建築業者を主体とした関連業者との工程会議を行い、配管部分の多い 1 階共用部の**器具配管工事**を**先行**させた。この対処により、手待ち時間を抑えることが可能になり、工期内に完成させることができた。

［設問 3］材料・機器の現場受入検査

●特に重要と考えて実施した事項

洗面器や便器などの衛生器具は、**ひび割れ**や**欠け**が生じやすいため、検査体制を厳格にした。現場受入れ時に全数について、**端部**を中心に異常がないかなど、チェックシートを作成して検査し、問題のあるものについては即時返品交換の手配をした。

(5) 工事概要、工程管理、安全管理

演習問題

あなたが経験した**管工事**のうちから、**代表的な工事を１つ選び**、次の設問１～設問３の答えを記述しなさい。

［設問 1］　その工事につき、次の事項について記述しなさい。

(1) 工事件名
(2) 工事場所
(3) 設備工事概要
(4) 現場での施工管理上のあなたの立場又は役割

［設問 2］　上記工事を施工するにあたり「**工程管理**」上、あなたが**特に重要と考えた事項**について**とった措置又は対策**を簡潔に記述しなさい。

［設問 3］　上記工事を施工するにあたり「**安全管理**」上、あなたが**特に重要と考えた事項**について**とった措置又は対策**を簡潔に記述しなさい。

解説

施工経験記述（書き方の留意事項）

①シャープペンシルは HB 以上を使い、文字が薄くならないようにする。
②文字間の詰まりがないよう、適切な字間を空ける。
③数値を入れて、内容を具体的に表現する。
④採点者が内容をイメージしやすいよう心がける。

解答例（参考）

［設問 1］

(1) 工事件名　　○○ビル給排水設備工事

(2) 工事場所　　○○県○○市○○町 1 － 2 － 3

(3) 設備工事概要　鉄筋コンクリート造　5 階建て　　延べ面積　3,600m^2
高置水槽　20m^3　1 台
給水管　20A　500m　　排水管　30A ～ 50A　450m

(4) 現場での施工管理上のあなたの立場又は役割　　現場代理人

［設問 2］工程管理

●特に重要と考えた事項

長雨による天候不順が続いたため、屋外作業が約 10 日間遅れた。工程の遅延が予想されたため、手待ち時間のないように工夫して、**工期内に完成**させることが特に重要と考えた。

●とった措置又は対策

関連業者と工程会議を行い、作業が重複する場所については**足場**を**共用**とした。配管については、事前に工場でプレハブ加工後搬入することにより、現場作業時間の短縮を図った。

［設問 3］安全管理

●特に重要と考えた事項

給水配管において、高さ 2m の高所作業となる場所があったため、作業員の**墜落**による**事故防止**を特に重要と考えた。

●とった措置又は対策

高所作業にはローリングタワーを使用し、作業前に脚部及び手すりの**固定状況**を点検した。また、朝の **TBM** において、ヘルメット及び墜落制止用器具着用の徹底など注意を喚起した。

さくいん

英字

あ

い

う

え

お

か

き

く

け

こ

さ

し

す

せ

そ

た

ち

つ

て

と

本書に関する正誤情報等は、下記のアドレスでご確認ください。
http://www.s-henshu.info/1kksgt2402/

上記掲載以外の箇所で正誤についてお気づきの場合は、**書名・発行日・質問事項（該当ページ・行数・問題番号**などと**誤りだと思う理由）・氏名・連絡先**を明記のうえ、お問い合わせください。
・ web からのお問い合わせ：上記アドレス内【正誤情報】へ
・ 郵便または FAX でのお問い合わせ：下記住所または FAX 番号へ
※**電話でのお問い合わせはお受けできません。**

【宛先】 コンデックス情報研究所
「1 級管工事施工管理技術検定合格テキスト」係
住　　所　〒 359-0042　所沢市並木 3-1-9
FAX番号　04-2995-4362（10：00 ～ 17：00　土日祝日を除く）

※**本書の正誤以外に関するご質問にはお答えいたしかねます。**また、受検指導などは行っておりません。
※ご質問の受付期限は、各試験日の 10 日前必着といたします。
※回答日時の指定はできません。また、ご質問の内容によっては回答まで 10 日前後お時間をいただく場合があります。
あらかじめご了承ください。

■編著：コンデックス情報研究所
1990 年 6 月設立。法律・福祉・技術・教育分野において、書籍の企画・執筆・編集、大学および通信教育機関との共同教材開発を行っている研究者・実務家・編集者のグループ。

いちばんわかりやすい! 1級管工事施工管理技術検定合格テキスト

2024年 4 月20日発行

編　著　コンデックス情《じょう》報《ほう》研《けん》究《きゅう》所《しょ》
発行者　深見公子
発行所　成美堂出版
〒162-8445　東京都新宿区新小川町1-7
電話(03)5206-8151　FAX(03)5206-8159
印　刷　大盛印刷株式会社

ISBN978-4-415-23826-5
落丁·乱丁などの不良本はお取り替えします
定価はカバーに表示してあります